# 这样做 BIM 如此简单

## ——DFC-BIM实操手册

赵浩　温立　编著

中国建筑工业出版社

图书在版编目（CIP）数据

这样做BIM如此简单：DFC-BIM实操手册／赵浩，温立编著．—北京：中国建筑工业出版社，2022.7
ISBN 978-7-112-27547-2

Ⅰ．①这… Ⅱ．①赵… ②温… Ⅲ．①建筑工程－工程造价－应用软件－教材 Ⅳ．①TU723.3-39

中国版本图书馆CIP数据核字（2022）第108739号

责任编辑：毕凤鸣 封 毅
责任校对：芦欣甜

这样做BIM如此简单
——DFC-BIM实操手册
赵浩 温立 编著
*
中国建筑工业出版社出版、发行（北京海淀三里河路9号）
各地新华书店、建筑书店经销
华之逸品书装设计制版
北京同文印刷有限责任公司印刷
*
开本：787毫米×1092毫米 1/16 印张：17¾ 插页：1 字数：316千字
2022年7月第一版 2022年7月第一次印刷
定价：**64.00**元（含增值服务）
ISBN 978-7-112-27547-2
（39624）

# DFC-BIM
# 中国建筑界数字科技设计之“利器”

建筑是一门集“艺术、力学、美学、材料学与技术”于一身的专业。学建筑的人，除了从小要具备绘画天赋外，还要数学好，物理好，悟性好。其实建筑是一门很不好学的专业。建筑在大学里，被归类为“工科”，不是“文科”。大家也会发现，建筑系的学生，都是“最有情怀的理工生”！一般在业界取得成功的建筑师，基本都是很有思想，能说会道的帅哥和才女！

由于建筑牵涉到工程安全，因此建筑系除了要学习建筑史、绘画、雕塑、美学、力学外，还要学习材料学、结构学、地震学、土壤、机电、防火等，涉及的面很广。所以在美国和中国，建筑系本科生至少修175个学分（一般学科130个学分），而且需要接受五年专业系统的学习才能取得本科学位。毕业后还要经过3年的实习期，才能进行资格考试。

记得在1991年，我刚被邀请来中国，被聘为国务院外专局专家的时候，中国正在探讨建筑师应该学习多久？如何考试？我当时就建议中国建筑师的注册应效仿美国的制度。后来负责这方面工作的领导，在全面评估英美和其他先进国家的制度后，决定中国的建筑师培训和注册制度向美国学习，规划师的培训和注册制度向英国学习。所以中国建筑系本科学制是五年，注册建筑师考试也和美国一样，在毕业后再实习三年才能参加资格考试，四天考九个科目。

和美国一样，中国的注册建筑师考试也非常难，许多人尝试了好几年才通过考试。考试合格后，才能获得“注册建筑师”的资格。依照美国的法律（不是习惯），要有建筑师资格才能被称为“建筑师”，否则只能被称呼为“设计师”。取得了注册建筑师资格，你的名字后面才能加上RA（Registered Architect）的缩写，然后你才能加入美国建筑师学会，通过人品考核后，你被接受，然后名字后面的缩写后才能加上AIA（American Institute of Architects），之后你可以通过7位注册建筑师的推荐，经过面试以及口试，申请全美建筑师资格，通过后，名字后可以加上NCARB（National Council of Architecture Registration Board）。一般取得NCARB的资格不容易，因为它有总人数限制。因为我名字后面有许多缩写，所以美国人和欧洲人那么尊敬我！

在美国，一个建筑专业毕业生进入业界，需要从学徒（Intern）做起，一般都是从工程绘图员（Draftsman）开始入行，学建筑施工图，如果设计能力好，才会被划入设计师（Designer），如果设计能力一般，则是一辈子绘图师。设计做得好，接着被提拔成资深设计师（Senior Designer），之后通过严格的九门考试，取得建筑从业资格，才有资格被称为建筑师（Architect）。然后通过自己的兴趣与专长细分，可以成为项目设计建筑师（Project Design Architect），项目管理建筑师（Project Architect），负责工程材料和工程预算的项目说明师（Project Specifier），以及现场建筑师（Site Manager，Field Architect），十年后，成为主任建筑师（Project Director），项目主持建筑师（Principle Architect）。如果设计能力特别好，可以成为公司的设计总监（Design Director），累积丰富的经验后，就会成为主管建筑师（Principle Architect）。许多建筑师到了这个阶段，如果不选择自己创业，那么就会被升为事务所的合伙人（Partner），资深合伙人（Senior Partner），直到退休。这是一般建筑师通常的事业周期（Professional Life Cycle）。

作为一名建筑从业人员，最重要的基础功，就是工程绘图（Drafting），如果绘图不好，基本不会被提拔。现在不懂得设计，只会用电脑画图那就是AutoCAD Operator（电脑绘图员）。以前绘图技术好的话，考不上建筑师资格，也可以在这个行业做一辈子，做上Job Captain（主任绘图员）到退休。以前的设计图是先用笔创作，然后拿给绘图员画成工程图纸。现在许多设计师直接在电脑上用AutoCAD画图，不过许多大师的构思，一般还是用手绘的比较多。

设计做出来后，要送到工程造价组，仔细算算工程材料和造价。如果不合适，还要来回开会，进行修改，再举行招标，再施工，然后施工结束后，要做施工结束验收图，过程中修改要确定每一个环节都顾及，很费时间。有了电脑，方便修改后，才解决了时间问题。

记得我在1975年进入纽约Pratt Institute（普拉特大学）建筑系就读的时候，那个时候，我们做设计使用的是铅笔，所以每一个人必须先练用铅笔写字和用铅笔画线条的“基本功”。铅芯按硬度可分成2H、HB、2B等。每一种铅笔写出来的字都不同。当时仅用铅笔写字就要练很久，铅笔画在Tracing Paper（半透明纸）上，画完了去打印社“晒图”，用蓝色墨打印出来的图纸，作为工程图，就是蓝图（Blue Print）。

当时我的英文手写功夫特别好，好到我大学的笔记本都可以复印卖钱给同学作为学习的范本。我大学三年级就在事务所找了第一份实习的工作，得益于手绘制图功夫好。毕业不到半年，就又被我第一份工作的老板提拔为办公室制图任务经理（Design Office Manager）。（有关我个人成长过程和经历，在《从美国梦到中国梦》的书中有详述）。

其实中国已故的许多建筑大师，例如茅以升，梁思成，杨廷宝，他们的手绘功夫也都了不得，英文工程字体都写得非常漂亮。不过，手绘工程图虽然有个性，却是一个非常浪费时间的工作，它也会制约设计的时间，所以在那些手绘的年代里，建筑外形设计基本比较中规中矩，很难设计出目前流行、造型万千的“多形状”设计，必须用电脑进行“参数设计”。

铅笔制图还有两个缺点，一是不好保存，二是来回晒图多了后，铅笔线条会褪色，蓝图越来越不清楚。为了改进，在1978年，发明用Mylar（塑胶纸）和墨水笔画图。画图在Mylar上，必须先用铅笔打草稿，然后用墨水笔（Radiograph）制图。用墨水笔画图，晒出来的蓝图线条非常清楚，因此不但很快地取代了铅笔画图，Mylar也取代Tracy Paper（透明纸）成为制图纸。

用手绘图还有一个大的缺点，那就是虽然字体有统一的标准，但是每一个人的手写功夫不一样，看起来不是很顺，修改也困难，看图也要花费大量的时间。这种现象就像我们看手抄本和印刷版的效果一样，看印刷版的书可以一目十行，速度很快；看手抄本，则慢许多。所以采用统一格式成为建筑设计界的一个重要任务。

1980年后，随着计算机的发明以及逐渐普及，打字成为文字处理的方式，大家不用打字机后，接着在1982年，发明了电脑协助设计（Computer-Aided-Design），这也是AutoCAD的开始。1984年3月我在纽约创办了龙安，刚开始仍然是用铅笔和墨水笔制图。1987年，我们办公室从Flushing（法拉盛）Union Street，搬到Whitestone（白石镇），新办公室在我的两位计算机专业毕业的弟弟的协助下，购买了30台电脑建立联网，开始采用电脑画图，因此我们被业界称为是一个具有“前瞻性”的设计公司。

建筑设计界还有一个比较费时的问题，就是从2维的平面图，理解成3维立体空间，必须做很多建筑模型，研究空间关系，利用效果图展示空间感觉。虽然来回做模型既费时又费钱，但为了达到好的效果，又是一个不能不用的重要工具。这些模型往往只用一次，修改了设计，就必须重做。记得那个年代，办公室经常堆满了十几个研究模型，很浪费空间。

为了解决这个问题，制作成3维图的3D Studio 软件在1988年问世，接着3ds Max软件在1990年问世。10年后，为了更有效率地解决工程绘图与3D的关系，建筑界发明了ArchiCAD/Revit，将建筑信息和设计参数，在一个平台上解决。

犹如手工艺从手工制作改成机器制作一样，所有的发明，科技的进步，都是为了提高效率，保证品质。建筑设计为了提升效率，采用模块化设计，采用建筑信息模型（Building Information Modeling）。BIM是建筑学、工程学及土木工程的新工具。建筑信息模型或建筑资讯模型，这个词汇是由Autodesk所创的。它是来形容那些以三维图形为主、物件导向、建筑学有关的电脑辅助设计。当初这个概念是由Jerry Laiserin把Autodesk、奔特力系统软件公司、Graphisoft所提供的技术向公众推广。他在1998年发明了BIM，将所有的设计参数进一步优化。BIM是建筑、工程和施工（AEC）行业数字化转型的基础。

2003年BIM技术被引进到中国，之后中国将BIM技术在实际工程项目中进行应用，BIM技术在设计公司得到了广泛应用。近几年，随着政府对BIM技术的大力推广和扶持，同时因一些知名高校和建筑设计单位、施工单位对BIM技术的重视，并陆续设立了相应的研究机构，把BIM运用到许多的设计及案例中，并取得了宝贵的经验成果。2012年是BIM在中国发展非常关键的一年，住房和城乡建设部对于四个中国BIM国家标准制定项目进行了确立。首届中国BIM论坛由中国建筑标准设计研究院于2012年11月主办，编制《建筑工程设计信息模型交付标准》和《建筑工程设计信息模型分类和编码》的工作也在这次论坛上正式启动。

此外，2000年发明了BIM Windows（简称BW），它是跨世纪自主研发，基于BIM模型的轻量化展示、管理平台。帮助设计师方便快捷地管理BIM模型及项目图纸、文档等文件，充分调用BIM项目中模型的信息价值。支持移动APP端和电脑PC端，能够让设计师随时随地管理BIM项目中模型及图纸等文件，能实现DWG、Bentley、Revit、Catia、IFC等二维图纸和三维模型的秒速转换和便捷浏览。

为了使建筑师不必花时间在简单重复耗时的工作上，把时间和精力用在更需要创造性的设计构思上，这些技术至今仍被建筑设计界广泛的运用。同时这些技术和软件，没有一个是土生土长的中国人发明的，设计行业每年交给AutoCAD制图软件的使用费高得吓人。

当“天宫”软件创办人陈成华先生在2020年，向我介绍DFC（Design For Cost）的软件和操作系统后，我特别震惊，一个没有出过国，没有在西方世界待过的本土建筑师，居然有这么大的本事发明这套系统？

DFC（Design For Cost）的意思是面向成本的设计，它最早出现于20世纪90年代初期，是指在满足用户需求的前提下，尽可能地降低成本，通过分析和研究产品制造过程及其相关的销售、使用、维修、回收、报废等产品全生命周期中各个部分的成本组成情况，并进行评价后，对原设计中影响产品成本的过高费用部分进行修改，以达到降低成本的设计方法。DFC将全生命周期成本作为设计的一个关键参数，并为设计者提供分析、评价成本的支持工具。

天宫DFC-BIM正是基于DFC理念、中国国家现行规范、本土的设计习惯而研发出来的一款建筑行业BIM技术应用型软件，希望帮助建设、设计、生产、施工等单位解决在工作中亟需处理的软件使用难、生产效率低、成本高、周期长、效果差等实际问题。天宫DFC-BIM定位为“第五代并行工程设计工具”，为建筑企业提供一站式解决方案，助力行业更快地进行数字化转型升级，缩短企业数字化完成转型周期。

天宫DFC-BIM通过并行设计的管理方法提供一站式解决方案，从建立三维模型、碰撞测试、正向出施工图、工法优化、云端协作、数据采集到材料排版优化、动画工序、导出成本清单、物料清单等，实现多专业协同设计，全方位指导建造设计生产装配过程。不同于其他软件建模、碰撞检查、成本核算、出图等需在不同平台完成。

为了印证他发明的软件，2020年9月，我在广州主持莲花山公园从4A景区改造成5A景区的会议上，召集了20多位BIM专家，也特别邀请陈总从深圳赶来广州番禺，花了一个晚上的时间，对陈总发明的DFC做了充分论证。会后我发现，这个集合多专业的BIM系统，就像它的英文名字Design For Cost（DFC）（为了节约成本设计），是一个BIM的飞跃，因为这套“集成”操作系统，不但能整合多个专业和工种，同时在画设计草图的时候，就能透过后台计算，将设计图纸转换成3维设计，同时可以很快地设计管路、工程量清单、材料预算、工程进度安排，不但能将设计周期缩减40%，而且日后修改设计，维修上，也很快地就能整合其他专业的图纸。它是一个建筑全生命周期的设计、管理和维修必备的软件。

我认为它的发明犹如微软的发明，他的操作可以经过培训而熟悉，他是结合设计+科学的一个重要产品。这个操作软件将对我们的建筑设计界带来革命性的效果，更重要的是，它是中国建筑界数字科技设计的利器，它将大大提升未来的设计效率，非常了不起！

我认为这是中国设计界一个“软件利器”！习总书记提出“大国利器”必须牢牢地掌握在中国人手上。有了DFC-BIM，中国许多工程的设计周期可以减少一半，制图周期可以节省一半，工程造价可以接近成本，减少浪费，同时它可以为“一带一路”的建设节省一半的经费。

龙安集团很荣幸能和天宫合作，成立了“龙安天宫”，我也很荣幸能为大家推荐这项专利技术。我除了推荐行业内人员要好好学习这项技术外，我也希望住房城乡建设部和科技部，能够辅导和协助将这项技术推广到全世界，并通过已有的专利和未来的专利申请，使这项技术受到版权保护，同时学习微软操作培训和论证体系，在国家的保护与推广下，做好中国的工程设计，最终推向世界！

饶及人

2022年4月29日初稿

5月6日完稿于上海

**饶及人**（James C. Jao，NCARB，NABAR，SAFEA，AIA，RA）

龙安集团创办合伙人兼董事长，中国国务院外专局资深美籍专家，贝聿铭基金会创办董事，联合国人居署程序委员，中国市场学会房地产产业研究会总规划师，前纽约规划局局长，全美注册建筑师，美国纽约州、加利福尼亚州、新泽西州、康涅狄格州、宾夕法尼亚州、马萨诸塞州、乔治亚州，以及中国一级注册建筑师。

# 前言

提到BIM，大家自不陌生，无论从国家政策层面，还是时下流行的装配式建筑及建筑工业化趋势，相信大家都一致认可BIM时代一定会到来。各种各样的BIM软件也蜂拥而起，但实际上不妨看看我们身边的设计师、建筑师、施工员、预算员，甚至设计院、建设公司等真正用BIM去做全流程设计，BIM能真正落地并指导施工的并不多，可以说凤毛麟角。

我在BIM学习和运用上也走了很多弯路，也尝试学习过BIM主流软件Revit但最终还是放弃。Revit软件本身建模复杂繁琐、建模体量大，对电脑硬件要求高，不易掌握。现实中往往BIM工程师不懂BIM设计，更多的是软件应用者，常常造成BIM和设计“两张皮”现象，施工还是按传统设计，BIM更多的是展示功能，不具实际指导意义。

依靠我在天宫七年的BIM软件开发经验和五年多的BIM项目实施，总结了BIM落地的“三三四”原则，30%的软件建模操作，30%的各专业知识，40%的各专业协同，并行管理。BIM软件操作应简单易掌握，符合设计师建模习惯，并可以正向设计，最好能够在一套软件上完成从方案设计到竣工的设计闭环。

于是有了《这样做BIM如此简单——DFC-BIM实操手册》这本书的诞生。天宫DFC-BIM正是基于上述需求，在Sketchup（草图大师）平台上开发的BIM软件。本书主要讲述了如何应用DFC-BIM软件来轻松简单做BIM。本书共分7个部分，绪论阐述了BIM的发展背景和历程。第1章介绍DFC-BIM的理论体系，软件开发的思想来源、功能模块、软件优势、并行设计工作流程、软件操作流程等。第2章讲解了Sketchup的软件界面和基础工具。第3章至第5章主要讲述DFC-BIM的软件模块具体操作流程。本书所有软件操作都伴随案例演示操作，易于学习，可直接参考建模。第6章介绍应用DFC-BIM的经典项目应用案例。

附录介绍了DFC-BIM相关学习资料获取途径。

本书的完成，要感谢巧夺天宫（深圳）科技有限公司、天宫DFC-BIM工作站等所有同事的共同努力，感谢中国保利集团、中国建筑、康泰集团、正邦集团、深装总建设集团、清远市妇幼保健院、江门农商行、珲春中医院、广东省疾病预防控制中心、阳山县人民医院、西安西谷医院、清华建筑设计院、同济设计院、山东盛富莱实业有限公司等合作伙伴的大力支持和帮助。同时，以下人员也参与了本书的部分写作：胡香萍（深装总建设集团）；付伟明、夏昆翔、李志欢（江西合顺工程管理有限公司）；王慧、廖家梁（中邦通联管理集团有限公司）；胡凯、张艳（南昌市第五建筑安装工程公司）；朱庆元（江西中饶建设工程有限公司），在此一并鸣谢。也感谢所有家人和朋友的付出。

最后希望读者通过本书的学习，能够系统掌握DFC-BIM软件操作，快速上手BIM设计。欢迎有兴趣的读者加入DFC-BIM学习小组群，有专业老师进行答疑和指导。也可联系我们（2730681597@qq.com），共同探讨，一起进步。

# 目录

# 绪　论

当前，我国正加快部署推进新基建，培育壮大数字经济新动能，中国建筑业正在迎来战略发展机遇期。在此背景下，如何抓住数字化转型的发展机遇，在新技术、新制造、新基建和新业态等方面取得突破，成为建筑业抢占未来发展制高点的必然战略选择。

"新型建筑工业化"，就是通过推动建筑产业内各个参与者的互联互通，改变产业内数据采集和流通的方式，并运用区块链等技术保障产业内数据交易的可行性及安全性，进而改变产业价值链，提升每个参与者的价值。新型建筑工业化充分体现了数据要素在建筑产业内的价值创造能力，通过挖掘数据要素的价值，提升建筑产业的总体价值。

数字化转型已成为实现建筑企业高质量发展的必经之路。但数字化转型究竟"转什么、怎么转、转向哪里"，依然是很多企业面临的现实挑战。

设计院作为新型建筑工业化数字生产的源头，即将成为新资源的拥有者和使用者，必将获得更多的收益。未来的设计方式，数字成为新的资源，数据将是关键，软件则为核心。走向数字设计、数字建造和数字生产，打通从设计到工厂化生产到现场安装全过程，未来一切皆为数字，谁掌握数字生产和数字应用，谁便掌握未来的主动权。

主流的CAD、三维几何建模软件的模型成果仅包含几何信息，由于缺少语义信息，而无法执行更高阶的如统计、评估等数据应用，而BIM软件虽然能支持建立具有语义的建筑信息模型，但重度依赖人力的建模方式，让多专业协同建模成本高企，也无法主动协助寻找全局最优解方案。建筑业在实现新型工业化（工业化、数字化、智能化）的过程中面临的上述难点及当前市场规模有限、标准化缺失、推动力不强等问题，使其难以向云端数字化与智能化发展。

DFC（Design For Cost）的意思是面向成本的设计，它最早出现于20世纪90年代初期，是指在满足用户需求的前提下，尽可能地降低成本，通过分析和研究产品制造过程及其相关的销售、使用、维修、回收、报废等产品全生命周期中各个部分的成本组成情况，并进行评价后，对原设计中影响产品成本的过高费用部分进行修改，以达到降低成本的设计方法。DFC 将全生命周期成本作为设计的一个关键参数，并为设计者提供分析、评价成本的支持工具。

天宫DFC-BIM正是基于DFC理念、国家现行规范、本土的设计习惯而研发出来的一款建筑行业BIM技术应用型软件，希望帮助建设、设计、生产、施工等单位解决在工作中亟需处理的软件使用难、生产效率低、成本高、周期长、效果差等实际问题。天宫DFC-BIM定位为“第五代并行工程设计工具”，为建筑企业提供一站式解决方案，助力行业更快地进行数字化转型升级，缩短企业数字化完成转型周期（图0.1）。

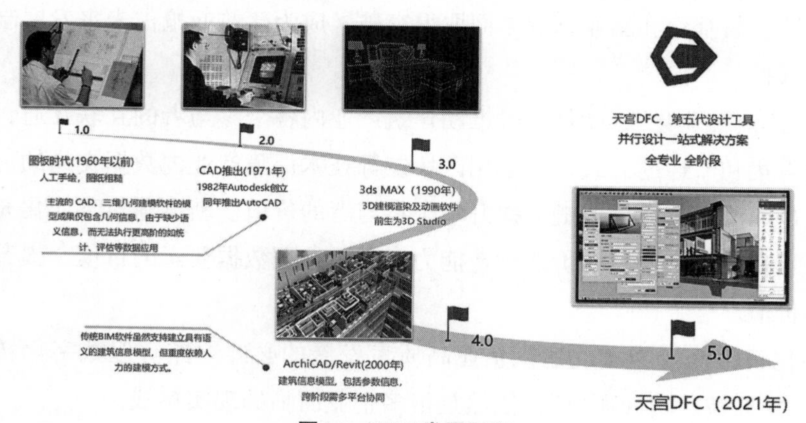


**图0.1　BIM发展历程**

立体完整的三维可视化数据模型，让设计出图一体化，设计算量一体化，设计施工一体化，设计验收一体化，设计供应链管理一体化，不管是在设计阶段、施工阶段、运维阶段，都真正的发挥其价值（图0.2）。

**图0.2　DFC-BIM并行设计一站式解决方案**

天宫DFC-BIM通过并行设计的管理方法提供一站式解决方案，从建立三维模型、碰撞测试、正向出施工图、工法优化、云端协作、数据采集到材料排版优化、动画工序、导出成本清单、物料清单等，实现多专业协同设计，全方位指导建造设计生产装配过程。不同于其他软件建模、碰撞检查、成本核算、出图等需在不同平台完成（图0.3、图0.4）。

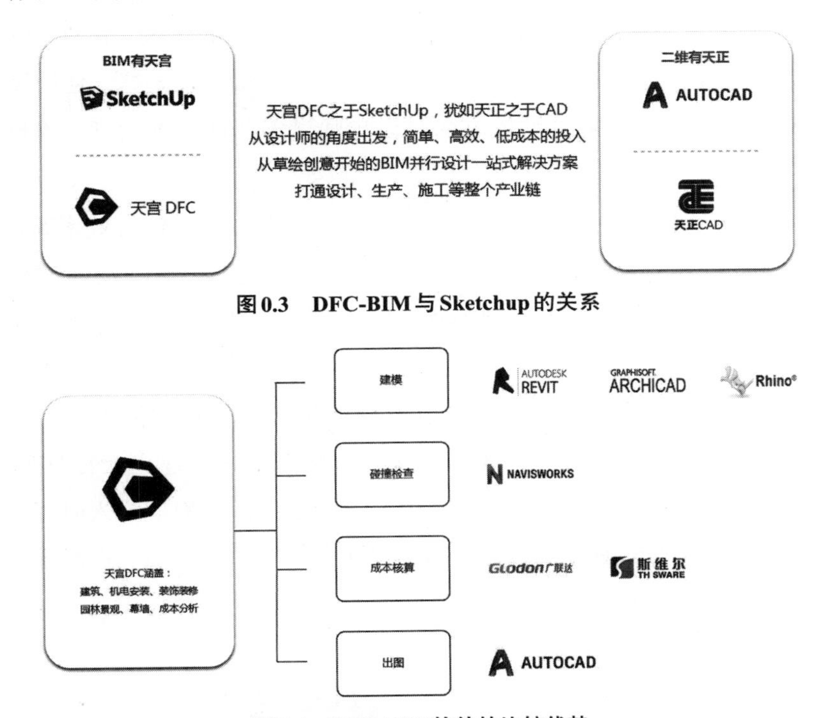


**图0.3　DFC-BIM与Sketchup的关系**

**图0.4　DFC-BIM软件的比较优势**

DFC-BIM与Revit的区别主要体现在：

（1）建模思维不同：天宫DFC继承Sketchup建模特点，可先快速建模后定义属性，无须先建族，减少建模工期。Revit建模前需要先创建族群，过程繁琐，建模工期长。

（2）清单算量不同：Revit无法生成工程量清单，需要后期另外计算，存在较大误差及不便。天宫DFC可通过模型快速输出国标工程量清单，物料统计，排版下料，减少误差，方便快捷。

（3）协同方式不同：天宫DFC采用最新云端协同方式，设计师可通过云端进行模型修改，做到模型同步，减少模型错误，及时更新模型。Revit采用传统局域网协同方式，设计师各做各的，交流不及时，模型出现错误或更新不及时问题严重。

（4）建模工序不同：天宫DFC是整体，结合了各个专业工具，从建模开始到完成建模，再到模型展示，只需要在SketchUp基础上的天宫DFC一个软件即可完成，大大缩短完成建模所需要的工期。Revit属于平台，从建模开始到完成建模，再到模型展示，中间需要多个插件和软件配合使用，工作繁琐复杂，严重影响模型的完成工期。

（5）建模准确度不同：天宫DFC软件后台输入了大量的建筑、装饰、机电、清单、定额等国标数据，绘制出来的模型带有各专业国标参数数据，使模型更加准确，符合规范。Revit模型准确度依靠的是设计师设定属性的准确度，准确程度看设计师水平而定。

（6）操作难度不同。天宫DFC软件使用简单，绘制方便，运行效率高，学习成本低，符合设计师操作习惯，模型修改方便快捷，完成工期短。Revit软件操作繁琐复杂，学习成本高，偏向于专业建模师，模型完成效果差，模型修改难度大，完成工期长。

所建即所得——以终为始，逆向推导各参与方工作。在开始动工前，建设方、设计方、施工方、材料供应商、监理方、第三方顾问等一起建立天宫DFC-BIM模型，所建即竣工模型，施工过程中不需要返回设计院改图，前期投入时间精力会多些，一旦开工就基本不会浪费人、财、物、时在方案变更上，稳定提高质量的同时可以缩短工期、节约成本（图0.5）。

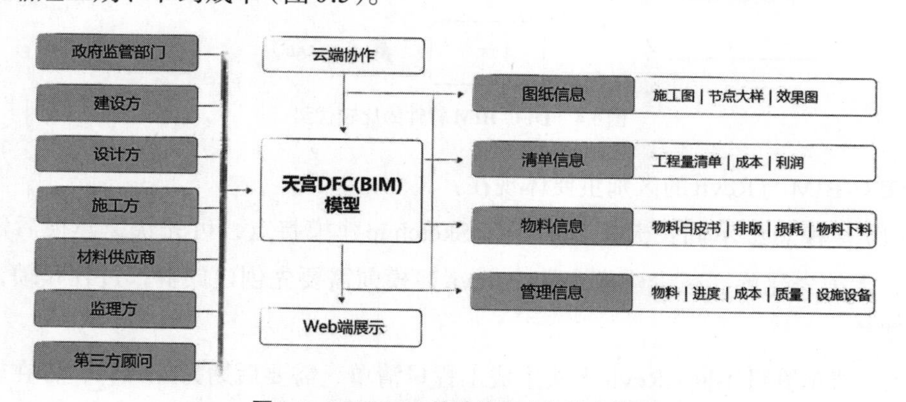


**图0.5　DFC-BIM的功能集成与多方协同**

天宫DFC将始终坚持以“数字设计”为使命，积极响应国家“聚焦智能建造，加快建筑信息模型（BIM）技术研发和应用”的号召，将科技与理想不断注入建筑领域，助推中国建筑业高质量发展路径，早日实现智能建造。

# 1

# DFC-BIM 理论体系

## 1.1 指导思想

DFC（Design For Cost）即面向成本的设计，通过分析和研究建筑产品全生命周期中各个部分的成本组成情况，在满足用户需求和保证产品质量的前提下，尽可能地降低成本。天宫DFC-BIM软件正是基于DFC理念、国家现行规范、本土的设计习惯而研发出来的一款建筑行业BIM技术应用型软件，在设计阶段综合考虑设计、生产、预装配、成本等多种因素，设计即生产，通过模型数字化、标准化，致力于将传统工程建造方式转变为产品交付方式。

## 1.2 并行设计工作流程

1.前期准备阶段

（1）DFC建模：根据实际项目情况建立建筑、一次机电模型。

（2）误差分析：点云模型与建筑模型分析误差。

2.方案设计阶段

（1）DFC建模：建筑、装饰、一次机电模型。

（2）重要节点方案效果图设计、标高分析、优化模型。

（3）材料数字化，为成本估算提供基础。

3.设计深化阶段

（1）专业协同深化设计，完成面控制、节点造型深化、二次机电深化设计、厂家深化配合。

（2）碰撞检查，综合管线优化设计，减少项目交圈错误。

（3）完成所有材料数字化。

（4）DFC正向输出二维施工图纸。

4.配合成本招标

（1）移交全模。

（2）导出工程量清单。

5.配合施工阶段

（1）通过DFC模型进行工艺等技术交底。

（2）按模型完成面控制放线。

（3）施工材料排版及物料下单。

（4）模拟施工进度，协助项目施工管理。

（5）实时修改模型，及时变更处理输出结算清单。

（6）快速出竣工模型及二维图纸。

DFC-BIM并行工程设计流程，从前期准备、方案设计、设计深化、配合成本招标和施工各阶段，承担不同的角色和工作任务，DFC-BIM简化设计流程，实现从创意到建造的全部过程。

## 1.3 功能模块

DFC-BIM软件在Sketchup（草图大师）平台开发上的BIM软件。Sketchup适用于建筑、园林、室内、机械、设备等广泛领域，具有界面简洁、操作简单、兼容性好等特点。DFC除了继承Sketchup作为建模工具的优势，更重要的是赋予Sketchup软件成本设计管理思想和流程。

DFC-BIM软件包含建筑幕墙、园林、机电、装饰四个专业，可一次建模完成从概念扩初设计、深化设计、预装配生产、成本估算优化、出图等所有设计流程，实现多专业协同设计，施工进度实时管控。输出三维模型动画、机电管线综合优化报告、CAD二维图纸、工程量统计清单、下料排版清单、成本优化报告、施工工艺图集、数字化物料库等结果文件，全方位指导建造设计生产装配过程。

与此同时，为了解决三维模型本身体量大、建模难度高、对操作电脑配置要求高等问题，DFC-BIM集成了参数化建模、特征建模、轻量化等多种建模方法，并能够正向设计，可以先建模后赋予参数属性，符合设计师思维习惯，实现从方案概念设计到深化设计的顺畅衔接。

DFC-BIM软件功能模块如下：

1.项目预设

（1）物料预设：物料名称、材质、规格、单位、三维模型、图例、安装方式、产地等。

（2）项目环境设置：建筑类型、项目地址、项目概况、建筑层数、标高等。

2.项目绘制

（1）建筑：轴网、柱、梁、板、墙、门窗洞口、楼梯坡道台阶、电梯等构件。

（2）机电：给排水、消防、暖通、供配电管道绘制。

（3）装饰楼地面、墙柱面、吊顶、油漆涂料裱糊、零星装饰、其他工程完成面绘制。

3.项目输出

（1）工程量统计清单。

（2）物料表。

（3）排版下料单。

（4）管线综合优化报告。

（5）二维出图。

4.物料中心

（1）系统库：DFC自带物料模型。

（2）用户库：账户所存物料模型。

（3）项目库：项目所用物料模型。

5.项目协同

（1）成员管理。

（2）进度管控。

（3）模型管理（同步数据）。

①模型上传；

②合模管理；

③模型更新。

（4）云批注

①模型批注；

②问题管理与派发。

DFC-BIM软件通过项目预设完成项目物料设置、建筑类型、项目地址、建筑层数，标高等设置；通过绘制模块完成建筑、机电、装饰专业三维模型绘制，所用物料自动存储在项目库中。项目运作涉及多专业、多成员的合作，设置项目协同模块，模型可以上传和实时更新合模效果，并实现数据同步，同时增设云批注功能，可随时阅览模型，对模型标注问题分派项目成员。极大地发挥了并行工作的优势，成员可同步构建模型，提高工作效率，并对问题及时修正。一旦建模完成进行项目定义就可以生成项目物料表、工程量清单、物料统计、排版下料。通过碰撞检查并优化管线定位完成管线综合优化报告，对三维模型不同场景设置及标注即可生成二维施工图、多专业三维立体图。

## 1.4 软件优势

1.建模难度低、建模方式多样化

首先，DFC-BIM软件操作简单，绘制方便，运行效率高，学习成本低，符合设计师操作习惯。其次，建模方式多样化，既可以快速建模后定义属性，又可以参数化建模，也可以根据项目需求特征建模，降低建模难度。模型本身要求存储空间小，运行速度快，易于轻量化建模。

2.可以正向设计

现有企业的数字化转型一般都是“两条线，两层皮”，企业发展战略对数字化部署方向的指导性差，缺少与业务的强相关，这种“零敲碎打”式的数字化建设往往难以触动到转型核心，难以发挥对业务的赋能作用。BIM建模更多做的是翻模，只能在深化设计后端上做些优化和完善，难以在设计伊始就产生影响力。而DFC-BIM设计可以做正向设计，从方案阶段介入，贯穿概念设计、扩初设计、深化设计、成本控制和过程施工全流程。

3.一套软件完成并行设计闭环

DFC-BIM平台提供并行设计一站式解决方案，只需应用DFC-BIM软件就可以实现并行设计闭环。从建立三维模型、碰撞测试、正向出施工图、工法优化、云端协作、数据采集到材料排版优化、动画工序、导出成本清单、物料清单等，实现多专业协同设计，全方位指导建造设计生产装配过程。不同于其他软件建模、碰撞检查、成本核算、出图等需在不同平台完成。

## 1.5 软件操作流程

1. DFC工作环境搭建

（1）项目环境设置：添加项目建筑类型、项目地址、项目概况、建筑层数、层高等项目信息。

（2）物料设置：对建筑构件中通用的物料批量设置，同时对项目分部分项工程中使用的人、材、机可提前预设。

（3）专业系统设置：对机电各专业中的各子系统进行必要的专业设置。

（4）工艺工法预设：结合项目的特点，采用合理的工艺工法，提高DFC建模阶段的工作效率与指导建模的正确方式。

（5）项目协同：将模型按专业分配不同项目成员，实现云端合模、数据协同、云端批注，实现并行工程同步设计。

2. DFC建模

（1）项目绘制：根据图纸信息或设计构思创建建筑、机电、装饰三维模型。

（2）物料安装：对物料中心已有模型，可直接点击安装，同时可以修改相应参数使用。

（3）碰撞检查：根据模型统计碰撞信息，生成碰撞检查报告。

3. DFC成本分析

（1）项目定义：分部分项，归集分类模型信息，生成物料表及工程量清单。

（2）批量定义：根据项目属性，进一步补充或定义采用DFC参数建模的项目特征，人、材、机数据。

（3）变更分析：项目在设计或施工中比较多种方案的成本数据，快速决策、快速试错。

4. DFC输出

（1）分析报告：管线综合碰撞报告、设计成本变更分析报告。

（2）施工尺寸定位图：预留预埋孔洞图、机电各专业管线路由图、综合支吊架图。

（3）各类报表：机电专业设备统计表、物料统计表、项目物料清单统计表、各类洞口统计表、门窗表、建筑构件统计表、钢筋下料统计表、钢材质量统计表。

（4）陈设物品白皮书：块毯、床品、挂画、摆件、活动家具、窗帘、电器等。

（5）装饰物料表：装饰主材、卫生器具、照明器具、装饰风口、家具五金、卫浴五金等。

（6）智能设备白皮书：计算机网络设备、综合布线设备、机房工程设备、有线电视系统设备、扩声系统设备、会议系统设备、视频系统设备、安全防范系统设备、入侵报警系统设备、楼宇对讲系统设备、家居智能化设备、电子巡查系统设备、防爆安全检查系统设备、停车场管理系统设备、智能卡应用设备。

（7）工程量清单：建筑、装饰、机电、幕墙、园林、智能设备、陈设物品、机械设备等。

（8）排版下料：物料排版下料单、排版编号尺寸图、物料损耗分析表。

（9）机电物料统计：管道、管材、附件、阀门、仪表、风口、保温、表面处理等物料。

（10）图纸输出：二维施工图、三维多专业立体施工图、效果图、动画。

5. DFC数据能源

（1）物料数字库：料的模型、参数、商家信息进行数字化保存，项目设计时可直接调用真实的物料。

（2）工法标准化库：通过多方多次打磨形成稳定设计工法，使项目质量更加有保障。

（3）企业定额库：从历史数据中总结符合项目的真实成本信息及根据市场动态调整价格，实现项目的成本控制。

（4）图例模型库：将常用二维图例、模型进行处理，二者可以高效转换，使项目场景更加轻量化，绘制智能化，出图便捷化。

（5）模板定制：出图模板、设计说明、物料表、工程量清单等个性化设置与定制开发。

# 2

# Sketchup 软件基础

Sketchup软件是一套直接面向三维设计方案创作的设计工具，源于设计师的实际的工作需求，让设计师更多的关注设计，而不是注重软件的技术。Sketchup系统的智能化和简洁性使得设计师既可以快速生成概念模型，也能基于二维图纸创造出精准的三维模型，同时也可以非常容易地修改设计，不必在操作上浪费太多的时间。Sketchup操作简单，技术强大，它拥有强大的辅助构思功能和丰富的表现能力，兼容性强表现形式多样，可以流畅地衔接多种制图软件，并且有各种衍生的插件工具。

## 2.1 软件特点

1.界面简洁，操作简单，设计师可以快速掌握。

2.适用范围广阔，可以应用在建筑、园林、室内、机械、游戏、设备等领域。

3.方便的推拉功能，设计师通过一个图形就可以方便的生成三维几何体，无须进行复杂的三维建模。

4.快速生成任何位置的剖面，使设计师清楚地了解建筑的内部结构，可以随意生成二维剖面图并快速导入AutoCAD进行处理。

5.与AutoCAD、Revit、3DMAX、Vray、Enscape等软件结合使用，快速导入和导出DWG、DXF、JPG、3DS格式文件，实现方案构思，效果图与施工图绘制的完美结合，同时提供与AutoCAD、ArchiCAD等设计工具的插件。

6.自带大量门、窗、柱、家具等组件库和建筑肌理边线需要的材质库。

7.轻松制作方案演示视频动画，全方位表达设计师的创作思路。

8.具有草稿、线稿、透视、渲染等不同显示模式。

9.准确定位阴影和日照，设计师可以根据建筑物所在地区和时间实时进行阴影和日照分析。

10.空间尺寸和文字标注简便。

## 2.2 软件界面

Sketchup操作界面与其他Windows平台的操作软件一样，也是使用“下拉菜单”“工具栏”进行操作，具体的信息与步骤提示，也是通过“状态栏”显示出来（以Sketchup2020为例，见图2.1）。

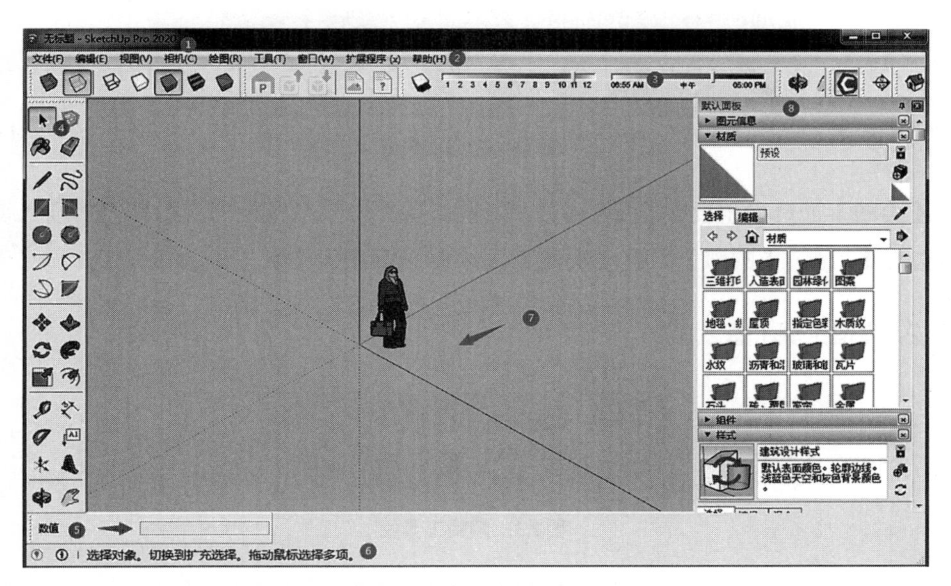


图2.1 Sketchup软件操作界面

①为标题栏：位于绘图窗口的顶部，包含窗口控制按钮（关闭、最小化、最大化）与当前文件的文件名。打开Sketchup后，出现的是空白的绘图窗口，默认标题为“无标题”，表示尚未保存文件。

②为菜单栏：由【文件】【编辑】【视图】【相机】【绘图】【工具】【窗口】【扩展程序】【帮助】9个主菜单所组成，包含了软件所有的功能。

③④为工具栏：由横、纵两个工具栏组成。可以吸附在绘图窗口上或与之分离，包含了Sketchup中的大部分常用命令。

⑤为数值输入框：默认在屏幕右下角的数值输入框可以根据当前的作图情况输入“长度”“距离”“角度”“个数”等相关数值，以起到精确建模作用。

⑥为状态栏：当光标在软件操作界面上移动时，状态栏中会有相应的文字提示，根据这些提示可以帮助设计师更容易的操作软件。

⑦为绘图区：中间空白处是绘图区，绘制的图形将在此处显示。

⑧为默认面板：图元、材质、样式、组件等功能设置。

## 2.3 基础工具

### 2.3.1 绘图工具（图2.2）

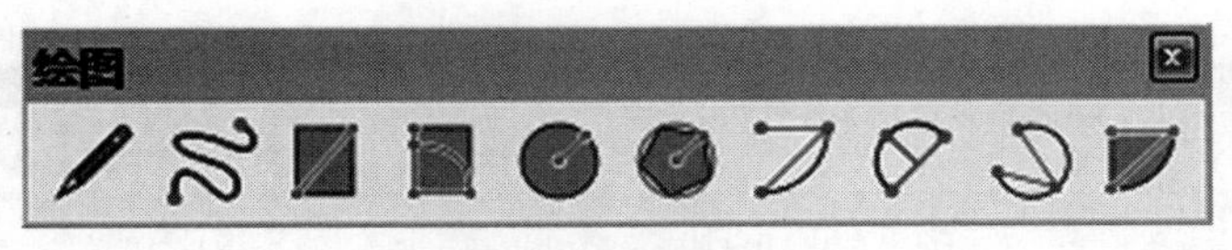


图2.2 绘图工具栏

【绘图】工具栏主要包括【线】工具、【徒手画】工具、【矩形】工具、【圆】工具、【多边形】工具、【圆弧】工具。绘图工具绘制平面图。

### 2.3.2 编辑工具（图2.3）

图2.3 编辑工具栏

【编辑】工具栏中主要包含了【移动】工具、【推/拉】工具、【旋转】工具、【路径跟随】工具、【拉伸】工具和【偏移】工具，是Sketchup中非常重要的一组作图工具，一般用于在绘图工具作图后的编辑加工。

### 2.3.3 视图工具（图2.4）

图2.4 视图工具栏

【视图】工具栏可以调整模型的不同视口。【等轴】工具、【俯视图】工具、【前视图】工具、【右视图】工具、【后视图】工具、【左视图】工具、【底视图】工具。

### 2.3.4 样式工具（图2.5）

图2.5 样式工具栏

【样式】工具栏可以调整模型不同的表现方式。【x光透视模式】【后边线】【线框显示】【消隐】【阴影】【材质贴图】【单色显示】等模式。

### 2.3.5 截面工具（图2.6）

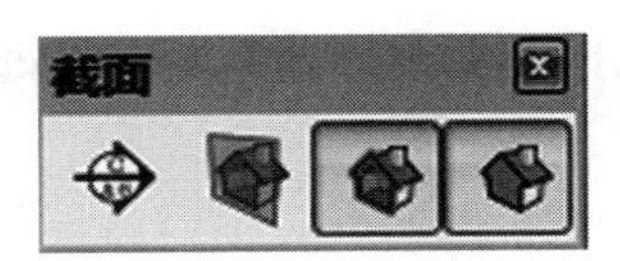


图2.6 截面工具栏

【截面】工具可以生成任意位置的剖面，并调整截面显示方式。【剖切面】工具拾取截面、【显示剖切面】工具显示/关闭剖切面、【显示剖面切割】工具显示/关闭剖面切割、【显示剖面填充】工具显示/关闭剖面填充。

### 2.3.6 建筑施工工具（图2.7）

图2.7 建筑施工工具栏

【建筑施工】工具为测量、调整坐标系以及标注文字的工具。【卷尺】工具测量距离、【尺寸】工具标注尺寸、【量角器】工具测量角度、【文本】工具文本标注、【轴】工具移动调整坐标系、【三维文字】工具绘制三维文字。

### 2.3.7 相机工具（图2.8）

图2.8　相机工具栏

【相机】工具为环绕观察、移动、缩放及漫游等工具。【环绕观察】工具相机旋转模型；【平移】工具垂直或水平平移相机；【缩放】【缩放窗口】【充满视窗】工具用于相机缩放；【定位相机】工具用于相机定位；【绕轴旋转】工具以固定点为中心转动相机；【漫游】工具以相机为视角漫游。

另外在【使用入门】中也描述了常用的工具，Sketchup描述即所得，很容易按照描述理解功能并操作。

## 2.4 案例操作

### 2.4.1 柜体模型制作

学习目标：学习并理解Sketchup建模思路，掌握Sketchup基础建模工具，熟练操作基础工具的快捷键使用，根据建模步骤制作柜体模型（图2.9）。

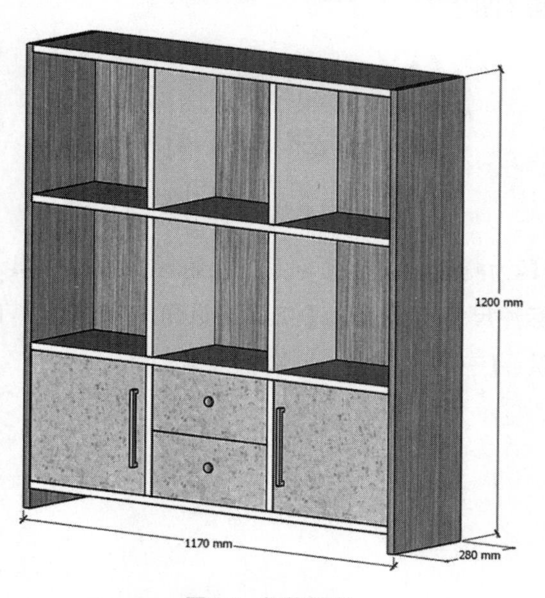


图2.9　柜体模型

1.快捷键使用：使用快捷键使建模非常方便省时，常用的基础工具快捷键有（通常为英文的第一个大写字母）（表2.1）。

基础工具快捷键　　　　表2.1

| 基础工具 | 快捷键 | 基础工具 | 快捷键 |
|---|---|---|---|
| 矩形 | R | 直线 | L |
| 擦除 | E | 推拉 | P |
| 移动 | M | 偏移 | F |
| 卷尺 | T | 尺寸 | D |
| 平移 | H | 旋转 | Q |
| 缩放 | S | 偏移 | F |

也可以自主来设置快捷键。打开菜单——窗口——系统设置——快捷方式（图2.10）。

图2.10　Sketchup系统设置

2.建模步骤见图2.11～图2.21（建模方式有很多，在此提供的建模步骤能够比较多地用到基础工具，也有更简单的方法，比如可以先推拉一个长方体，通过柜体外在形成画参考线直接推拉形成等）。

（1）激活矩形工具，并在数值输入框里面输入（1130，280）。

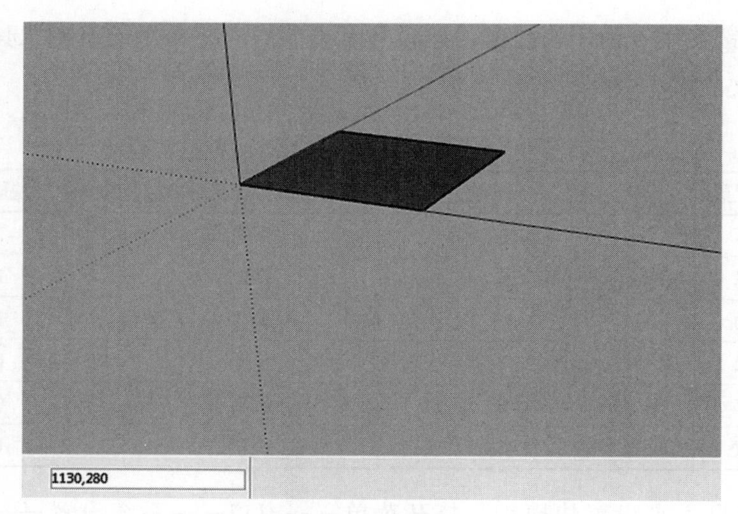


图2.11　绘制矩形

（2）激活推拉工具，在已绘制的平面上点击左键向上推拉，并在数值输入框输入20。

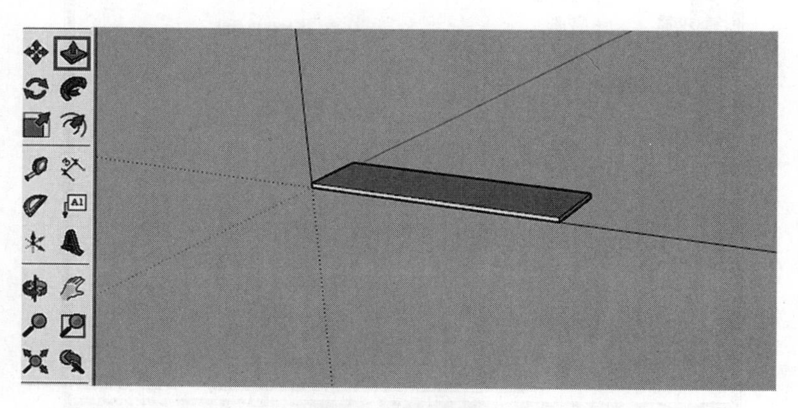

图2.12　推拉柜体

（3）创建群组，不要直接在底板基础上创建另外一个模型，有融合风险，默认粘连在一起，变成整体，为了区分模块，要先对底板创建群组，连续三次点击鼠标左键，选中底板，点击鼠标右键——创建群组。

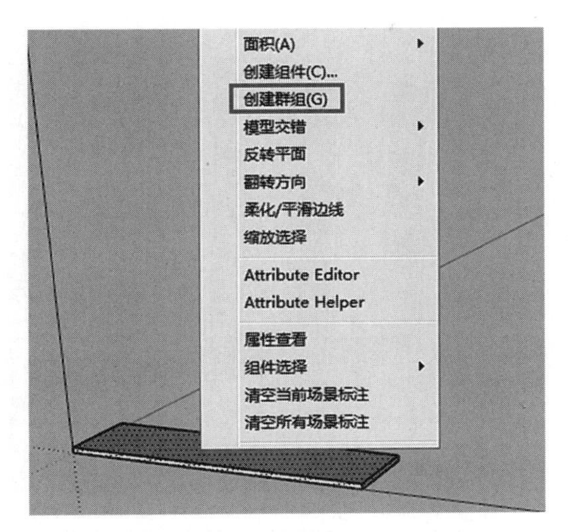


图2.13　创建群组

（4）创建侧板，激活矩形工具，按键盘上向右方向键，锁定红轴（X轴）在指定对角线创建矩形，输入（280，1200），激活推拉工具，将创建的平面向外推拉20mm厚度，并三击选中整个物体，右键——创建群组。

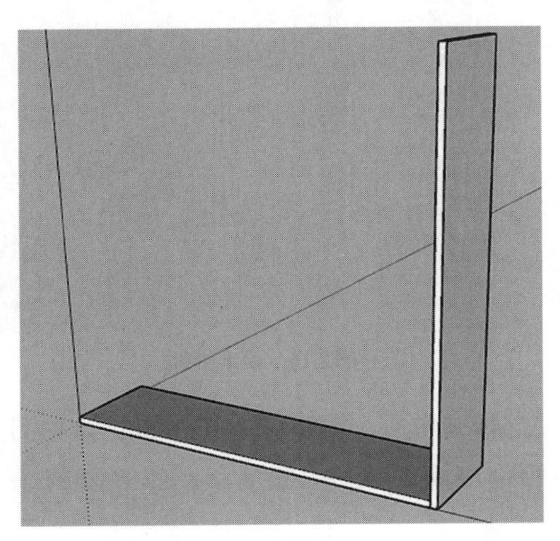

图2.14　绘制侧板

（5）复制侧板：激活移动工具——把鼠标停留在最右侧底端——点击左键——按住Ctrl键——捕捉底板最左端——点击左键——在数值框中输入（/3）——点击Enter键——完成中间2块间隔复制。

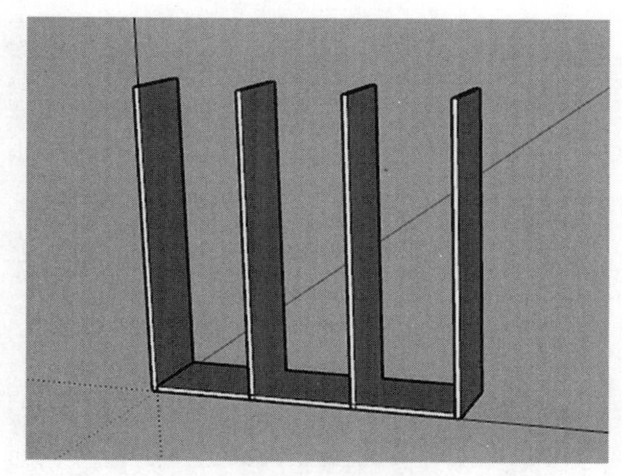

图2.15　复制侧板

（6）底板，选择移动工具，锁定蓝轴，点击键盘上向上方向键，上移50mm，复制横板，复制方式类似于侧板复制。

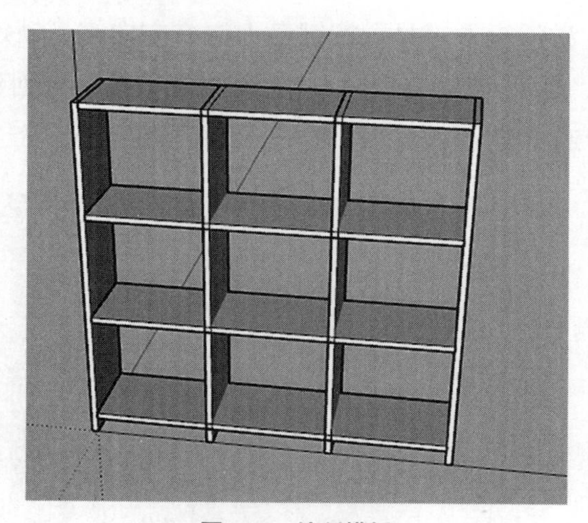

图2.16　绘制横板

（7）调整隔板：选择其中一个隔板——按住Shift选中另一个——激活缩放工具——鼠标停留在顶部中间的点——激活移动工具复制——复制第二层后输入（2X）回车——连续复制。

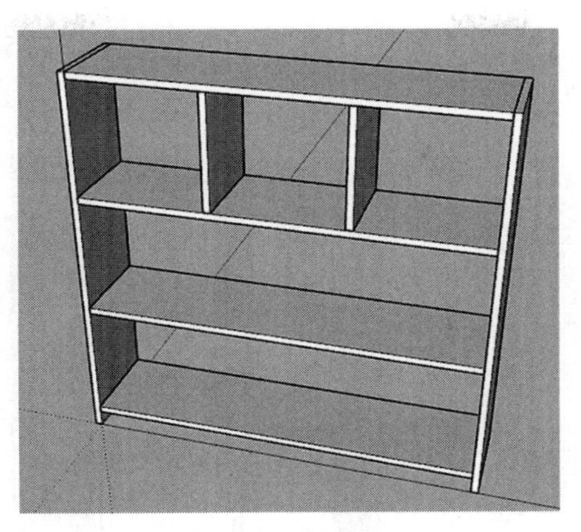

图2.17 调整横板

图2.18 复制横板

（8）创建背板：旋转后激活矩形工具——创建平面——推拉工具向里面推拉15mm——创建群组（缩放工具调整中间隔板突出面）。

图2.19 创建背板

（9）创建底柜：激活矩形工具——推拉工具向内推拉15mm——创建群组——复制另一个底柜。

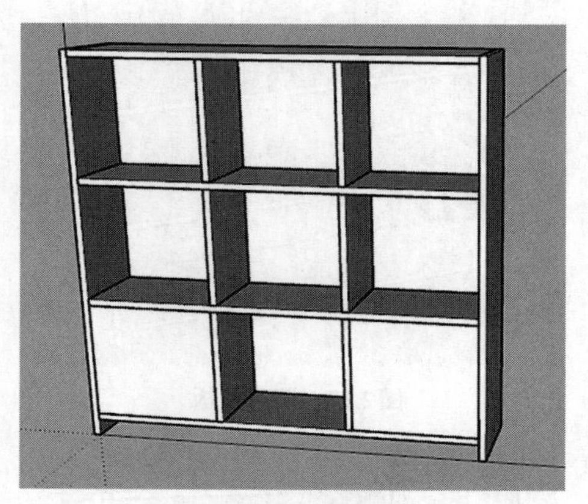

图2.20 创建底柜

（10）创建抽屉：激活矩形工具画矩形到中点——推拉工具向内推20mm——复制下面抽屉。

抽屉把手——抽屉中点创建圆形半径12mm，向外推拉6mm——创建群组——赋材质——复制摆到到其他位置——卷尺工具定位。

底柜把手——矩形工具（10，200），推拉10mm厚度。并在上下两个位置画10mm矩形并推拉10mm厚度。

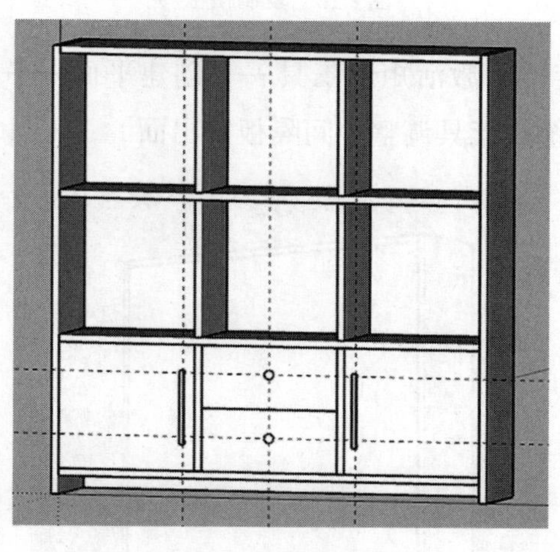

图2.21 创建抽屉

（11）赋材质，在默认面板——选择所需材质，为柜体赋材质。

### 2.4.2 简易旋转楼梯制作（图2.22）

图2.22　楼梯模型

学习目标：学习路径跟随工具和组件的应用。建模步骤见图2.23～图2.30。

1.制作台阶：绘制半径为1300mm的圆形，再绘制半径300mm的同心圆；绘制一条直线，选择面，反选，删除；最后反转平面，创建组件“台阶”。

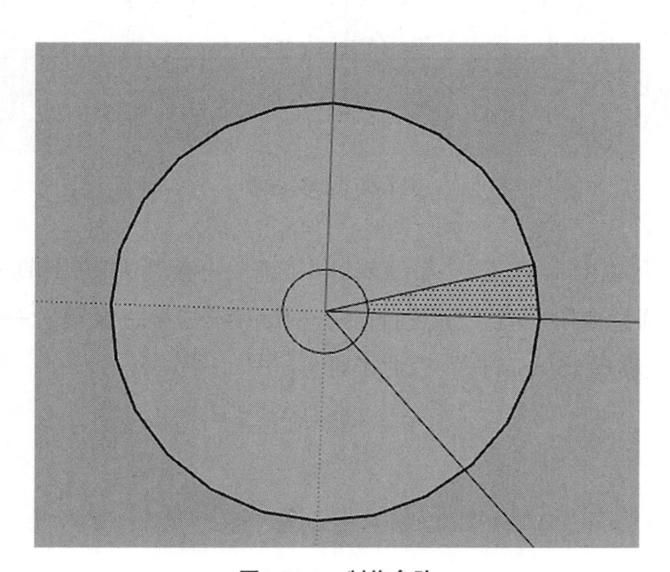

图2.23-1　制作台阶

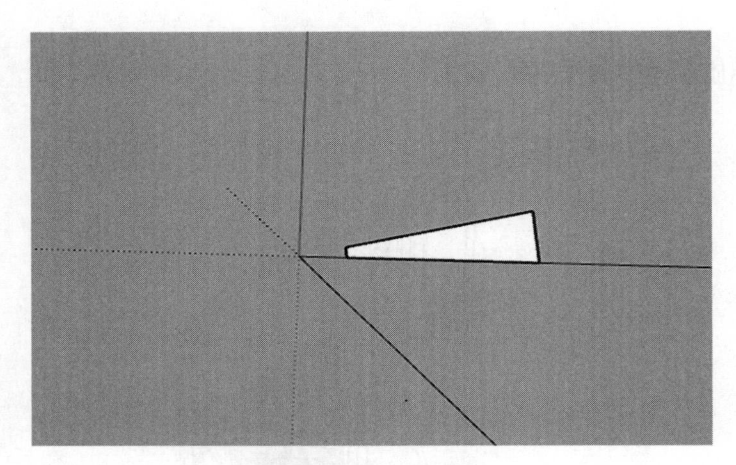

图2.23-2　制作台阶

2.绘制连续台阶：激活旋转工具——选中原点及最外边沿——向上旋转——按下Ctrl键——连续复制捕捉对齐相邻截面——11x回车。

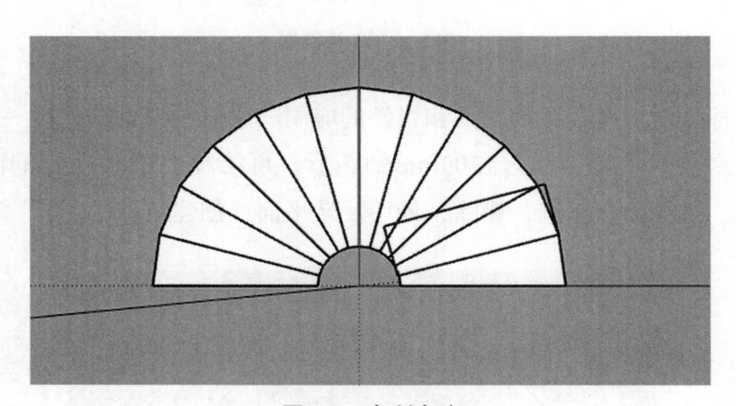

图2.24　复制台阶

3.设置台阶高度：双击进入编辑组内部——激活推拉工具——向上推拉150mm；其次调整台阶位置：全选台阶——Shift减选第一级台阶——激活移动工具其他台阶向上移动150mm——以此类推。

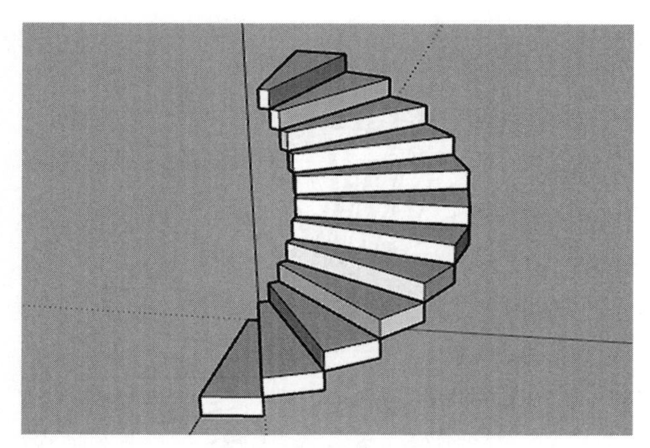

图2.25 复制台阶

4.制作栏杆：双击第一层台阶进入组内——中心点绘制一条直线——绘制半径为30圆——激活擦除工具——擦除多余线——激活推拉工具——向上推拉800mm。

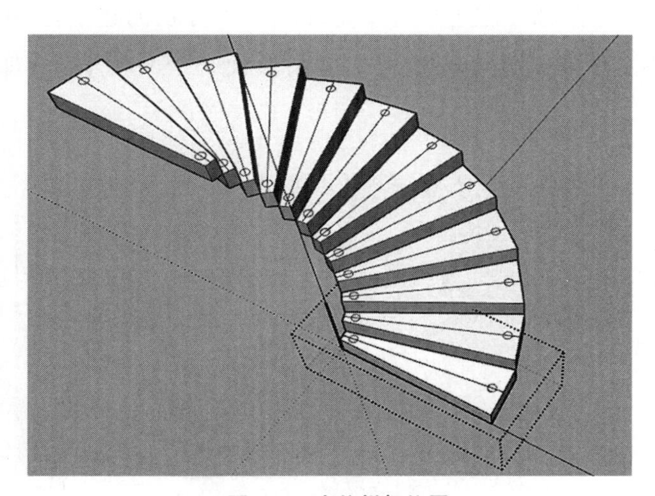

图2.26 定位栏杆位置

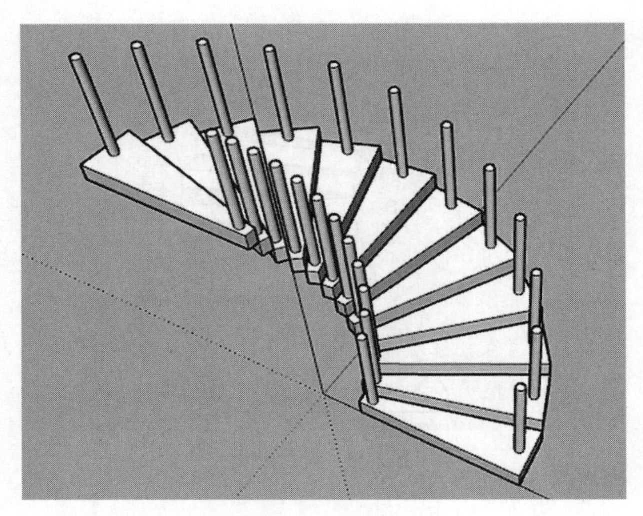

图2.27　生成栏杆

5.绘制扶手：双击进入编辑组——选择圆形边线上——点击右键——查找中心——激活圆弧工具——选择第1、3点然后中心点，扶手中心线出来；激活圆形工具左边锁定蓝轴、右边栏杆锁定绿轴——分别创建半径40mm圆；选择弧线——激活路径跟随工具——分别选择圆形面——反转平面（如栏杆面放反需反转）。

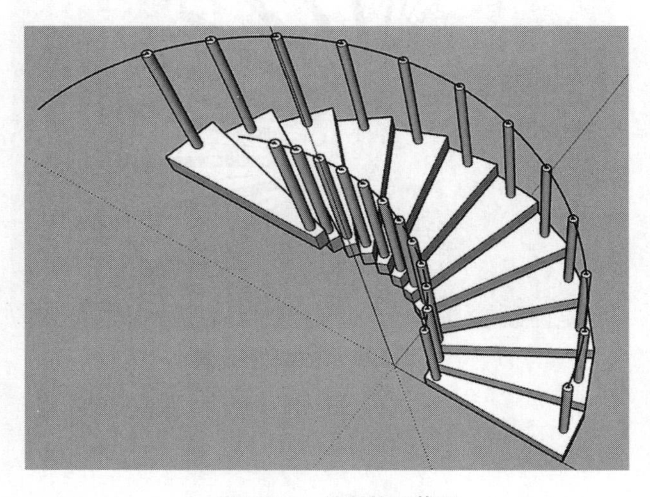

图2.28-1　绘制扶手截面

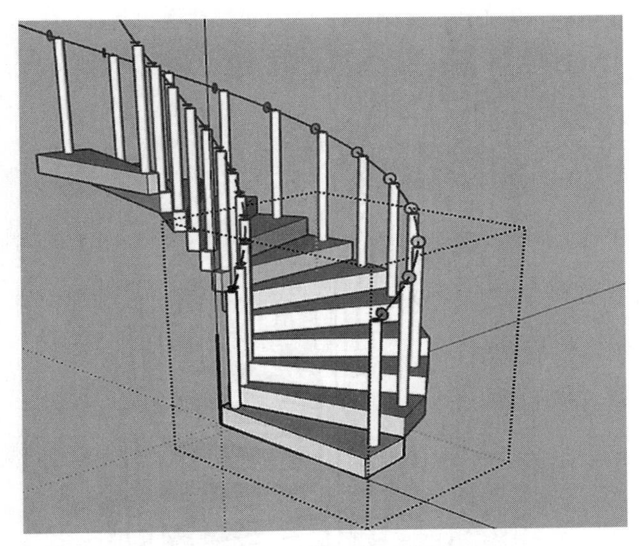

图 2.28-2　生成扶手截面

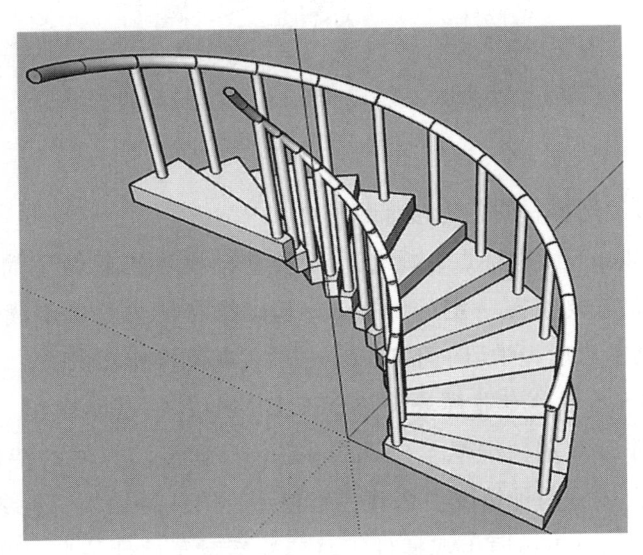

图 2.29　生成扶手模型

6.绘制台阶倒角——双击进入台阶组内——以台阶切面绘制半径50mm半圆弧——选择台阶面——激活路径跟随工具——选中半圆弧面——生成倒角。

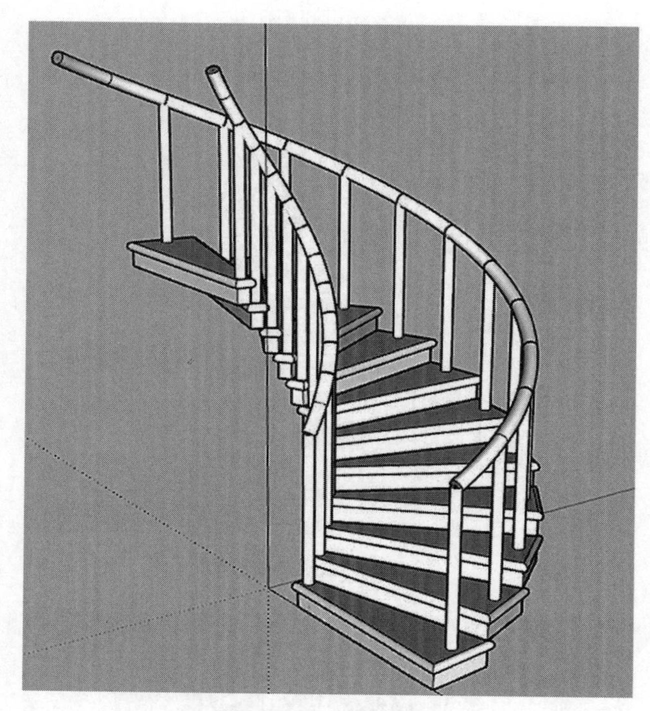

图2.30　生成楼梯模型

7.默认面板，选择材质，为楼梯赋材质。

本章仅对Sketchup的特点、操作界面及基础操作工具做了简单描述。DFC-BIM模型的建立需要掌握一定的Sketchup基础操作能力。希望读者在学习DFC-BIM软件操作之前可以先学习一下Sketchup软件基础操作知识。

后面的第3～5章分专业模块讲解DFC-BIM软件的基础操作。DFC-BIM软件的操作逻辑也非常简单，继承了Sketchup平台操作简洁方便的特色，易于掌握。DFC-BIM软件大体分两种情况去创建三维模型，第一种输入属性参数自动生成模型；第二种应用Sketchup原生或插件工具建模后赋予属性信息。既可以生成二维平面也可以生成三维模型。

# 3

# DFC-BIM 建筑模块

建筑分为两大体系六大部分。两大体系分为承重结构和围护结构。承重结构如基础、墙、柱、梁、楼板、屋顶起到支撑和承重作用；围护结构主要是房屋的最外一层（外壳），如屋顶、外窗、外门窗等。有些部分既是承重结构又是围护结构，如屋顶和外墙。六大部分分别为：

1.基础：建筑物地面以下的承重构件，下接地基，上接墙或柱，地基是基础下面的土层。

2.墙或柱：垂直承重，上接楼地层、屋顶，下接基础。墙还具有围护、分隔的作用。

3.屋顶：承重和围护作用二者兼有。

4.门窗：窗有采光、通风作用；门兼有交通联系作用。

5.楼梯：联系上下楼层的垂直交通设施，有楼梯、电梯、扶梯等类型。

6.楼地层：分为楼板层和地坪层，是房屋水平方向承重构件，分隔上下楼层空间。

## 3.1 基本操作流程

1.通过【项目设置】工具对建筑项目信息、楼层、区域等设置。

2.通过【项目预设】工具对建筑项目所需物料相关参数信息做全局设置。

3.通过【轴网】工具创建轴网。

4.绘制主体框架【基础】【柱】【构造柱】【梁】【板】【台阶】【楼梯】【坡道】。

5.绘制好主体框架后开始绘制【墙】。

6.有了墙体之后才可以进行门、窗、洞口处理。门窗应先使用【门布置】【窗布置】放置好二维图例开好门窗洞口。后期可应用通用模块（本书第5章阐述）下【DFC中心】菜单下的【门套安装】【门安装】【窗套安装】【窗安装】命令安装三维模型。

7.【楼梯布置】【电梯布置】【自动人行道布置】【扶梯布置】提供了相应二维图例设置。

## 3.2 项目设置

任何建筑、装饰等三维模型的建模都可以视为一个项目。

1.在建模之前首先设置项目信息。在【通用】——【项目环境】——【项目设置】模块中设置，包括项目位置、项目楼层以及楼层标高等(图3.1)。

**注：** 标高分为绝对标高和起点标高。绝对标高一般是建筑的首层，就是正负零高度；指建筑标高相对于国家黄海标高的高度。起点标高是相对楼层抬高多少。

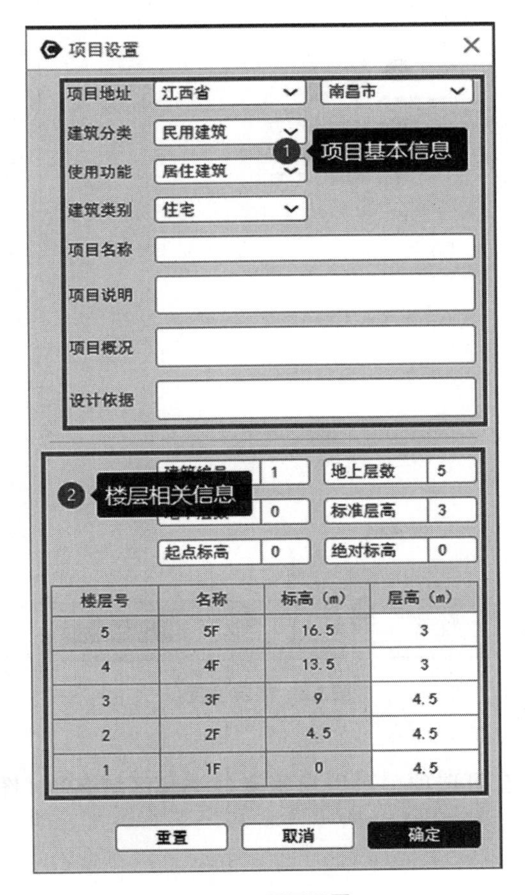


**图3.1 项目设置**

2.设置完项目信息，可以选中【项目环境】——【当前位置】创建细分区域并命名(图3.2)。

(1)在当前节点下面新增位置节点。

（2）编辑当前节点。

（3）删除当前节点。

（4）打开楼层设置页面。

（5）将模型空间选中的模型定义到当前指定位置。

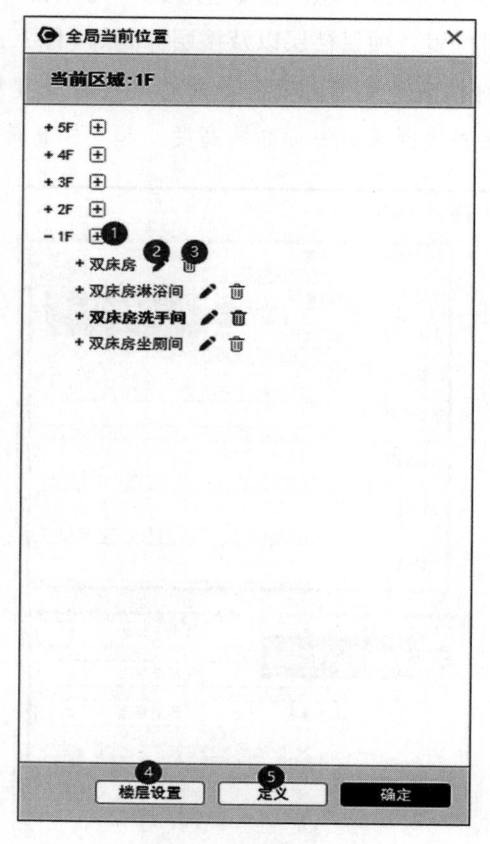


图3.2　楼层设置

3.如DFC库中没有可选项，可以自定义分类和区域名称（图3.3）。

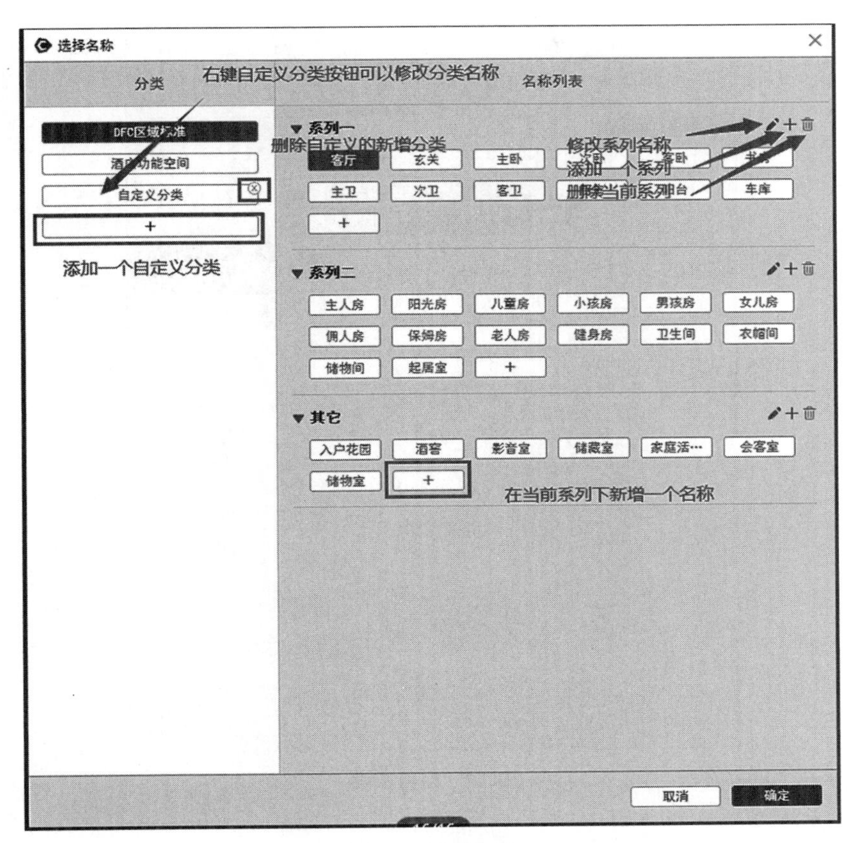


图3.3　区域设置

## 3.3 项目预设

【项目预设】设置建筑搜下物料信息：对应不同建筑组成部分选择相应物料（图3.4）。

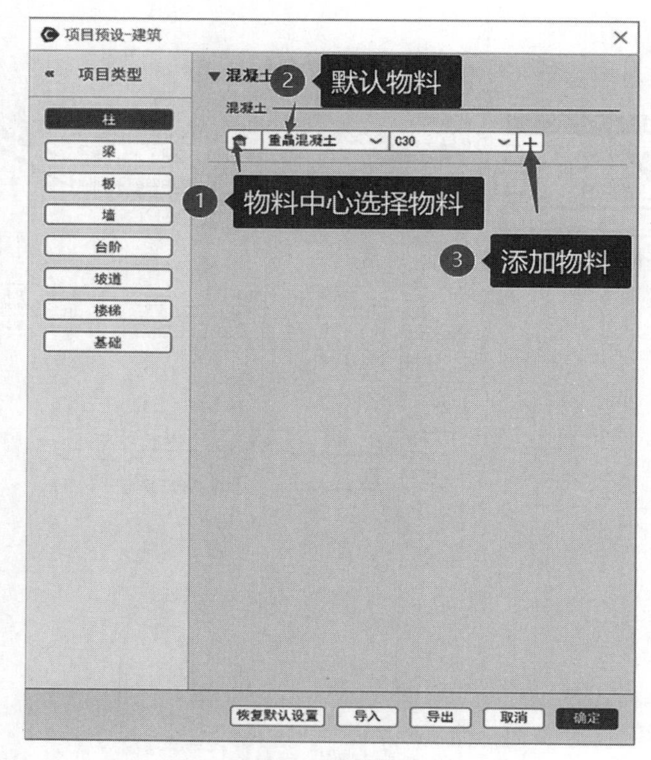


图3.4　项目预设

## 3.4 DFC-BIM轴网

轴网的用途（实际不存在）：定位作用。轴网基本种类（依据房间布置）分为直线轴网和弧形轴网。

### 3.4.1 直线轴网（图3.5）

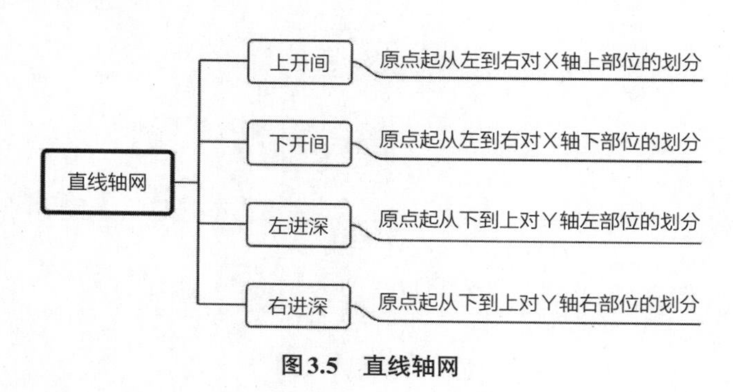


图3.5　直线轴网

1.创建轴网，点击【轴网】工具，填写轴网参数点击【布置】(图3.6)。

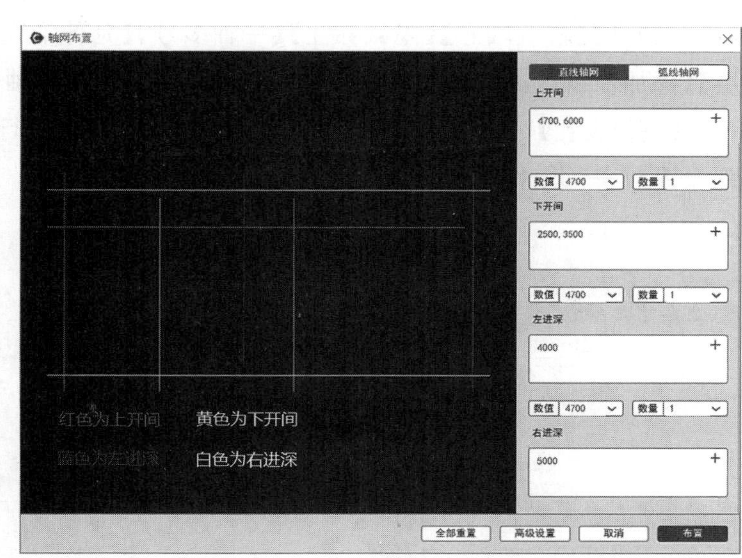


图3.6　直线轴网布置

2.轴网编辑：双击需要编辑的轴网模型，弹出轴网编辑工具条(图3.7)。

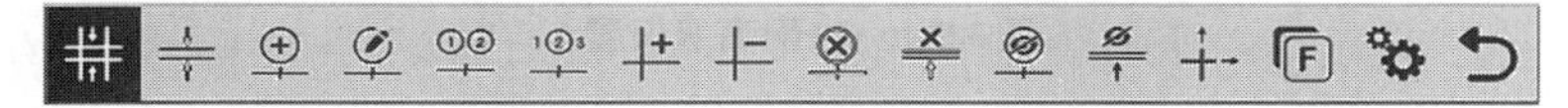

图3.7　轴网编辑工具栏

(1)上下开间轴网点击 ，再点击最左，最右轴网，全部选中后点击右键完成，弹出【轴号参数】对话框，设置轴号信息和排列规则。左右进深轴网操作同上(图3.8)。

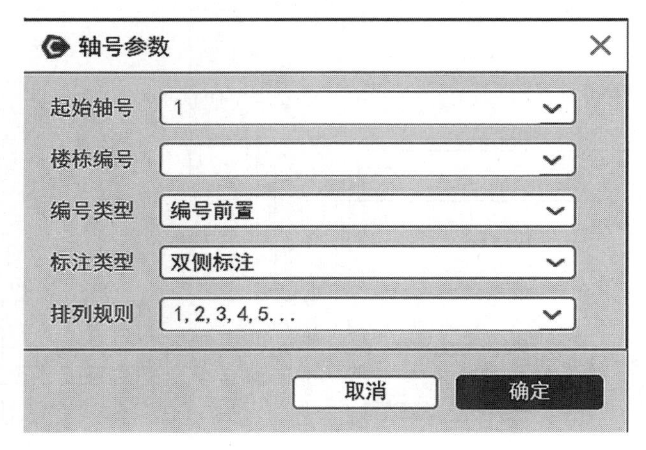


图3.8　轴号参数

（2）其他按钮根据命名含义来操作。从左到右分别为【添加标注】【删除标注】【添加轴号】【隐藏轴号】【修改轴号】【隐藏标注】【一轴多号】【延伸轴线】【重排轴号】【复制楼层】【添加轴线】【高级设置】【删除轴线】【退出编辑】【删除轴号】工具。

3.轴网——【高级设置】工具：对字体、轴号、尺寸界限等样式进行设置。

（1）【高级设置】——尺寸界限（图3.9-1）。

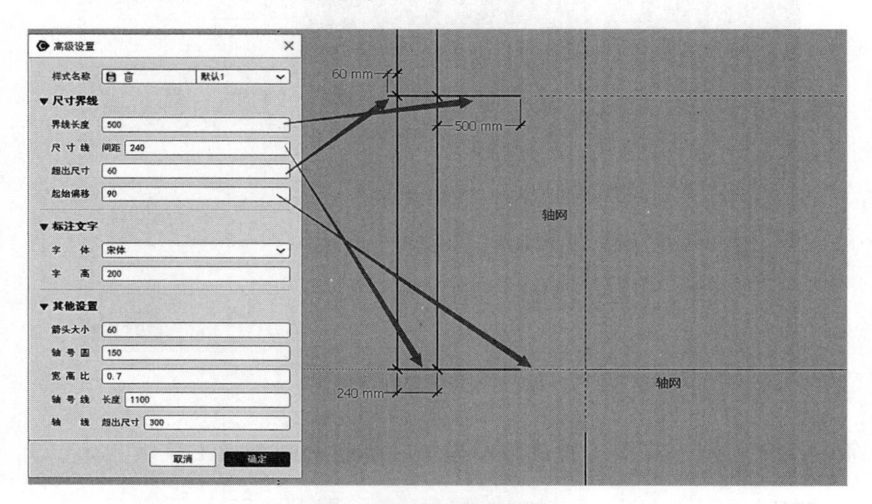


图3.9-1 轴网高级设置1

（2）【高级设置】——标注文字（图3.9-2）。

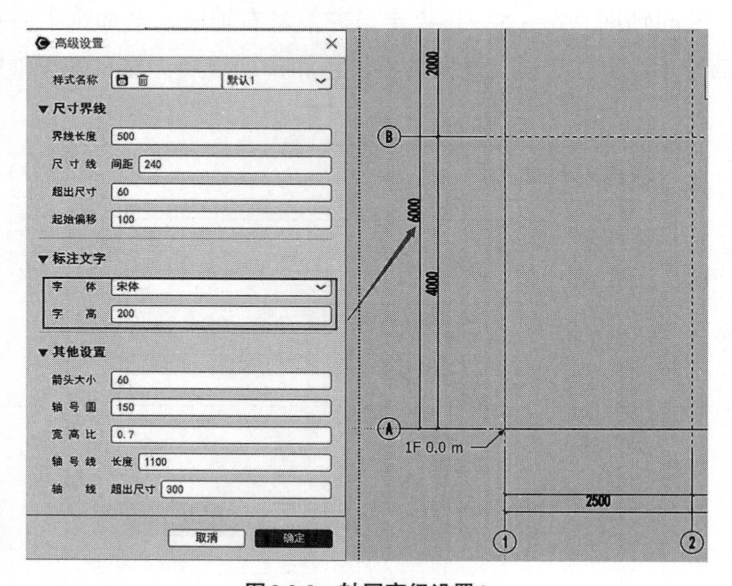


图3.9-2 轴网高级设置2

(3)【高级设置】——其他设置(图3.9-3)。

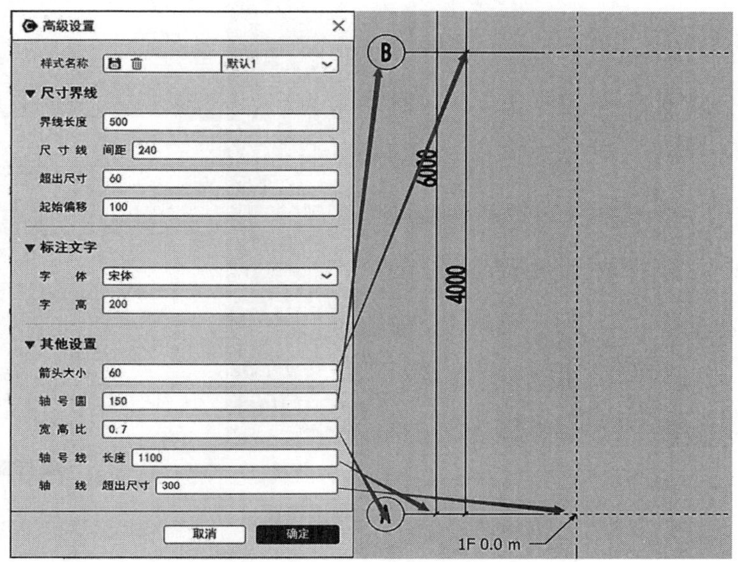


图3.9-3 轴网高级设置3

## 3.4.2 弧线轴网

弧线轴网的操作方式与直线轴网类似，见图3.10～图3.12。

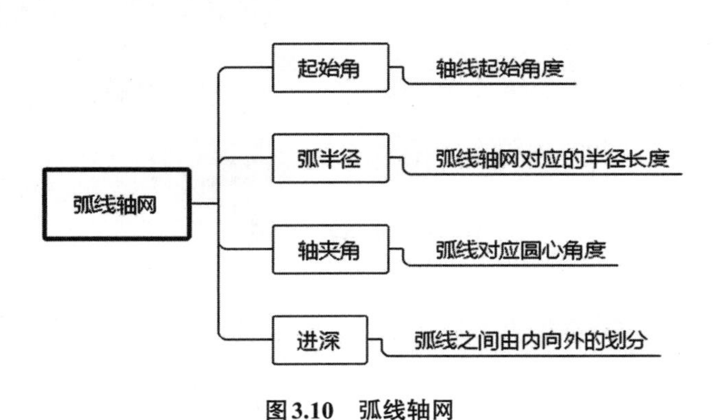


图3.10 弧线轴网

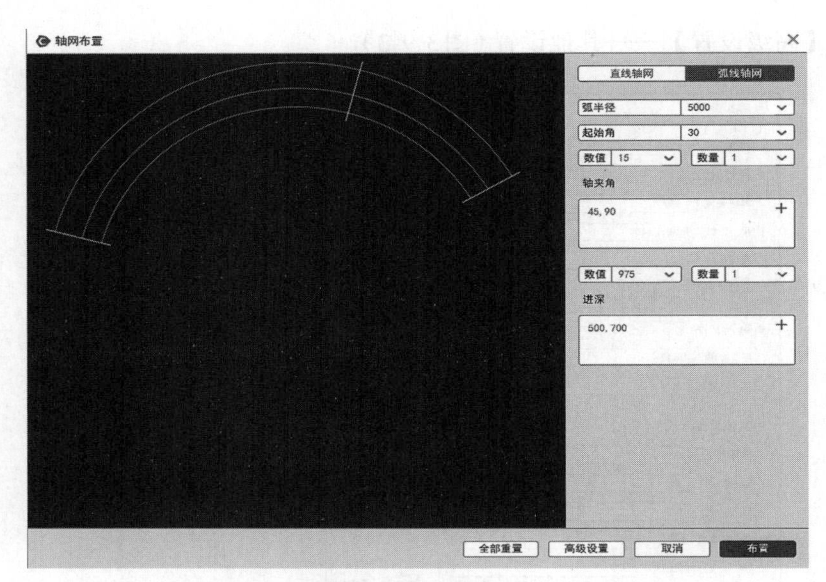


图3.11 弧线轴网布置

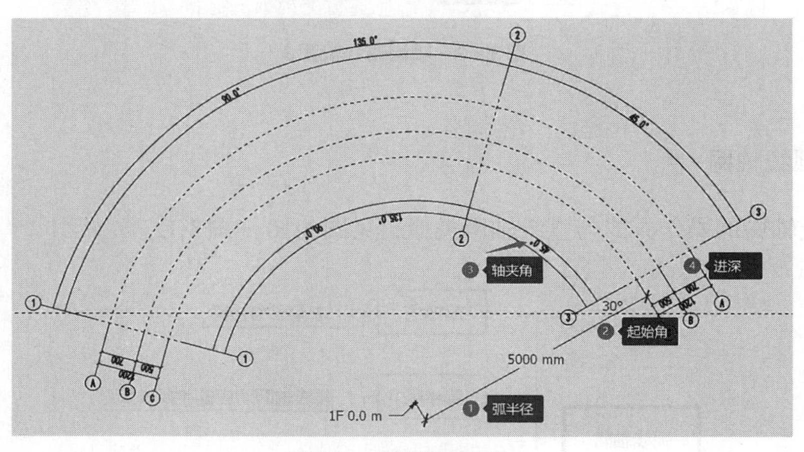


图3.12 弧线轴网标注

## 3.5 项目绘制

基础、柱、梁、板、墙的绘制方法类似。

### 3.5.1 DFC-BIM基础绘制

【基础】绘制步骤(图3.13):

1.第一步:选择基础类型:桩、承台、条形基础、筏板基础、独立基础、坑

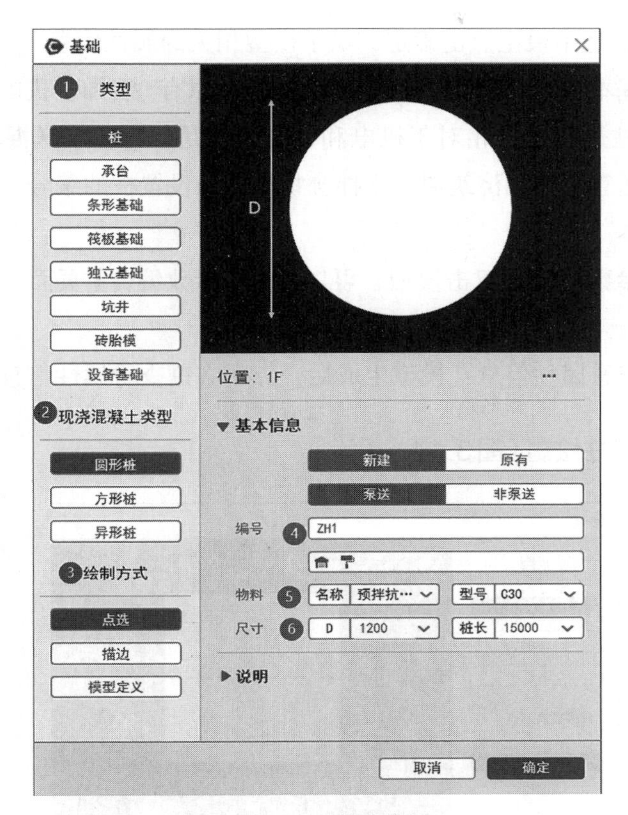


**图3.13　基础绘制**

井、设备基础其中砖胎膜除了可以独立绘制，也可附在承台、筏板或坑井外表面。

2.第二步：选择混凝土类型（主要是形状）：对应不同尺寸，可参考预览形状。

3.第三步：绘制方式：点选、描边、线绘制、描边绘制、矩形绘制、拾取生成、模型定义。

【点选】：参数选择完后，点击【确定】，选择任意位置，点击鼠标左键即可生成模型；

【描边】：画桩时，选择一个位置，用适当的圆形半径（或方形长宽）决定桩的大小；

【线绘制】：先绘制连续线段的路径，右键完成；

【描边绘制】：画筏板基础时，画出一个方向与蓝轴平行的多边形，然后右键完成；

【矩形绘制】：绘制一个方向与蓝轴平行的矩形；

【拾取生成】：绘制砖胎膜时，可通过拾取承台、筏板或者坑井快速画出砖胎膜；

【模型定义】：选中模型点击确定，赋予模型相关的属性信息。

4.第四步：基本信息：新建（建筑结构专业），原有（装饰、机电）——相对于建筑结构专业，柱是新建；相对于机电和装饰，柱是原有。泵送混凝土是用混凝土泵或泵车沿输送管运输和浇筑混凝土拌合物。另外设置柱的编号、物料信息、尺寸信息和说明文本。

5.第五步：参数编辑：双击模型，可以打开【参数编辑】页面，对模型信息进行修改。

6.第六步：查看属性信息：模型生成后，点击右键查看属性信息。

## 3.5.2 DFC-BIM柱绘制（图3.14）

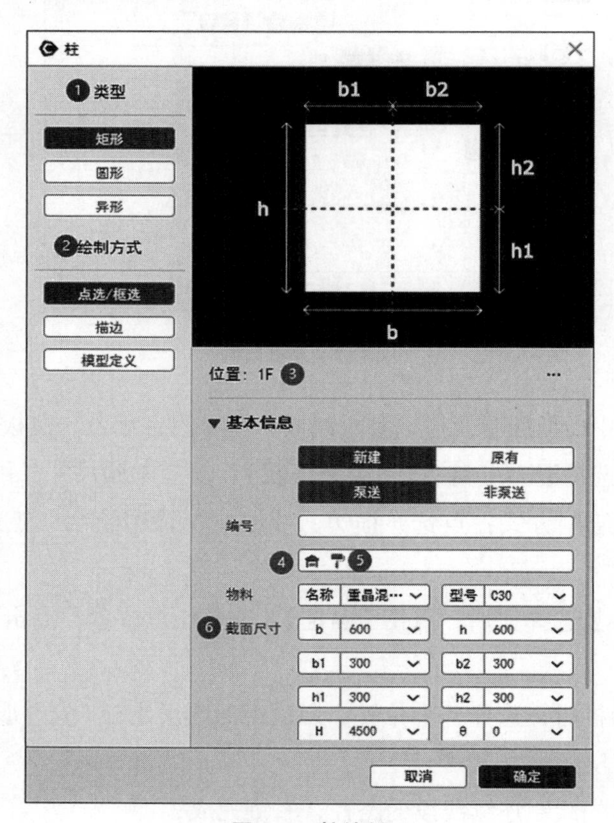


图3.14 柱绘制

1.柱类型：矩形、圆形和异形。

2.绘制方式：

【点选】：点击底图柱图截面部分，即可生成柱；

【框选】：需要先绘制当前楼层轴网，才能使用框选功能；

【描边】：无须设置尺寸绘制，描截面绘制即可；

【模型定义】：用Sketchup原生工具画出柱，进行定义成柱属性；

【异形】：描截面尺寸设计。

3.柱编辑：双击已绘制的柱子，可进入到柱编辑页面，修改柱参数。

### 3.5.3 DFC-BIM梁绘制（图3.15）

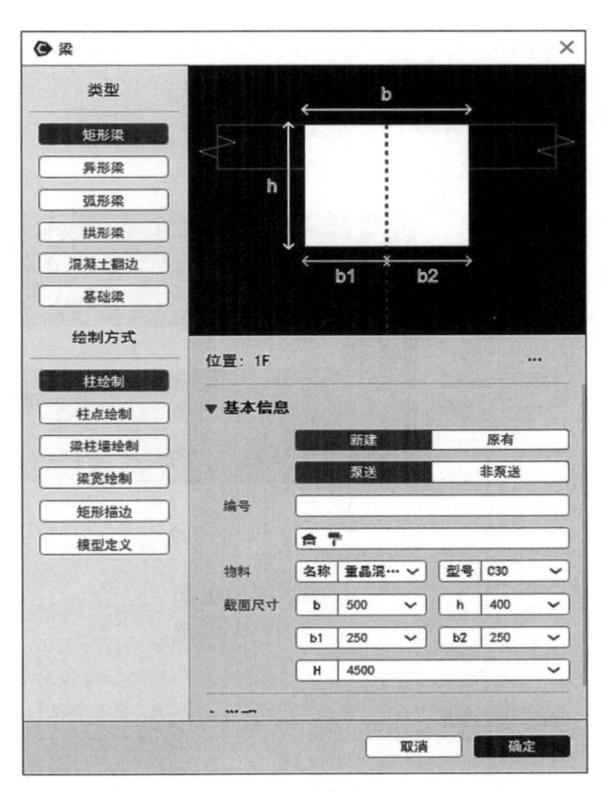


图3.15　梁绘制

1.梁类型

基础梁：基础上的梁，地基梁，在地面以下素土。

矩形梁：截面是矩形。

弧形梁：平面图中弧形梁。

拱形梁：立面上的弧梁，平面图中看不到弧形。

2.绘制方式

【柱绘制】：两个柱中心点位置生成梁；

【柱点绘制】：点击柱顶点绘制，鼠标点到柱顶点呈黄色；

【梁柱墙绘制】：梁、柱、墙任意二者之间绘制梁（中心点）选中梁柱墙呈蓝色，点击即可生成；

【梁宽绘制】：以梁的宽度作为绘制标准，起点按tab来控制，起点为梁中心点；

【矩形描边】：设置高度，宽度和长度手动调整绘制，适用广泛；

【模型定义】：方法同柱相同。

双击梁，进入梁编辑，可以对梁参数进行修改，并可以移动梁。

### 3.5.4 DFC-BIM板绘制（图3.16）

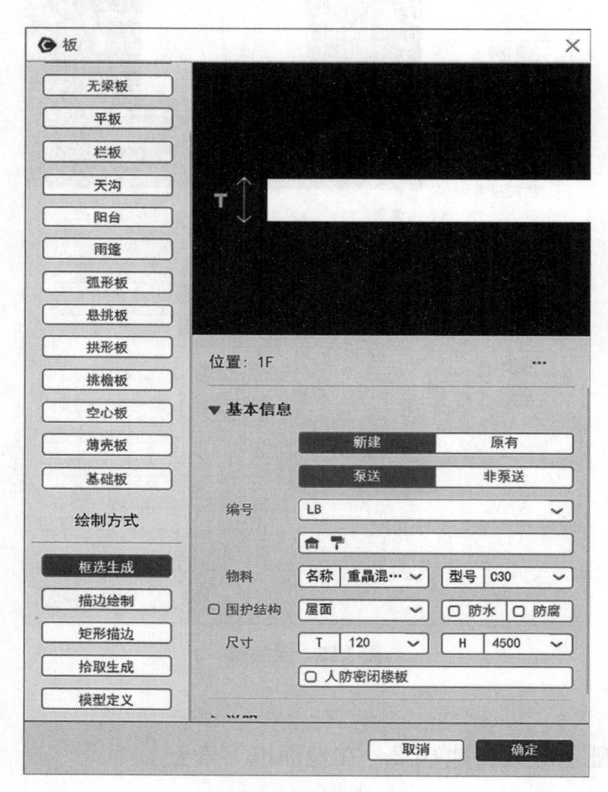


图3.16　板绘制

1.板类型

无梁板：板面无梁支撑，通常是靠带有柱帽的柱子支撑。

有梁板：板面靠梁支撑，将荷载传给柱的支撑方式（常用）。

平板：搭在墙上，跨度较小的板适用。

栏板：栏杆之间的板。

天沟、阳台、雨棚、弧形板、悬挑板、拱形板、基础板等。

围护结构。

屋面、临空楼板。

2.绘制方式

【框选生成】：顶标高；

【描边绘制】：可绘制多边形板；

【矩形描边】：绘制矩形生成楼板；

【拾取生成】：绘制异形成板；

【模型定义】：为模型赋予板的属性。

### 3.5.5 DFC-BIM墙绘制（图3.17）

1.墙类型：现浇混凝土（承重墙）、砌块砌体、砖砌体、轻钢龙骨隔墙、其他等。

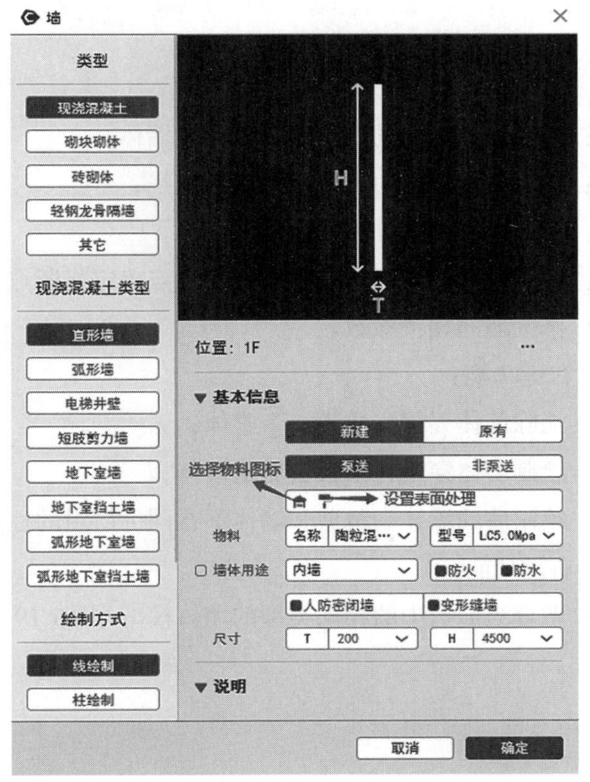


图3.17　墙绘制

2.绘制方式：

【柱绘制】：两个柱中心点位置生成墙；

【柱点绘制】：以柱顶点绘制，鼠标点到柱顶点呈粉色；

【轴线绘制】：以轴网为墙中心线绘制；

【墙厚绘制】：以墙的厚度作为绘制标准，按tab来控制墙的绘制中线；

【矩形描边】：设置高度，宽度和长度手动调整绘制，适用广泛；

【描边绘制】：设置宽度，墙形状任意，根据描边来确定墙的截面，适合异形墙；

【模型定义】：方法同柱相同。

3.墙高：有梁自动截断。

4.墙编辑。

双击墙体，进入编辑状态（图3.18）。从左到右依次是：

图3.18　墙编辑

【路径编辑】：使用Sketchup的线绘制工具生成墙体；

【修改墙厚】：在二维状态选中要修改墙厚的边线；

【墙体编辑】：在原墙体上二维编辑；

【切断墙体】：点第一下确定起点，再点击第二点确定打断点；

【参数编辑】：修改墙的相关参数。

5.绘制墙体时右键功能：

【融合墙体】：消除墙体界限，成为一个整体；

【剪裁墙体】：绘制墙体穿越柱梁板会剪裁墙体；

【深度遍历】：绘制后的墙体会裁剪和墙体不在同一层组的柱梁板模型。

6.选中墙体时右键功能：

【墙体融合】：融合当前选中的相同类型的墙体模型（图3.19）。

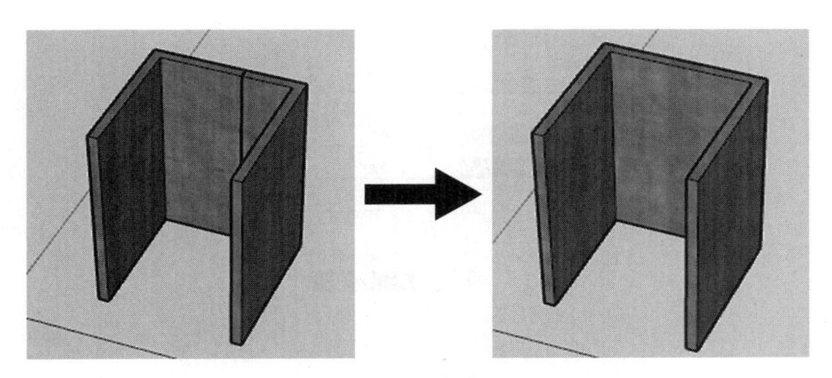

图3.19　墙体融合

【墙体关联】：选中和当前选中墙体关联的模型，例如门洞的图例（图3.20）。

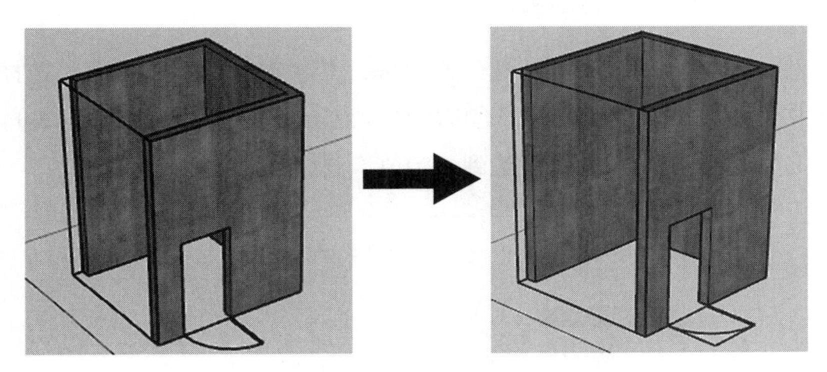

图3.20　墙体关联

【刷新墙体】：重生选中的墙体模型（图3.21）。

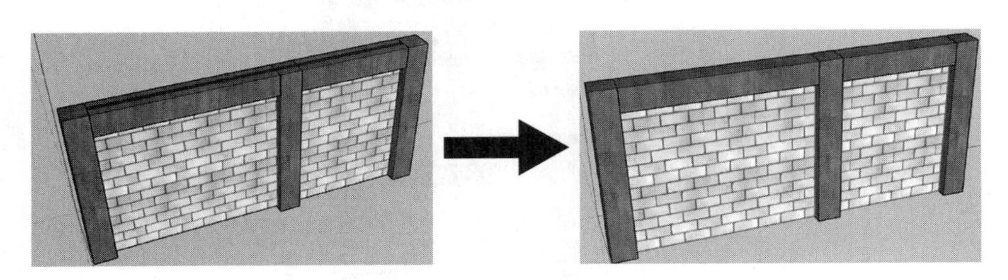

图3.21　刷新墙体

【批量编辑】：批量修改选中的墙体模型参数。

进入墙体参数编辑页面，对墙体类型、物料、尺寸、墙体用途等均可以修改。

【墙板柱高度调整】：同时调整所选中的墙、板、柱的偏移高度值。

【更改建筑通用属性】：修改建筑材料、原有/新建、泵送/非泵送（图3.22）。

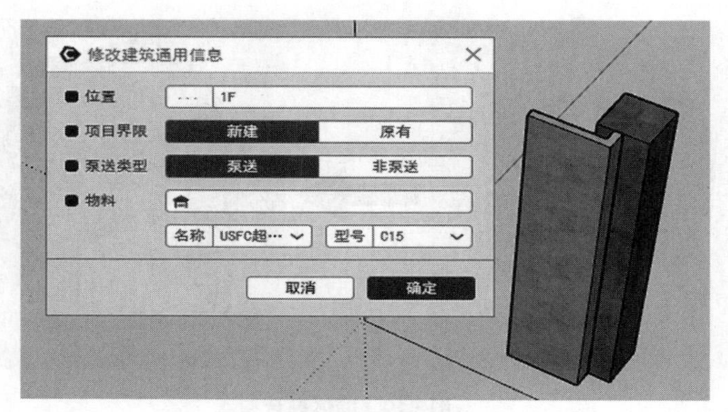


图3.22　修改建筑通用信息

### 3.5.6 DFC-BIM构造柱绘制和编辑

构造柱绘制的操作步骤：首选绘制墙体，其次点击构造柱编辑，选择构件类型，设置构件参数，点击确定后，选中墙体，点击鼠标右键完成（图3.23）。

【洞口边柱】为洞口尺寸宽度达到一定值，洞口旁边会设置个边柱。

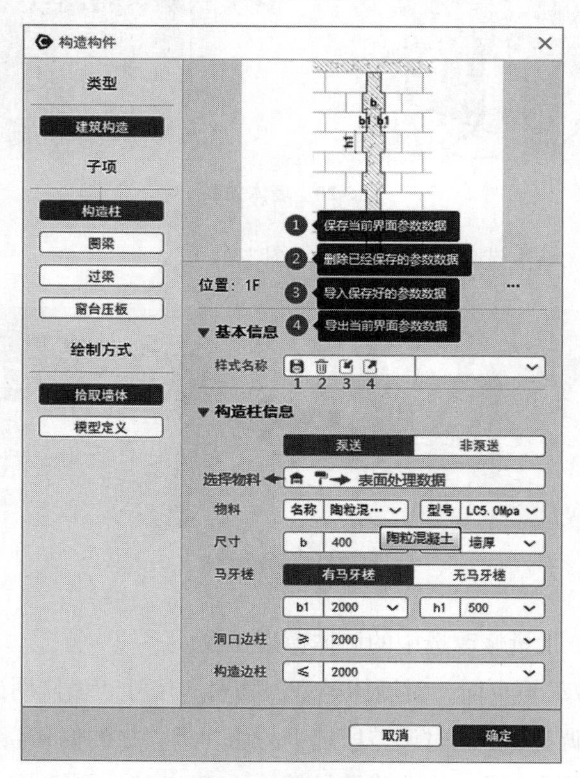


图3.23　构造柱绘制

【构造边柱】墙体长度小于一定值，就直接用构造边柱替代。

【模型定义】选中要定义模型，点击确定，适用于用Sketchup原生工具画的建筑构件。

如果需要对建筑构件移动和删除，需点击建筑模块中的【构件编辑】工具（图3.24）。

图3.24　构造柱编辑

从左到右，分别为【移动】【删除】，选中相应的构件来执行操作，转角构造柱不可以操作。如需清除，选中墙体，点击鼠标右键，选择【清除构造构件】即可。

## 3.5.7 DFC-BIM门窗洞口绘制

DFC-BIM门窗洞口操作类似。门窗布置可参考洞口绘制。

1.洞口绘制见图3.25。

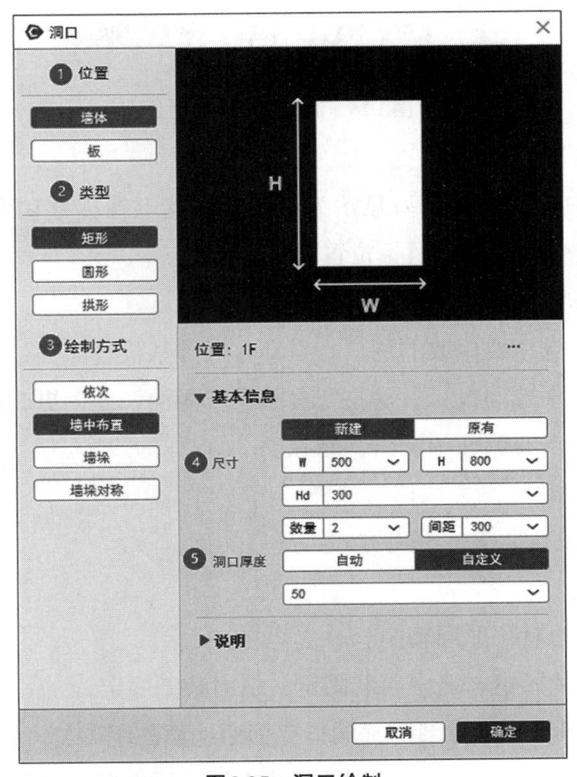


图3.25　洞口绘制

（1）洞口位置：墙体、板。

（2）洞口类型：矩形、圆形、拱形、拾取（异形在墙或板上画异形，然后拾取开洞）。

（3）基本信息：

洞口尺寸：宽度、高度。

底标高：洞口底面距地面的距离。

洞口厚度：自动（墙厚）；自定义（如消火栓、强电箱、弱电箱等预留洞）。

（4）绘制方式

【依次】：逐次绘制洞口，拾取距离时，可以按回车，右下角输入精确数据；

【墙垛】：在距墙垛内侧最近的边缘处，可设置洞口个数，垛值；

【墙垛对称】：两个墙垛处开两个洞，洞口分别距最近的墙垛距离为垛值；

【墙中布置】：墙长度的中点。

数量：所开洞口的个数。

2.洞口编辑：点击【洞口编辑】工具，所有洞口显示为绿色（图3.26）。

图3.26　洞口编辑工具栏

从左到右依次是：

【移动】：选中要移动的洞口显示为红色，在墙上捕捉移动到的点位，洞口为黄色，点击左键或输入距离到目标位置；

【复制】：操作同移动，复制相同类型的洞口；

【参数编辑】：选中要修改的洞口，自动打开参数设置界面，更改参数；

【批量编辑】：多选洞口，自动打开参数设置界面，统一更改参数；

【删除】：再点击要删除的洞口，删除。

3.门布置见图3.27（画完墙体后选择）。

（1）门类型：是否防火、开启方式、开启类型。

（2）基本信息：

分类：新建、原有、原洞新门。

固定方式：墙外固定、墙中明装固定、墙中隐藏固定。

门洞尺寸：宽度、高度、距地（洞口底面距地面的距离）。

门洞厚度：自动（墙厚）；自定义（如消火栓、强电箱、弱电箱等预留洞）。

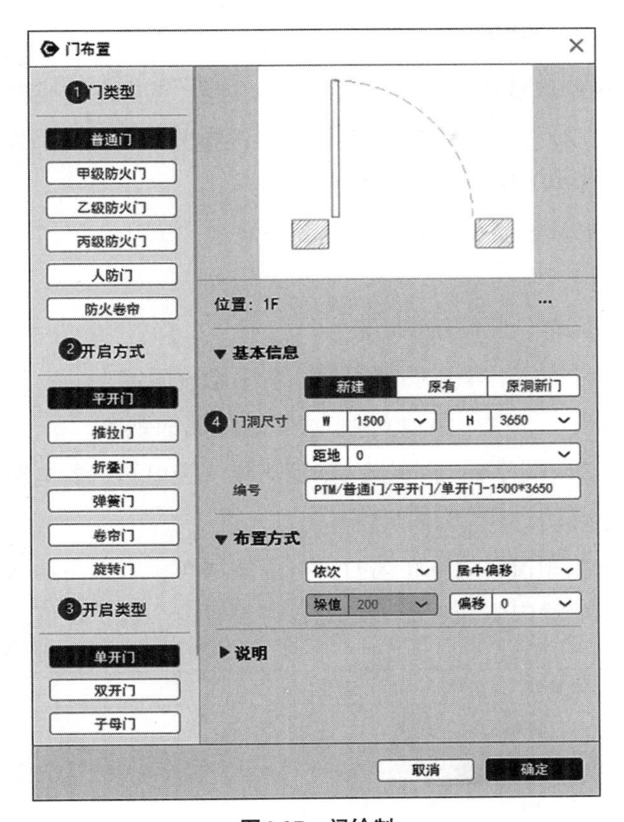

图3.27　门绘制

（3）布置方式：

依次：逐次绘制门，拾取距离时，可以按回车，右下角输入精确数据。

墙垛：在距墙垛内侧最近的边缘处，可设置门洞个数，垛值。

墙垛对称：两个墙垛处放置两个门，门分别距最近的墙垛距离为垛值。

墙中布置：墙长度的中点。

数量：所开门的个数。

放置位置：居中偏移：门放在墙中；墙边对齐：门放在墙外边线处。

（4）门编辑：双击门的二维图例，进入门编辑状态（图3.28），从左到右依次是：

图3.28　门编辑工具栏

【水平翻转】：图例水平方向X轴向翻转；

【垂直翻转】：图例垂直方向Y轴向翻转；

【移动】：移动鼠标后点击左键或者输入距离；

【复制】：左键拾取墙体的底线，然后选取位置（点击左键或输入距离）；

【参数编辑】：自动打开参数设置界面，更改参数。

4.窗布置见图3.29（画完墙体后选择）。

（1）窗类型：形状、品类、开启方式。

（2）基本信息：

分类：新建、原有、原洞新窗。

固定方式：墙外固定、墙中明装固定、墙中隐藏固定。

窗洞尺寸：宽度、高度、距地（洞口底面距地面的距离）。

窗洞厚度：自动（墙厚）；自定义（如消火栓、强电箱、弱电箱等预留洞）。

（3）布置方式：

①依次：逐次绘制窗，拾取距离时，可以按回车，右下角输入精确数据。

②墙垛：在距墙垛内侧最近的边缘处，可设置窗个数，垛值。

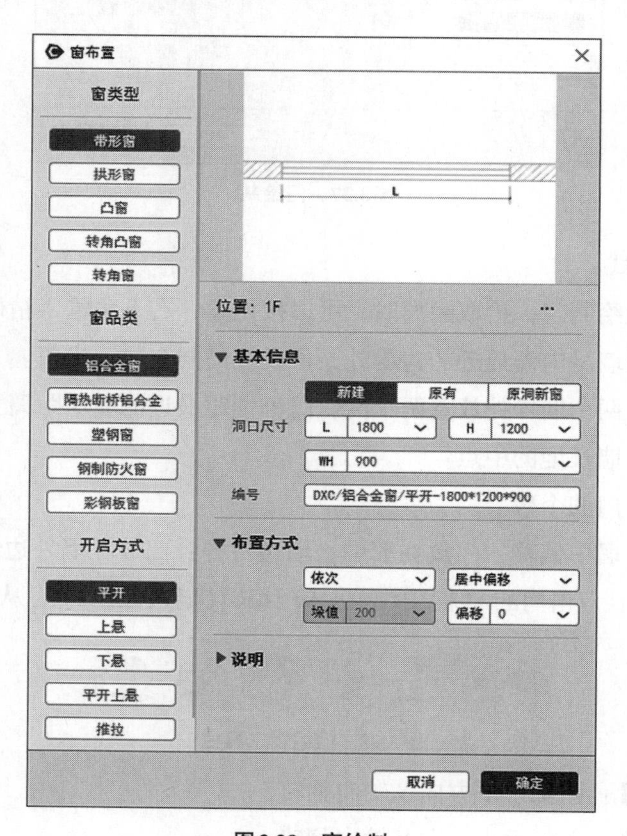


图3.29　窗绘制

③墙垛对称：两个墙垛处放置两个窗，窗分别距最近的墙垛距离为垛值。

④墙中布置：墙长度的中点。

⑤数量：所开窗的个数。

⑥放置位置：居中偏移：窗放在墙中；墙边对齐：窗放在墙外边线处。

（4）窗编辑：双击窗的二维图例，进入门编辑状态（图3.30），从左到右依次是：【移动】【复制】【参数编辑】，方式同门编辑操作。

**图3.30　窗编辑工具栏**

## 3.5.8 DFC-BIM楼梯绘制

1.三模模型绘制

（1）直跑楼梯（图3.31、图3.32）。

参数生成和模型定义两种方式，如下是参数生成方式，模型定义先绘制模型后定义楼梯参数。

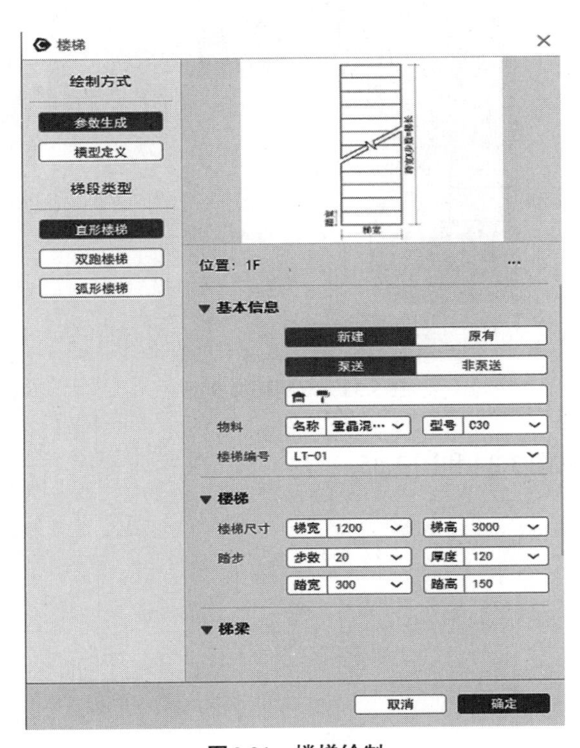


**图3.31　楼梯绘制**

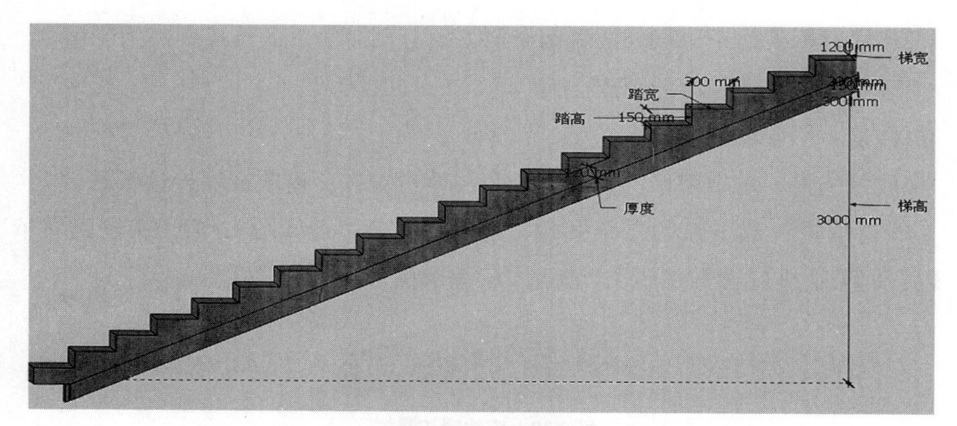


图3.32　直跑楼梯模型

（2）双跑楼梯，设置同直跑楼梯。【疏散半径】为楼梯放在建筑平面里的具体位置，看走廊和出口是单侧还是双侧；【上楼位置】分左边和右边（图3.33）。

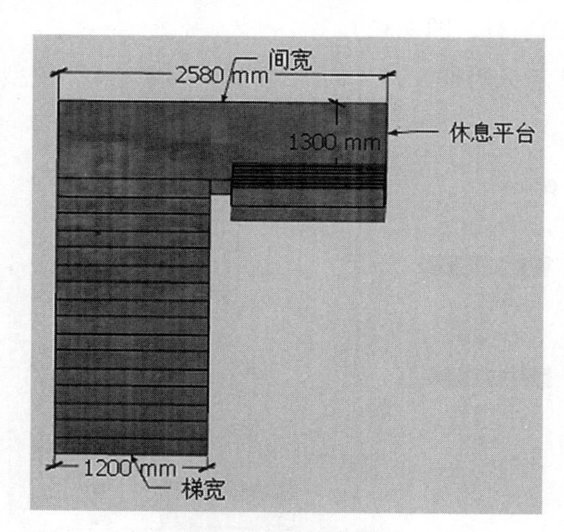


图3.33　双跑楼梯模型

（3）弧形楼梯见图3.34和图3.35。

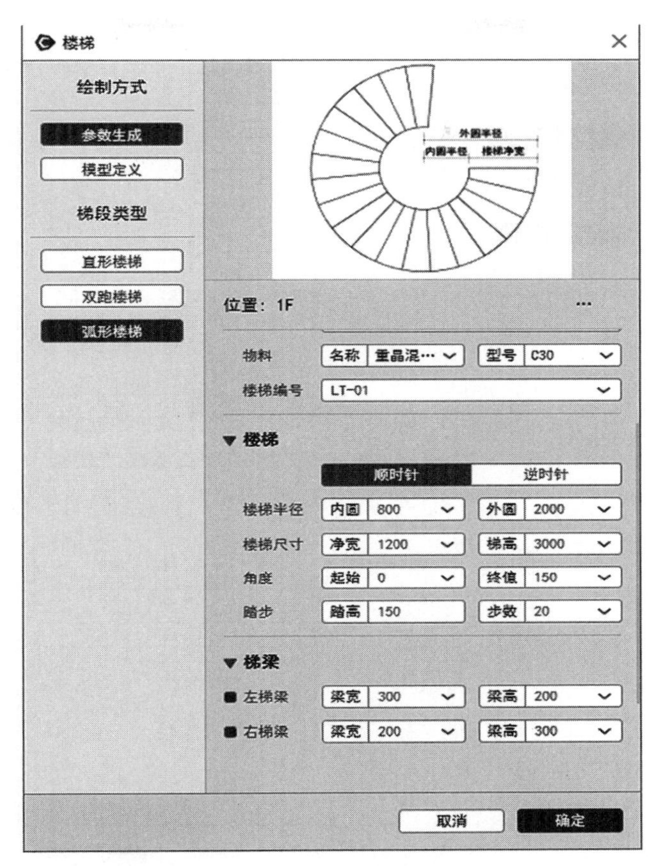


图3.34　弧形楼梯绘制

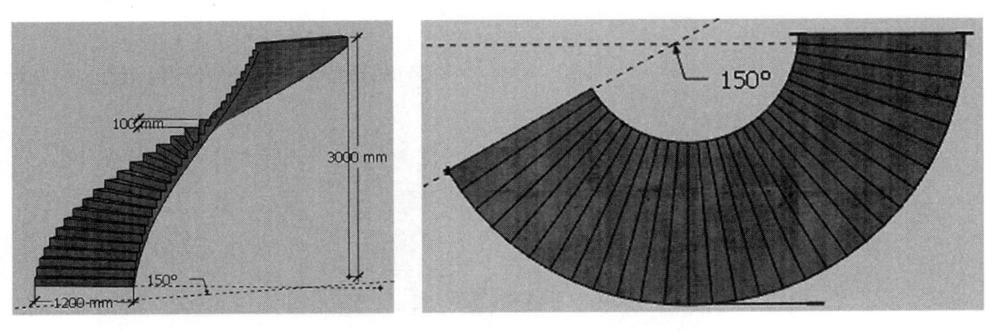


图3.35　弧形楼梯模型

2.二维平面绘制

点击【楼梯布置】工具，设置楼梯参数，生成楼梯二维平面图例；也可以拾取楼梯三维模型（DFC工具绘制），自动生成楼梯相关尺寸信息，并转换为二维平面模型（图3.36、图3.37）。

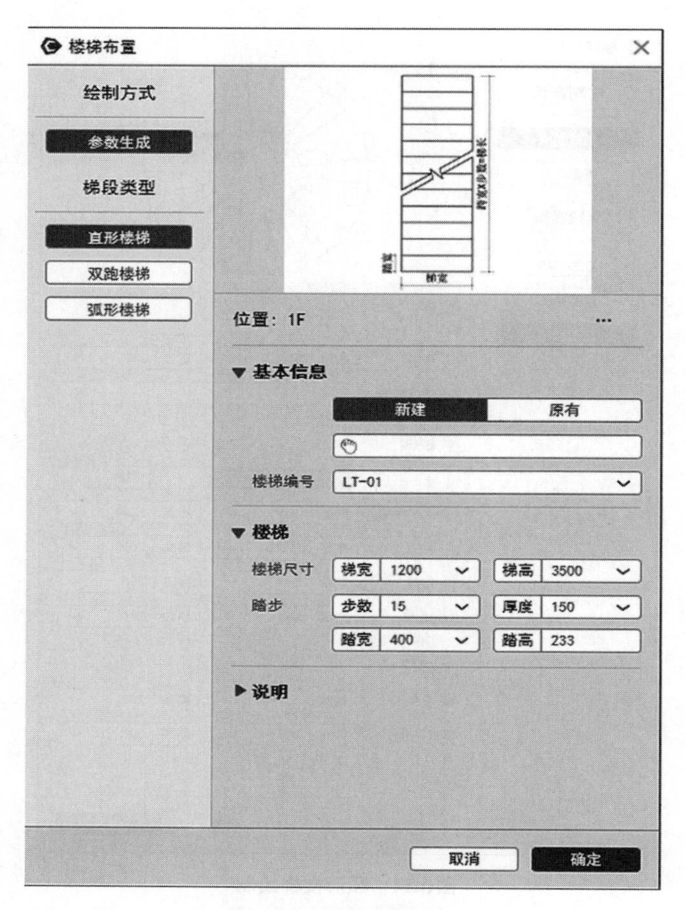


图3.36　二维楼梯绘制

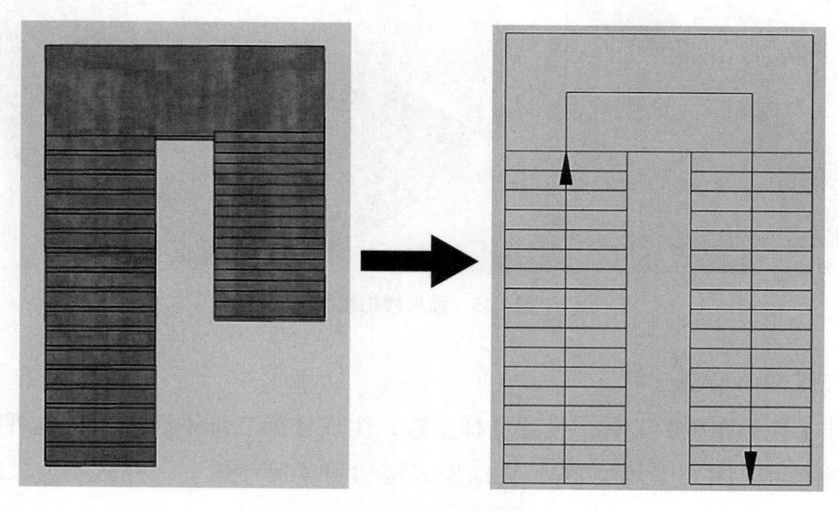

图3.37　楼梯三维模型转二维平面

### 3.5.9 DFC–BIM台阶、坡道绘制

DFC-BIM台阶和坡度绘制方法类似。绘制基本原理都是通过截面生成。

1. 台阶绘制——踏步截面（图3.38）：宽度W，高度H，步数

绘制方式：

【绘制生成】：放置截面方向，点击鼠标右键，可以选择截面的反方向，截面生成的路径方向（对齐x、y轴）。

【路径生成】：先用Sketchup原生工具，绘制路径，选中路径，出现截面，移动鼠标选择截面方向。

【模型定义】：同其他。

2. 坡道绘制尺寸——宽度W，高度H，坡度

绘制方式：

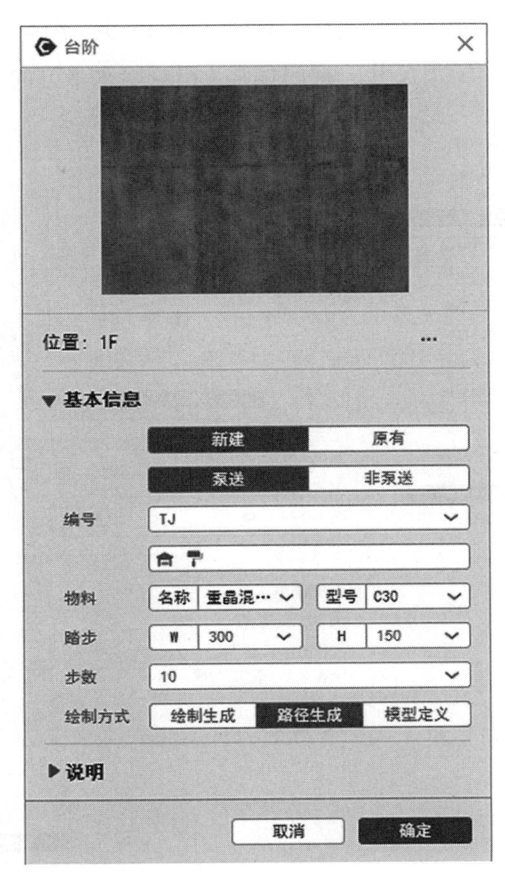


图3.38　台阶绘制

【绘制生成】：放置截面方向，点击鼠标右键，可以选择截面的反方向，截面生成的路径方向（对齐x、y轴）。

【路径生成】：先用Sketchup原生工具，绘制路径，选中路径，出现截面，移动鼠标选择截面方向。

【模型定义】：同其他。

### 3.5.10 DFC-BIM电梯二维平面布置

【电梯布置】参数设置见图3.39。

电梯类型：可选类型有客梯、乘客电梯、医用电梯等，如没有需要的电梯类型，也可点击“+”来添加电梯类型。

电梯基本信息：有无机房、电梯载重、额定速度。

停留楼层：可拾取梯井宽度和深度。

电梯轿厢：轿厢尺寸、轿厢偏移（轿厢相对梯井）、平衡重位置。

电梯门：门类型、梯门尺寸、梯门偏移（相对墙水平方向）。

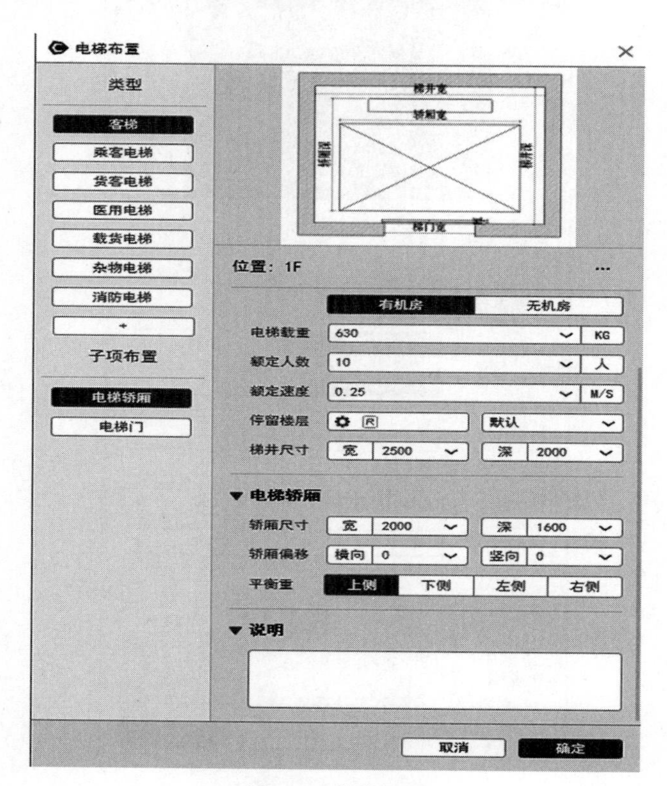


图3.39 电梯绘制

所生成的模型见图3.40。

图3.40　生成电梯模型

### 3.5.11 DFC-BIM自动人行道二维平面布置（图3.41）

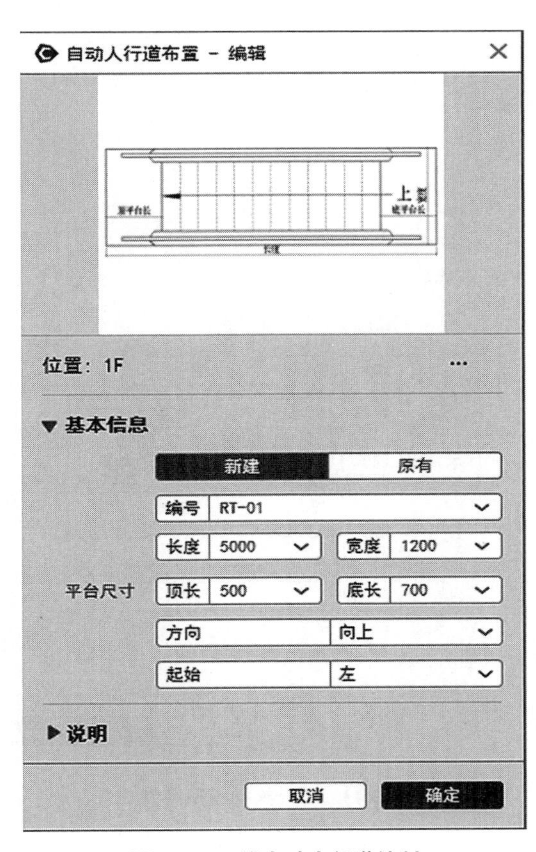


图3.41　二维自动人行道绘制

所生成模型见图3.42。

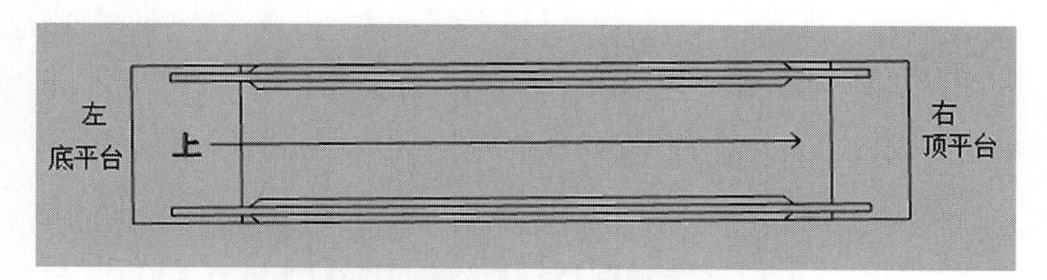


图3.42　二维自动人行道模型生成

### 3.5.12 DFC-BIM扶梯二维平面布置（图3.43）

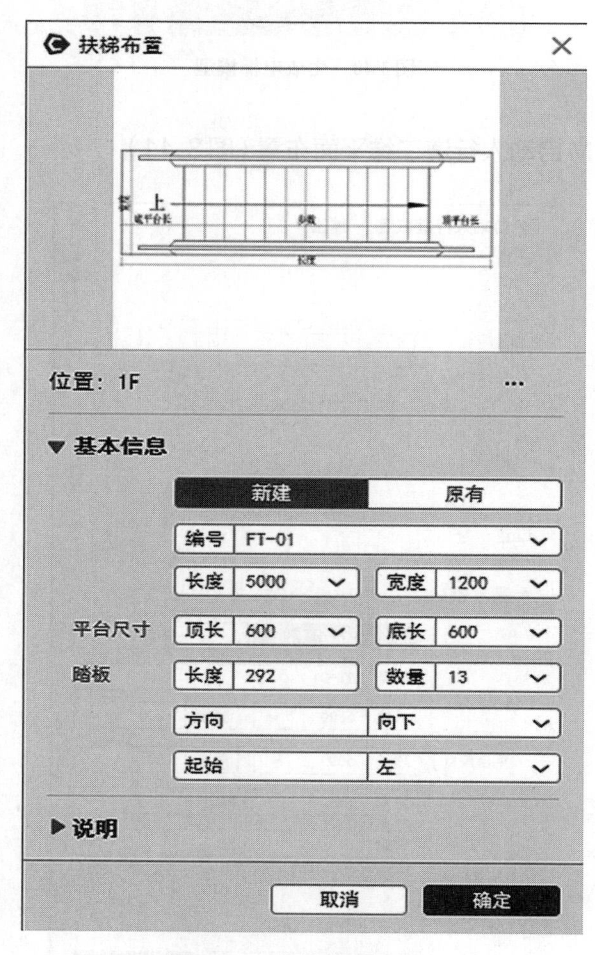


图3.43　二维扶梯模型绘制

所生成模型见图3.44。

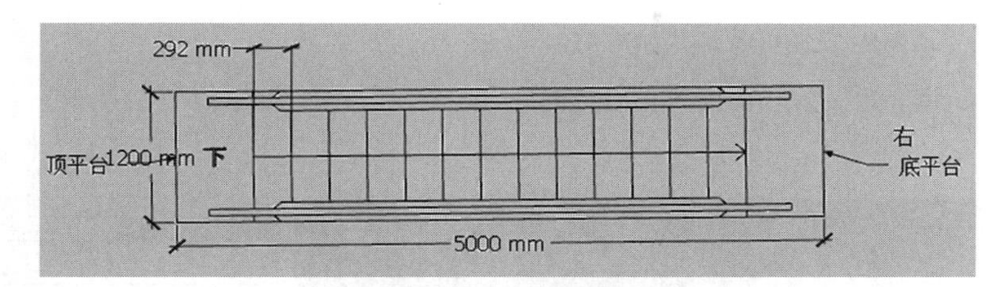


图3.44　二维扶梯模型生成

## 3.6 案例操作

以某县投资大厦为例，总建筑面积39542.8m²，其中地下建筑面积2976.4m²，地上建筑面积36566.4m²，建筑基底占地面积4125.1m²。地下一层，地上二十六层，建筑高度为98.7m。本工程为混凝土框架—剪力墙结构，局部屋顶为网架结构。如图所示为标准层平面布置图（二十三至二十四层平面布置图）（图3.45）。

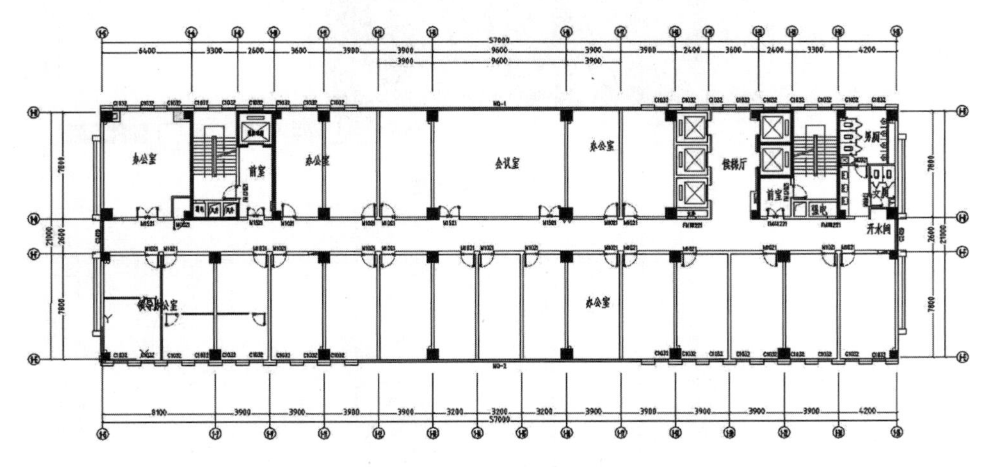

图3.45　标准层平面布置图

### 3.6.1 DFC-BIM轴网绘制

设置直线轴网（图3.46、图3.47）。

旋转角：0。

上开间：6400*1，3300*1，2600*1，3600*1，3900*2，9600*1，3900*2，2400*1，3600*1，2400*1，3300*1，4200*1。

下开间：8100*1，3900*4，3200*3，3900*5，4200*1。

左进深：7800，2600*1，7800*1。

右进深：7800，2600*1，7800*1。

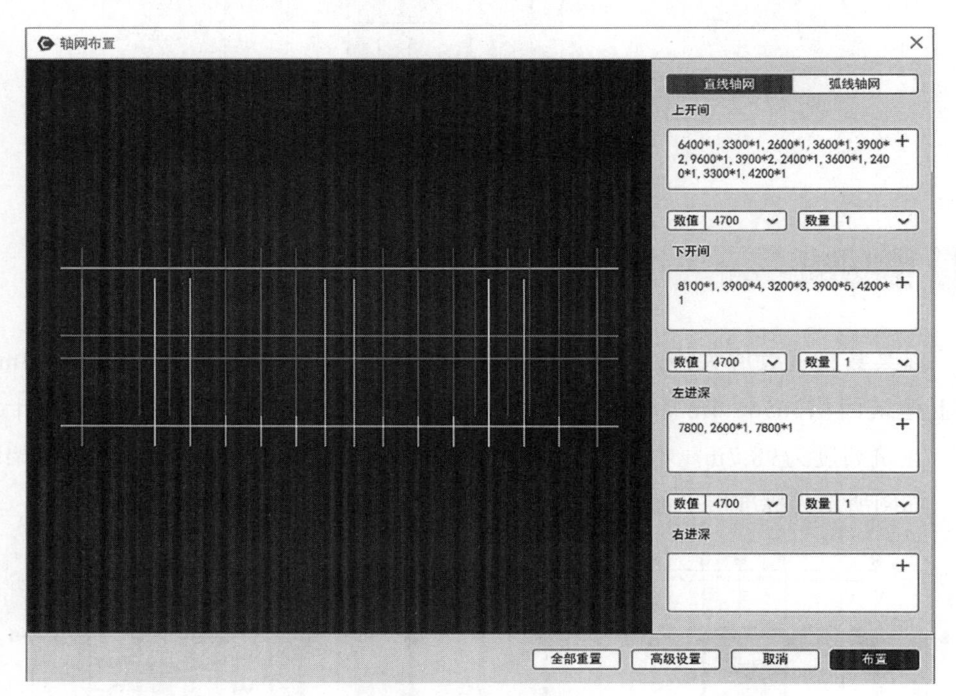


图3.46　轴网布置

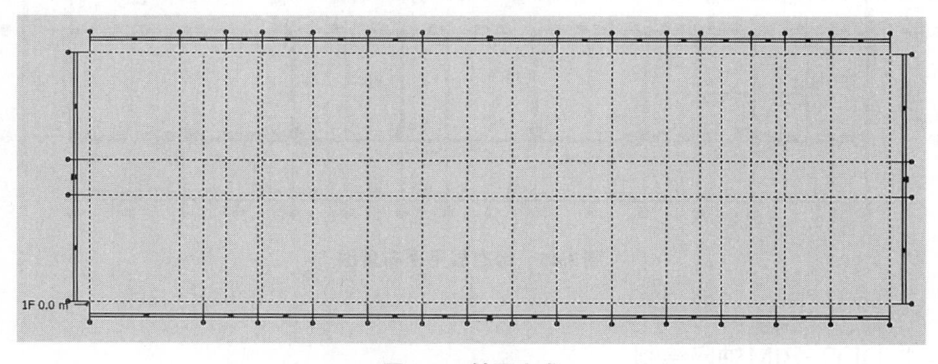


图3.47　轴网生成

## 3.6.2 导入CAD图纸

1.在CAD中将建筑结构平面布置图处理干净，去掉多余的线。导入Sketchup中，打开Sketchup，点击【文件】——【导入】——选择文件类型：AutoCAD文件，点击【选项】，比例一定要选择【毫米】(图3.48、图3.49)。

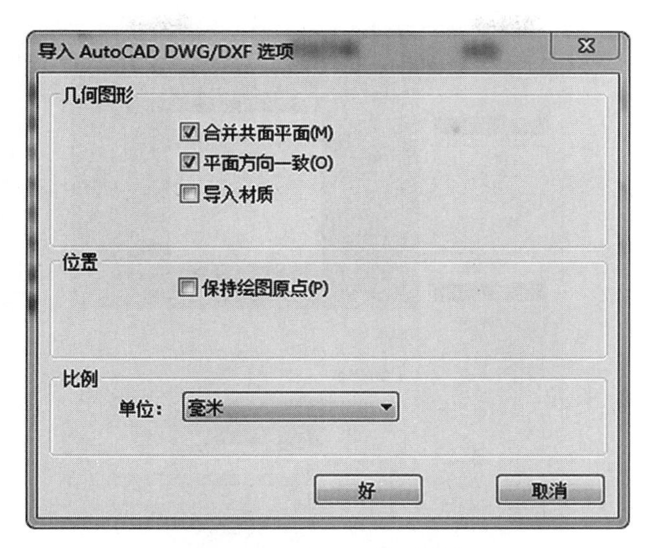


图3.48　导入CAD图纸选项

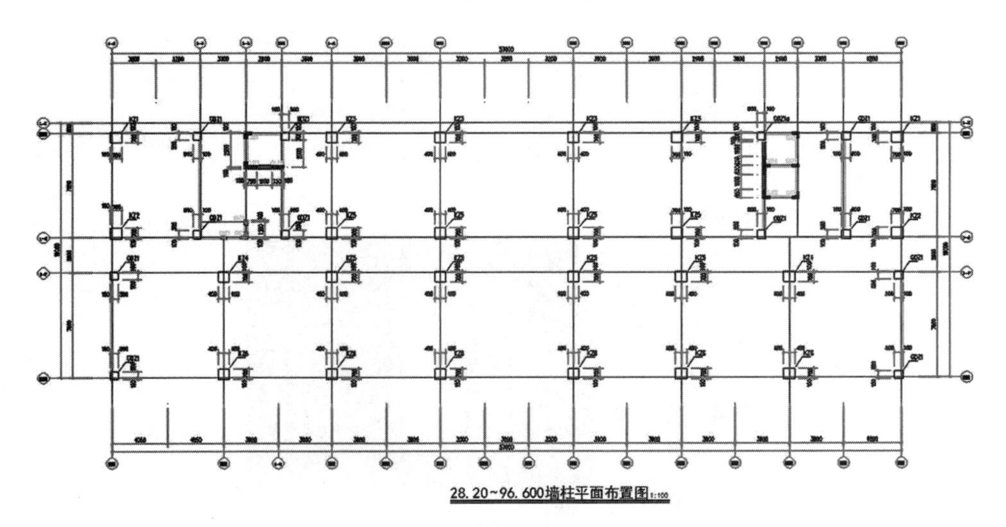


图3.49　墙柱平面布置图

2. 导入【墙柱平面布置图】，绘制结构柱和结构墙，可以用【描边绘制】的方式（图3.50～图3.52）。

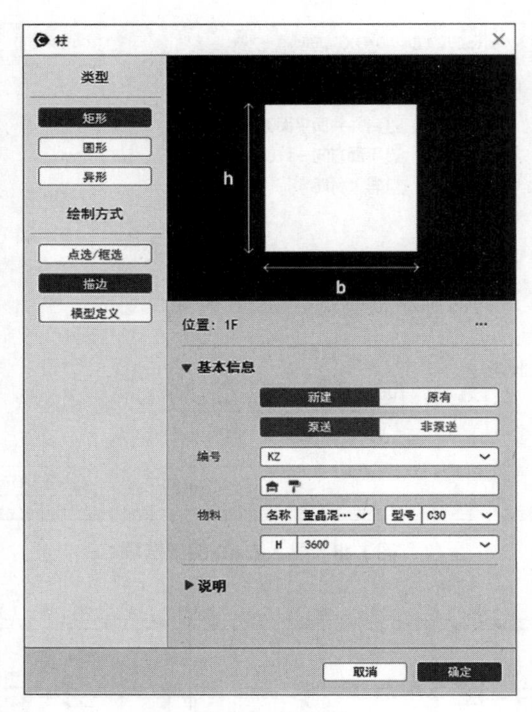


图3.50　柱绘制

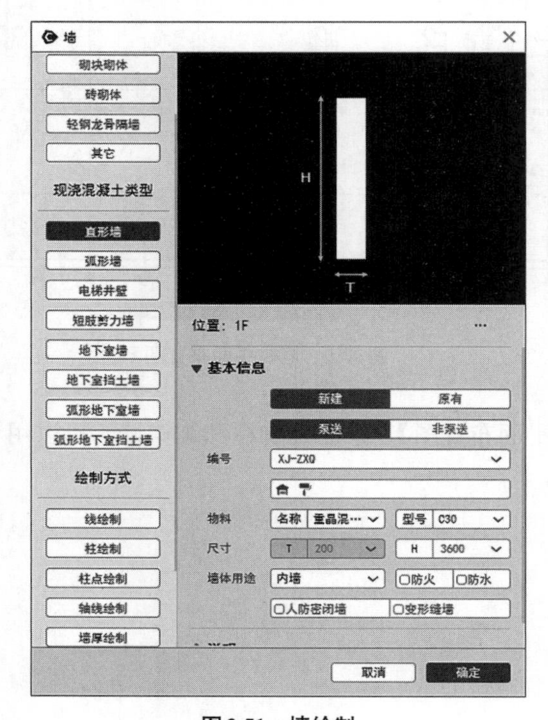


图3.51　墙绘制

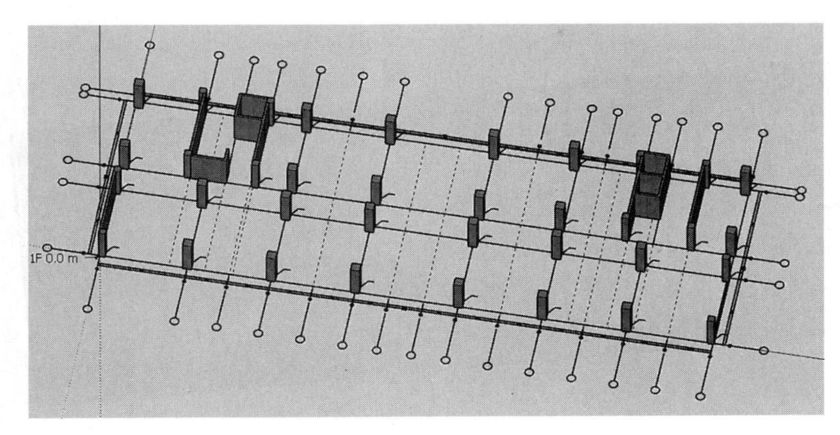


图3.52　柱模型

**注：**墙体注意一下融合，如果没有可以选中墙点击右键，选择【墙体融合】

3.导入【建筑平面布置图】绘制建筑墙（图3.53）。

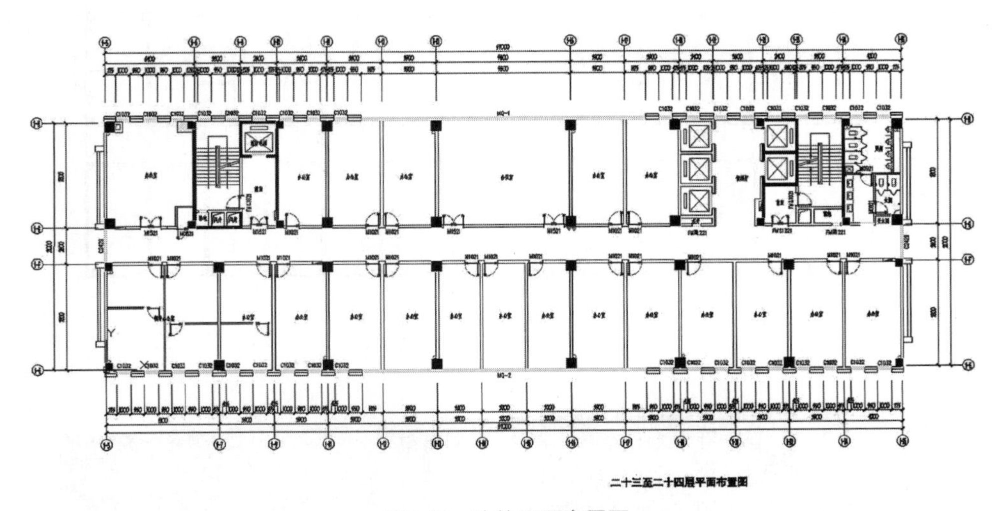


图3.53　建筑平面布置图

其次用【门布置】【窗布置】完成门和窗的布置（图3.54）。

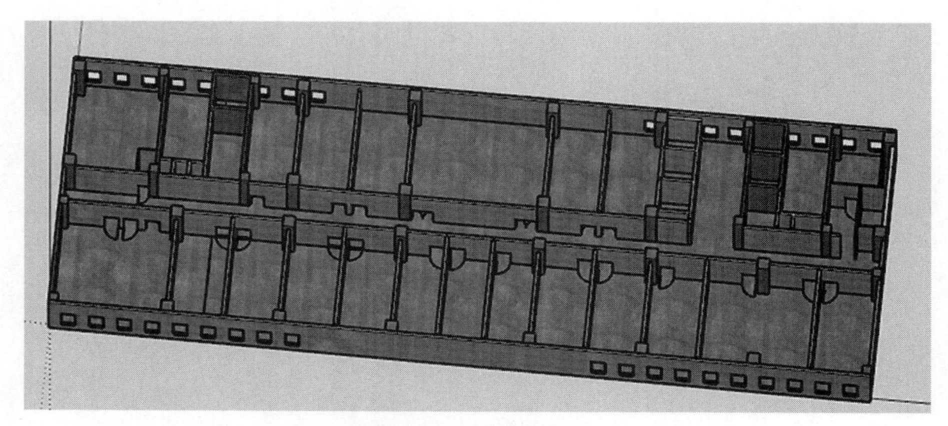

图3.54　建筑模型

4.导入【梁平面配筋图】，绘制梁（图3.55、图3.56）。

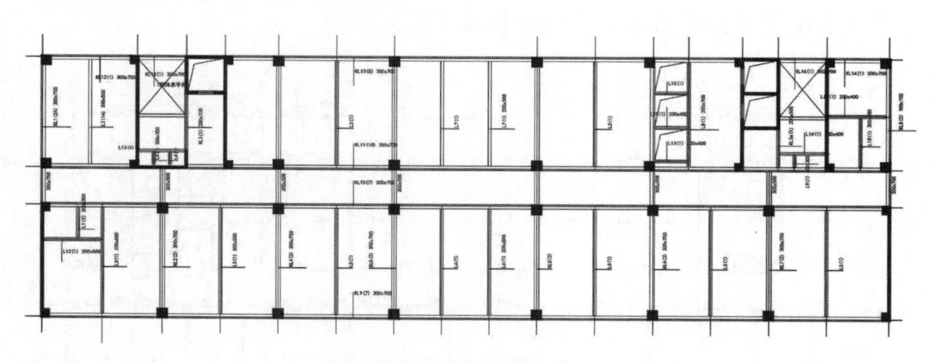

图3.55　梁平面配筋图

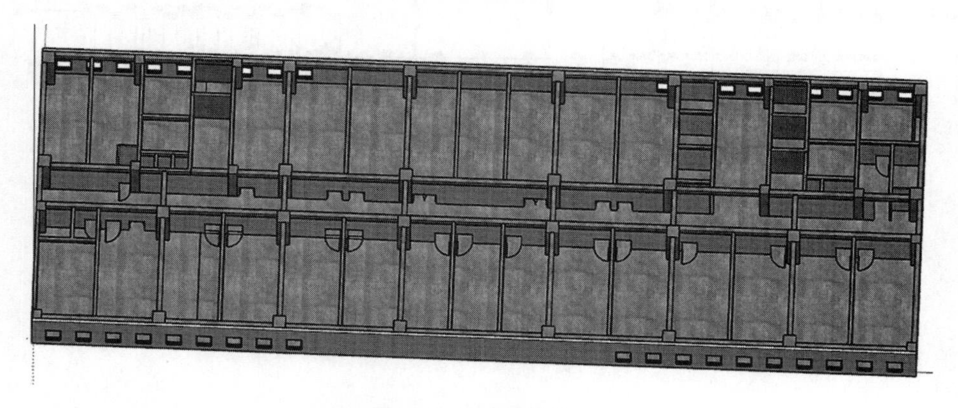

图3.56　生成梁模型

5.导入【板平面配筋图】绘制板，板主要看不同板的厚度h，是否有降板（图3.57、图3.58）。

填充处表示标高为H-0.050的板面，板厚为90mm，未注明高度，默认板厚为100mm。

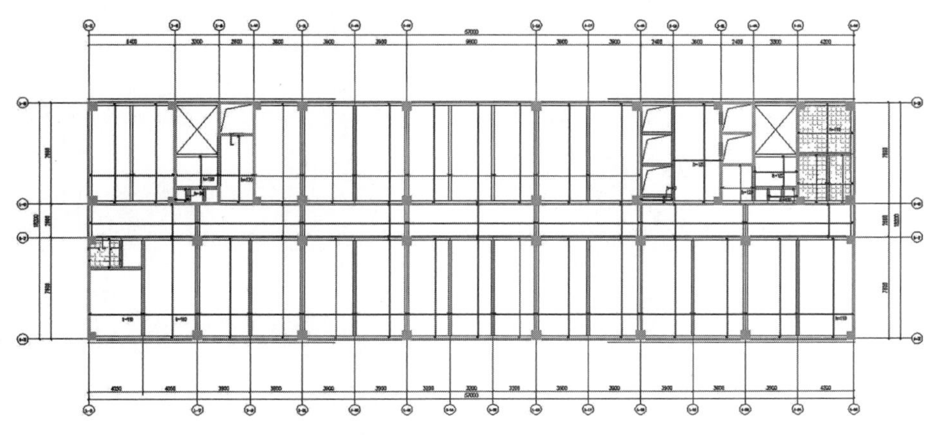
图3.57　板平面配筋图

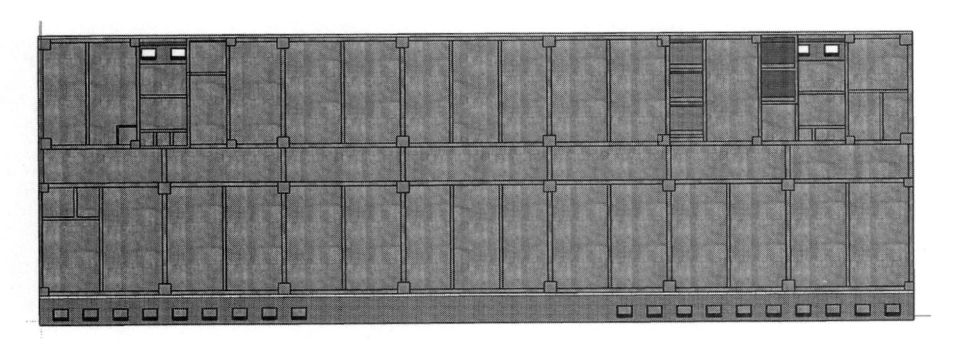
图3.58　生成板模型

# 4

# DFC-BIM 机电模块

- 4.1 项目设置
- 4.2 项目绘制
- 4.3 其他工程
- 4.4 案例操作

后文中部分CAD图纸及模型需要彩图辨识，可扫描本章通用二维码，对号入座，电子化查阅。所涉及图纸均以图号予以注明。

# 4.1 项目设置

## 4.1.1 DFC-BIM给排水设置

1.点击【给排水设置】工具，预先设置给排水管道相关参数(图4.1-1)。

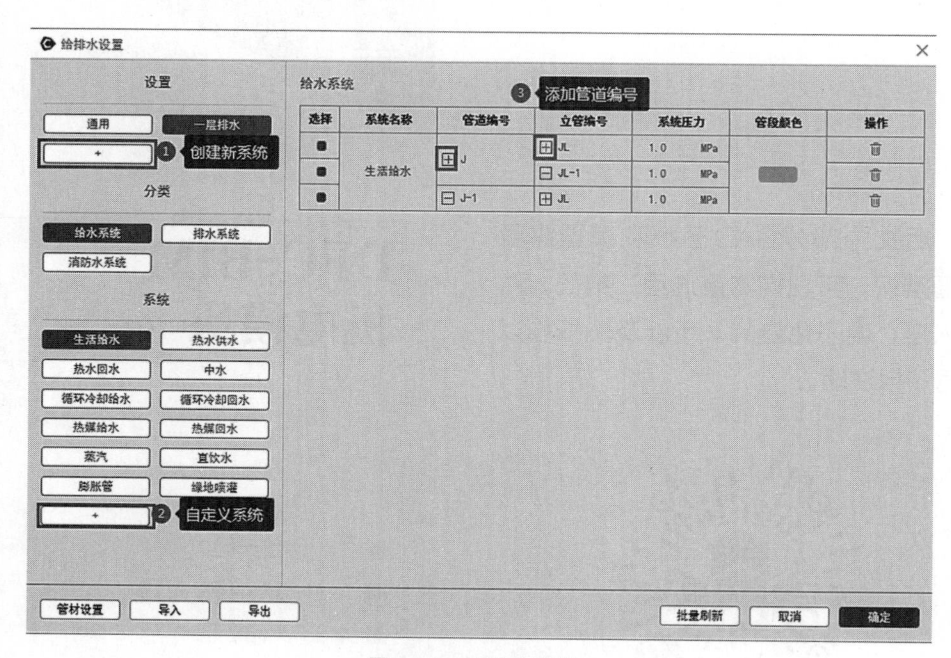


图4.1-1　给排水设置1

(1)通用：默认系统类型。

(2)创建新系统：自动加载通用设置。

(3)自定义系统：点创建新的系统类型。

(4)添加管道：管道编号、系统压力、管道颜色。

(5)管材设置：管道管材类型、样式。

(6)导入：管道预设的文件导入。

(7)导出：导出设置的管道参数。

(8)批量刷新：根据设置内容刷新所选管道类型。

2.自定义系统：如给排水系统里面没有所需要的系统，可以自定义新的系统（图4.1-2）。

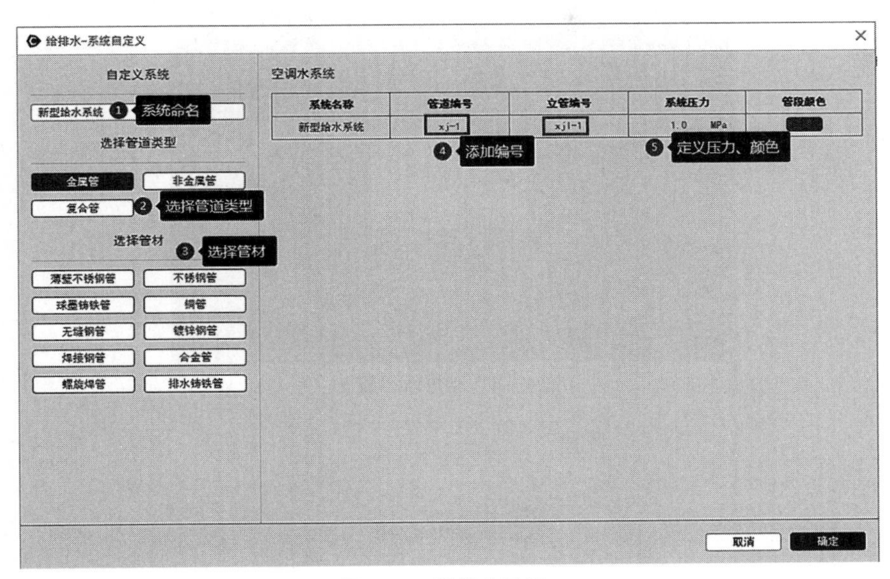


**图4.1-2　给排水设置2**

3.管材设置：设置管道系统的管材类型、直径、壁厚，连接方式，连接间距等（图4.1-3）。

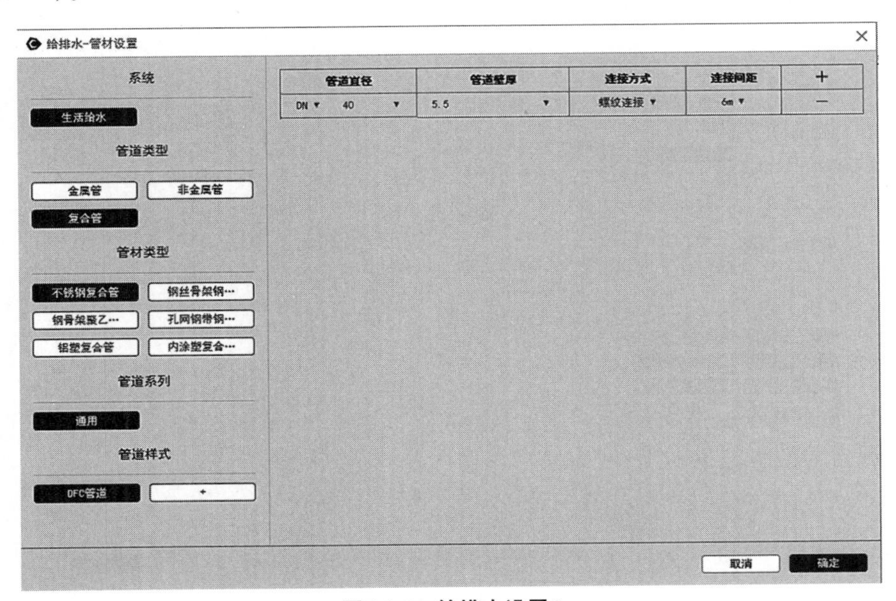


**图4.1-3　给排水设置3**

4.导入导出设置：将现有系统设置导出成txt文件。也可以导入txt文件，自动导入文件中的系统设置（图4.1-4、图4.1-5）。

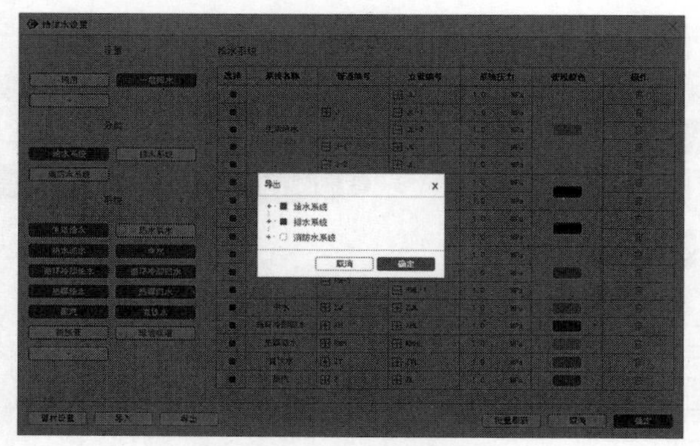

图4.1-4　给排水设置4

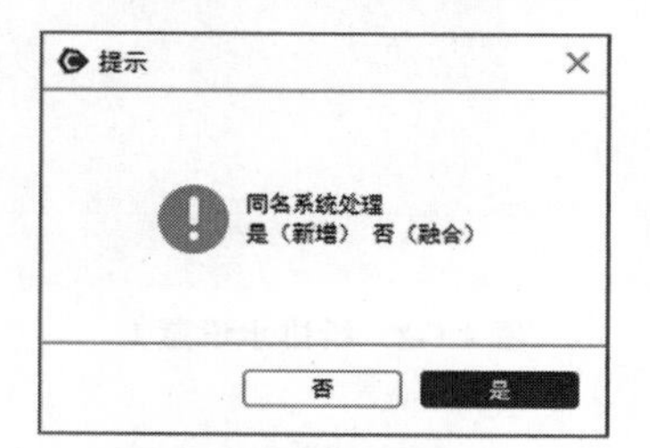


图4.1-5　给排水设置5

5.批量刷新：选择已经绘制的管道按照设置的管道信息批量更新（图4.1-6、图4.1-7）。

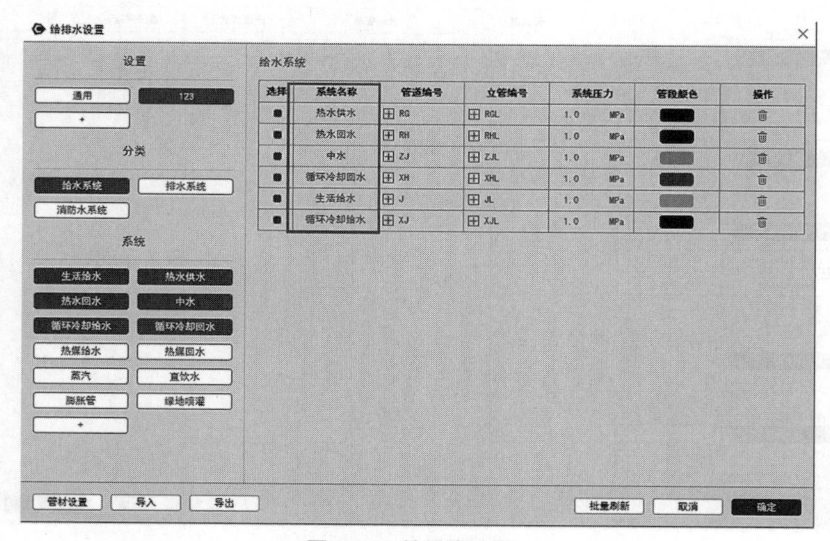


图4.1-6　给排水设置6

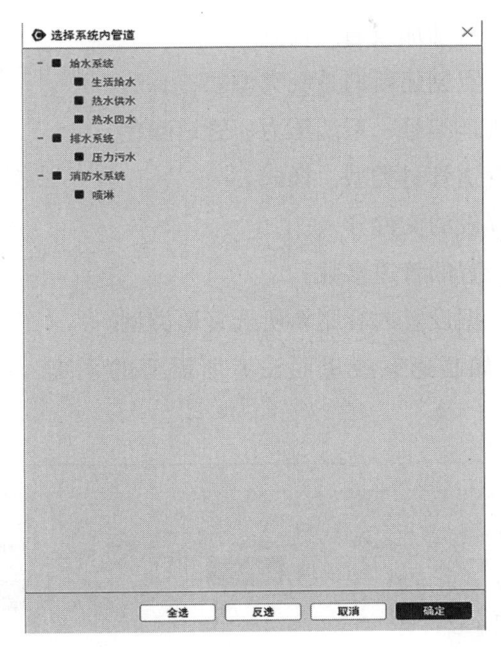


图4.1-7　给排水设置7

## 4.1.2 DFC-BIM暖通设置

1.点击【暖通设置】工具，预先设置暖通管道相关参数（图4.2-1）。

（1）通用：默认系统类型。

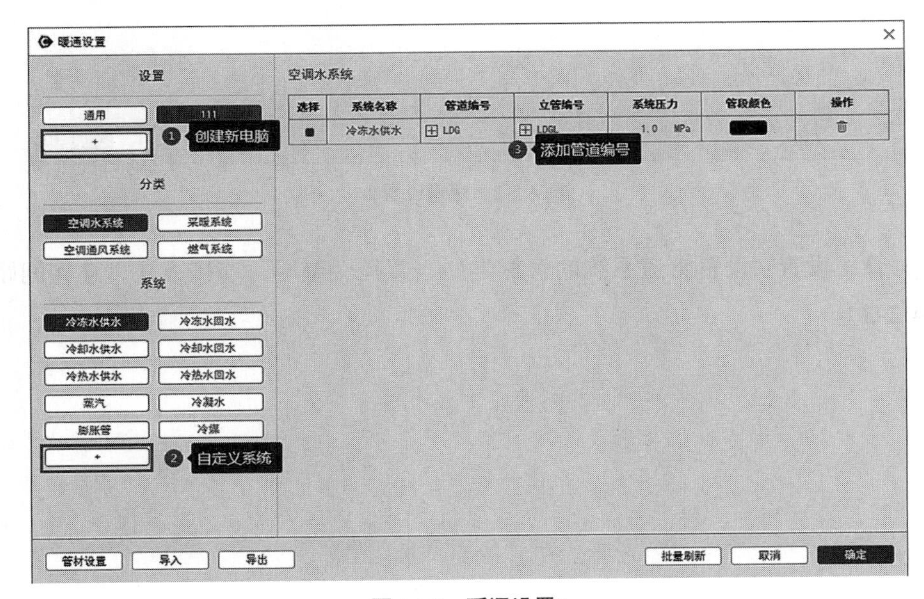


图4.2-1　暖通设置1

(2)创建新系统：自动加载通用设置。

(3)自定义系统：点创建新的系统类型。

(4)添加管道：管道编号、系统压力、管道颜色。

(5)管材设置：管道管材类型、样式。

(6)导入：管道预设的文件导入。

(7)导出：导出设置的管道参数。

(8)批量刷新：根据设置内容刷新所选管道类型。

2.自定义系统：如暖通系统里面没有所需要的系统，可以自定义新的系统(图4.2-2)。

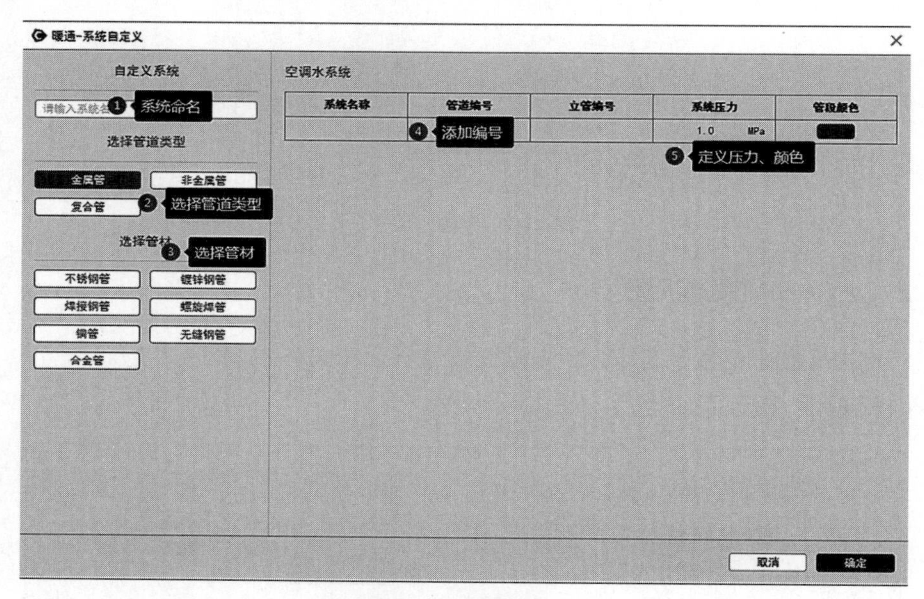


图4.2-2 暖通设置2

3.管材设置：设置管道系统的管材类型、直径、壁厚，连接方式，连接间距等(图4.2-3)。

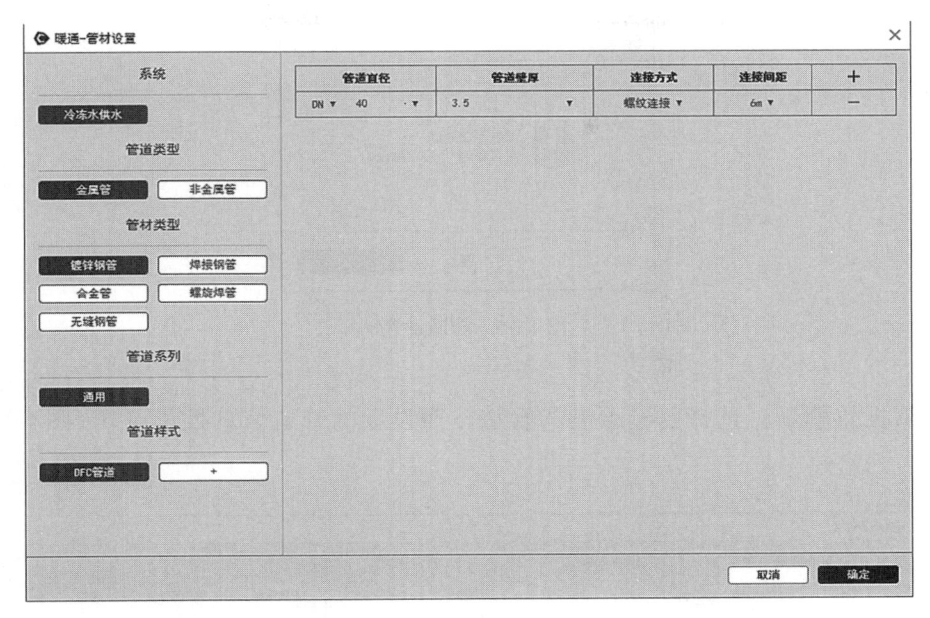


图4.2-3　暖通设置3

4.导出导入设置：将现有系统设置导出成txt文件。也可以导入txt文件，自动导入文件中的系统设置（图4.2-4、图4.2-5）。

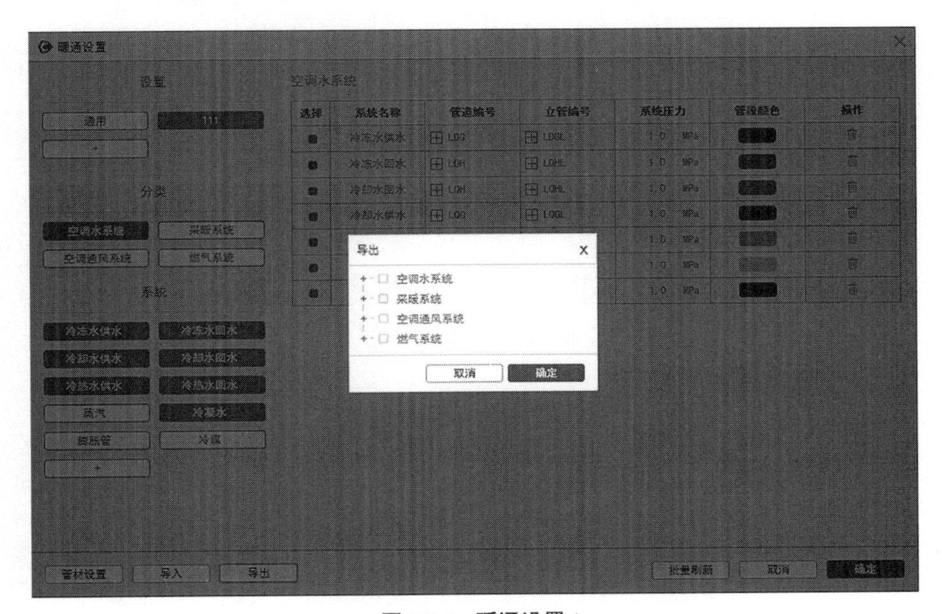


图4.2-4　暖通设置4

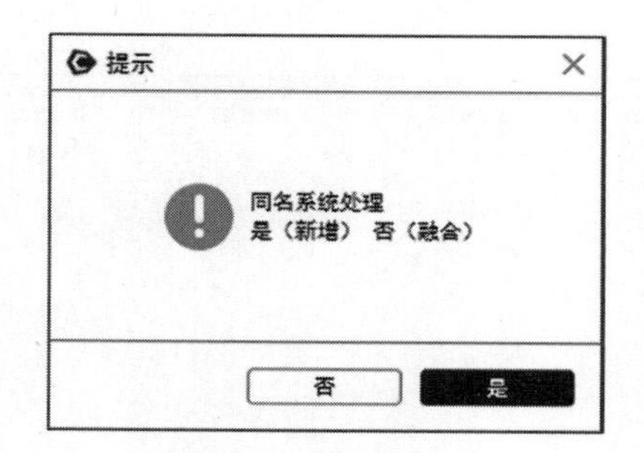


图4.2-5 暖通设置5

5.批量刷新：选择已经绘制的管道按照设置的管道信息批量更新（图4.2-6、图4.2-7）。

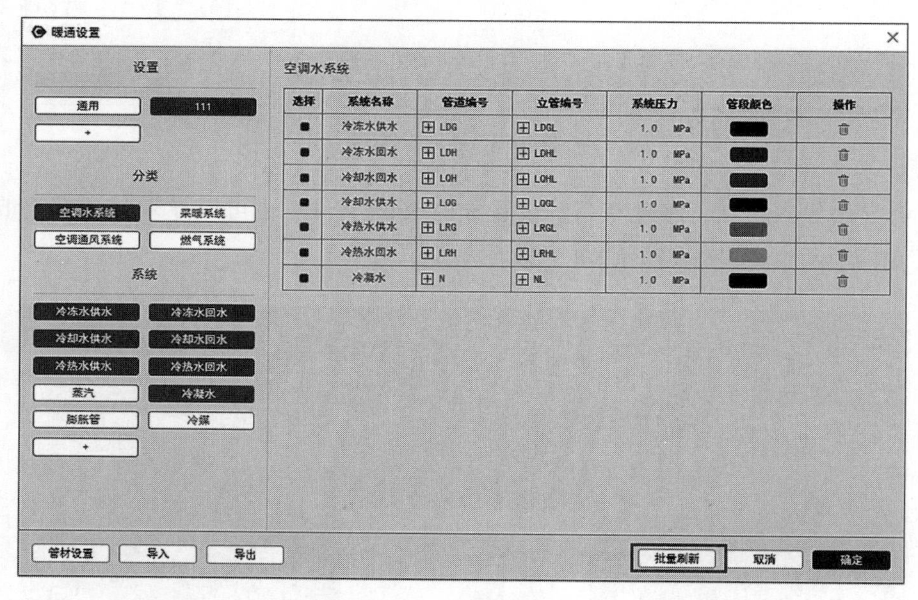


图4.2-6 暖通设置6

图4.2-7　暖通设置7

### 4.1.3 DFC-BIM供配电设置

1.【供配电设置】工具完成供配电材质、回路、设备属性设置（图4.3-1）。

（1）配电柜命名——配电柜设置。

（2）输入电源。

①主电源：

a.配电柜安装定义或拾取、名称、型号；

b.断路器安装拾取、名称、型号；

②配线：

a.电线定义或拾取电缆、相线；

b.电缆定义或拾取电缆、相线；

c.母线定义或拾取电缆、相线；

③负荷计算：

（3）输出回路：配电箱、断路器、设计功率、配线。

（4）最终形成系统图，可保存图片。

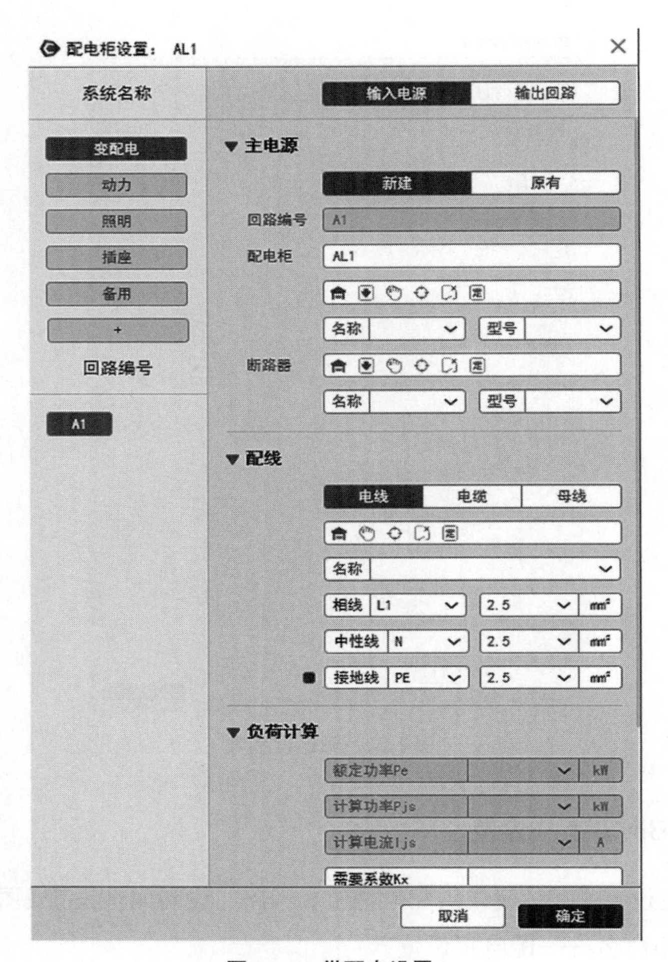


图4.3-1　供配电设置1

2.设置步骤（图4.3-2）：

（1）首先设置变配电系统，命名配电柜，双击配电柜按钮，设置配电柜参数及输入电源、输出回路。

（2）对输出回路的配电箱进行设置，设置配电箱的类别，选择系统类型，如动力、照明、插座、备用系统等，选择配电箱规格、断路器规格、配线规格等。

（3）设置完生成系统图见图4.3-3。

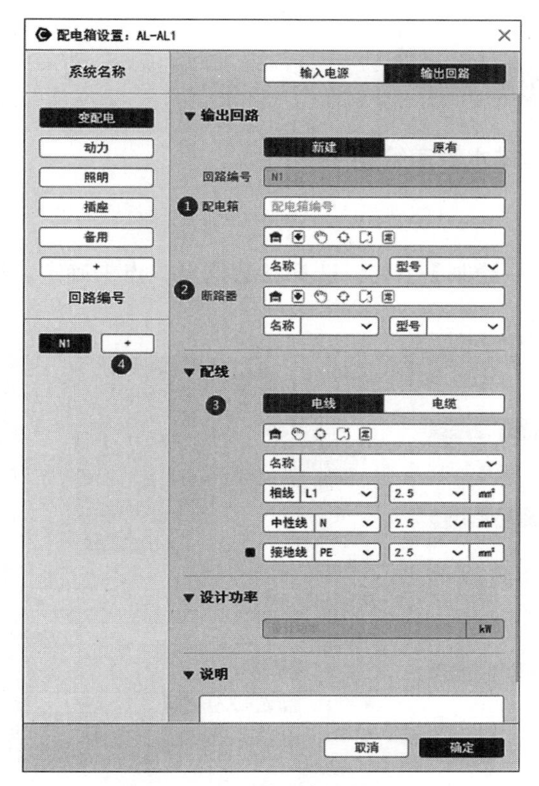


图 4.3-2　供配电设置 2

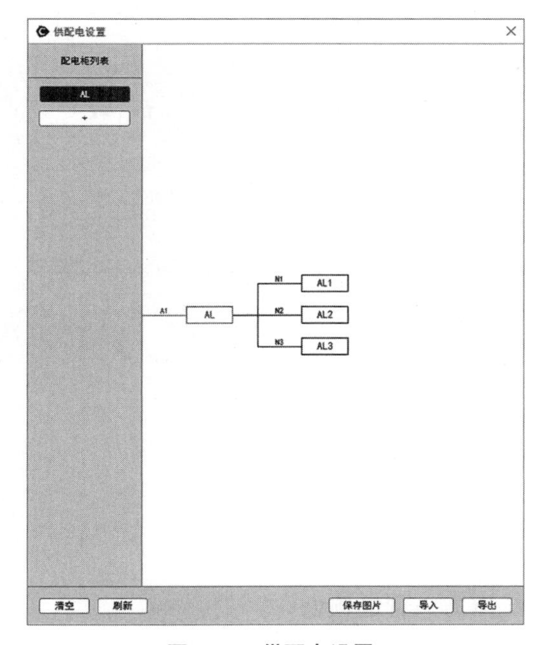


图 4.3-3　供配电设置 3

## 4.2 项目绘制

### 4.2.1 DFC-BIM给排水管道绘制

#### 4.2.1.1 管道绘制

1.点击【给排水—绘制】工具，选择参数信息，点击确定，绘制管道（图4.4）。

图4.4 管道绘制

（1）分类/系统：选择系统类型。

（2）生成方式：管道绘制/模型定义。

（3）管道系统：

①管道编号、系统压力、管道颜色；

②管道界限、敷设方式；

③管道方向、管道类别、主支管类别（管道调平、出图）。

（4）管道信息：

①管道类型、压力等级、管道样式；

②管道规格、连接间距、连接方式。

2.绘制——对齐方式。

（1）垂直对齐：中对齐/顶对齐/底对齐（图4.5）。

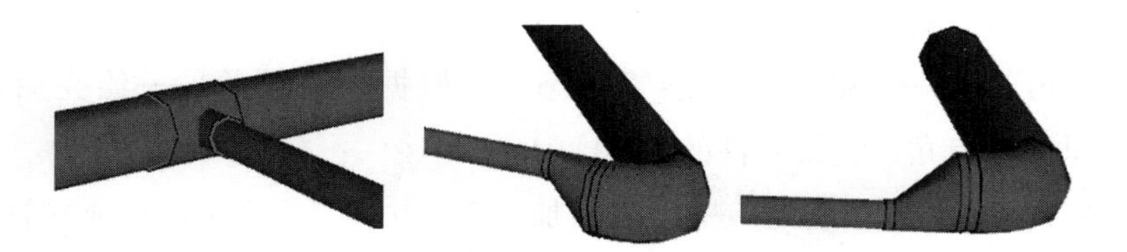

**图4.5　管道垂直对齐**

（2）水平对正：中对齐/左对齐/右对齐：以较大的口径为基点，从大往小方向看（图4.6）。

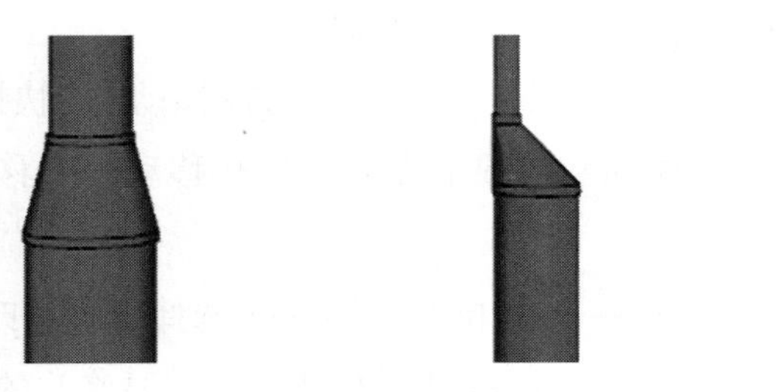

**图4.6　管道水平对齐**

（3）三通变径：同轴向等径/等径/均不等径（图4.7）。

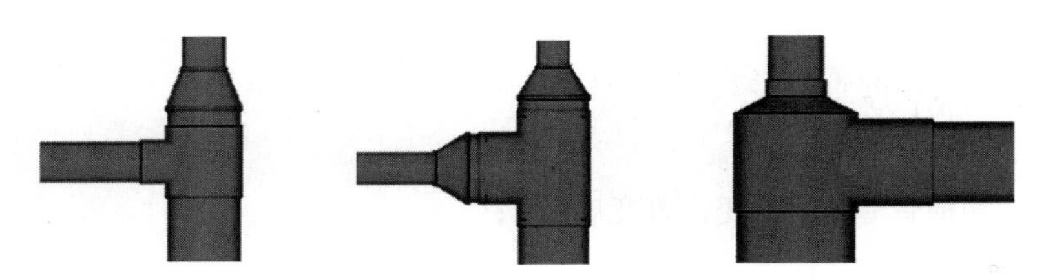

**图4.7　管道三通变径**

（4）四通变径：同轴向等径/等径/均不等径（图4.8）。

**图4.8　管道四通变径**

3.管道绘制步骤。

（1）点击绘管——鼠标变成绘管状态——根据图纸绘管——绘完后右键完成——自动完成有角度连接管件的生成。

（2）增加管道：双击管道——可以增加支管（方法一：通过鼠标放在管道上定位在基点上直接绘制；方法二：点击鼠标右键，选择管道编辑的增加按钮，或快捷键2）。

（3）修改管道：双击管道——点击鼠标右键——选择修改（或快捷键3）——鼠标变成修改状态——点击需要修改的管线——出现管道修改对话框——管径、厚度、模式、连接方式特殊的管道形状等可进行修改。

（4）移动管道：双击管道——点击鼠标右键——选择移动（或快捷键4）——鼠标变成移动状态——单击选择移动管线或节点——进行移动——移动完成后鼠标右键完成——移动完成。

（5）管道批量修改：双击管道——点击鼠标右键——选择批量修改（或快捷键Q）——选择需要修改的管线（方法一：点击鼠标左键框选需要修改的管线；方法二：单击需要修改的多条管线，按shift键可减选）——鼠标右键完成——管道修改窗口——可修改管径、厚度、颜色、管道材料、连接方式、设立立管等——确定——鼠标右键完成。

批量修改具体的管道形式：

①乙字弯；

②立管和横管（形状不变，改变属性）；

③S形存水弯；

④设为H管；

⑤设为起点：如果是绘制喷淋管消防系统，通过设置起点来计算喷淋管径；如果风管和桥架设置起点，可以设置风管和桥架安装方向。

（6）管道批量移动：双击管道——点击鼠标右键—— 选择批量移动（或快捷键

W）——选择需要移动的管线（方法一：点击鼠标左键框选需要移动的管线；方法二：单击需要移动的多条管线，按shift键可减选）——鼠标右键完成。

（7）管道批量复制：双击管道——点击鼠标右键——选择批量复制（快捷键E）——选择需要复制的管线（方法一：点击鼠标左键框选多条管线；方法二：单击加选需要复制的多条管线，按shift可以取消选择，——鼠标右键完成——复制即可）。

（8）管道部件编辑：

①双击管道进入编辑——点击鼠标右键——选择管道部件编辑下面的修改、增加、移动按钮。

②部件增加：进入物料中心——在项目库选择所需的管件双击——产品安装——确认——在需要添加构件的管线上单击——鼠标右键完成（如果没有，点击系统库去查找，有，双击确定后在管道上需要加管件的部位点鼠标右键完成。没有的管件，可以在产品工厂新建，拾取模型，赋予属性，并进入项目库使用）。

③部件移动：双击管道进入编辑——选择管件下面的管件移动——将鼠标放在管件中心点上，管件变成红色即可跟随鼠标移动——鼠标右键完成。

④删除：选择管道或管径，可直接删除，快捷键D。（删除关联管线情况：情况一；确认删除即为此管线所关联的管线都会被删掉；情况二，选择否，则为删除仅仅选择的一根管线）操作完如果还在编辑状态，点空格键结束编辑状态。

（9）保温自定义：双击管道——点击鼠标右键—— 选择“自定义保温”——选择保温材料——设置保温管径和厚度，不需要保温，厚度设置为0。

（10）自动连接：双击管道——点击鼠标右键—— 选择自动连接——选择两根没有连接的管线，自动定位最近的点，进行连接。

#### 4.2.1.2 连线成管

一个非常高效的方法，可以将CAD文件导入到Sketchup中，用Sketchup原生绘制工具描线，或者处理一下CAD图纸中的线，选择【给排水】绘制工具，选择相应的管道类型，点击确定，激活绘图区界面，点击左上角“～”按钮，框选相应的线，点击鼠标右键完成，管道自动生成。

另外管道也支持模型定义，用Sketchup原生工具绘制管道后，用【给排水】工具定义相关属性参数信息。

### 4.2.2 DFC-BIM消防管道绘制

消防管道属于给排水管道，绘制操作同给排水，除此以外消防系统需做喷淋支管绘制（图4.9、图4.10）。

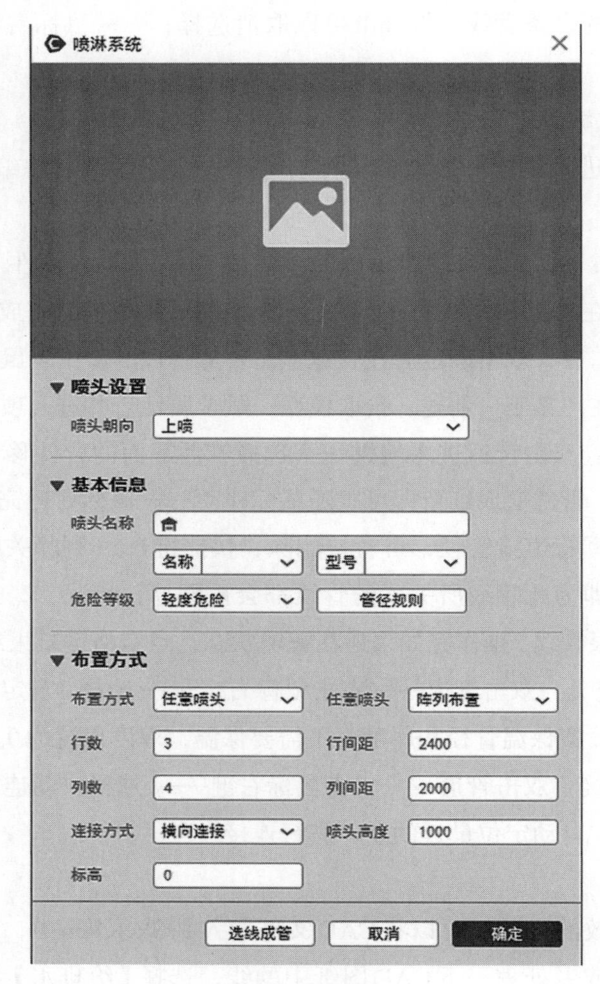


图4.9 喷淋绘制

1.喷头设置——上喷、下喷、侧喷

**注：**上喷：一般在无吊顶 地下室区域 喷淋头距顶75～150mm。

下喷：有吊顶，在吊顶下方布置喷头。

侧喷：办公室、居室、立体车库，一般设置到墙板间距（到墙大于300mm）。

**图4.10　选择喷淋绘制方式**

2.喷头基本信息

(1)选择喷头规格见图4.11。

(2)危险等级：轻微、中危(2个等级)、严重危险(2个等级)、仓库危险(3个等级)。

3.管径规则

不同管径带喷头数量，可自定义(图4.12)。

4.布置方式——选择布置方式中的一种

(1)任意喷头为例：

①选阵列布置——设置行间距 ——列间距——连接方式—— 喷头高度(喷淋点位间距在2400～3600mm之间)；

**注：**喷头高度为喷头到主管的落差

②点击确定——绘制管道——在绘图区左击起点——左击终点(调方位)——

图4.11　喷头选择

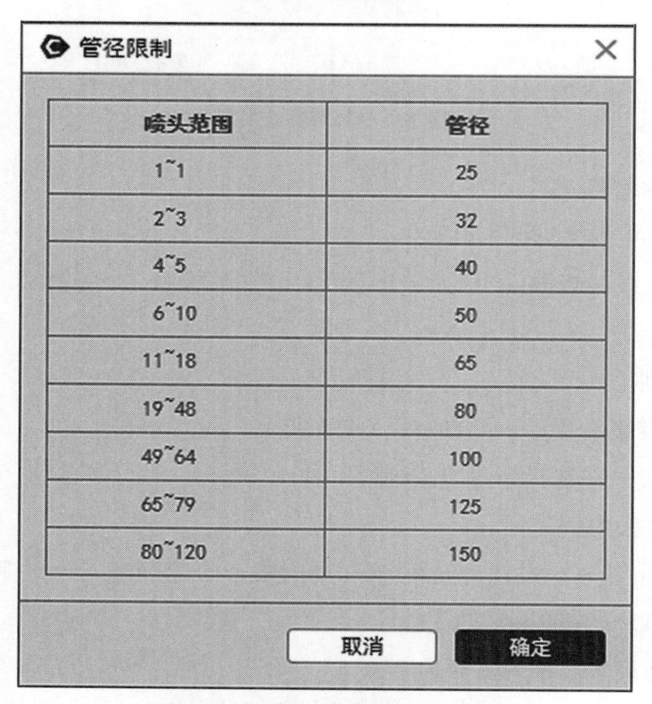


| 喷头范围 | 管径 |
|---|---|
| 1~1 | 25 |
| 2~3 | 32 |
| 4~5 | 40 |
| 6~10 | 50 |
| 11~18 | 65 |
| 19~48 | 80 |
| 49~64 | 100 |
| 65~79 | 125 |
| 80~120 | 150 |

图4.12　喷头数量与管径对应规则

在与主管连接的最近管线上左击 绘制主管连线——按Enter —— 管道生成；

③点布置适用无规则喷淋；定距布置适用单排或单列间距相等的喷淋头；阵列布置是多排多列间距规则的喷淋头。

(2)其他布置方式：

①交点喷头：将需要生成喷头的地方绘制直线与直线的交点，先选中交点，再点击设置；

②弧线喷头：画弧线后生成弧线管道；

③平面填充喷头：绘制一个面，设置行最大间距、列最大间距，边距离，生成喷淋头；

④连线成管：直接绘制线段。

### 4.2.3 DFC-BIM暖通管道绘制

绘制方式同给排水，一是使用通用样式绘制，二是使用自定义样式绘制，三是拾取管线生成管道(图4.13)。

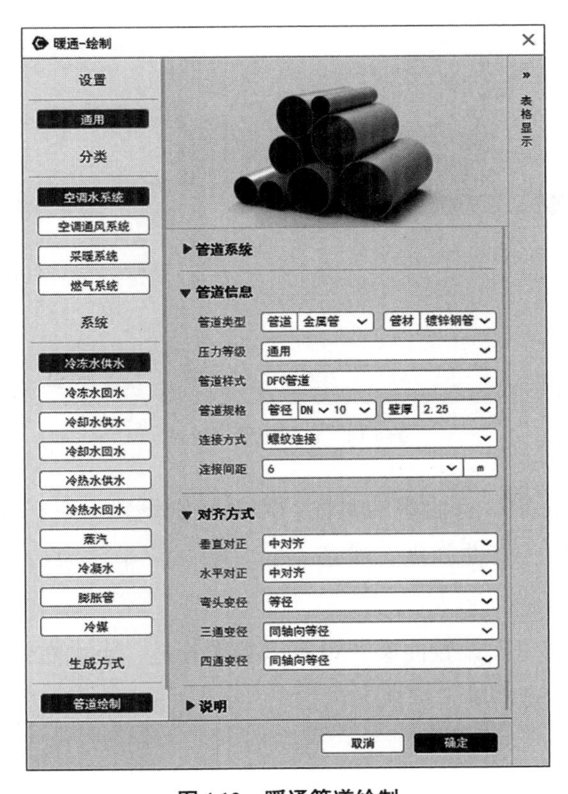


图4.13 暖通管道绘制

### 4.2.4 DFC-BIM供配电管道绘制

绘制方式同给排水，一是选择分类直接绘制，二是拾取管线生成电气线管、桥架和母线(图4.14)。

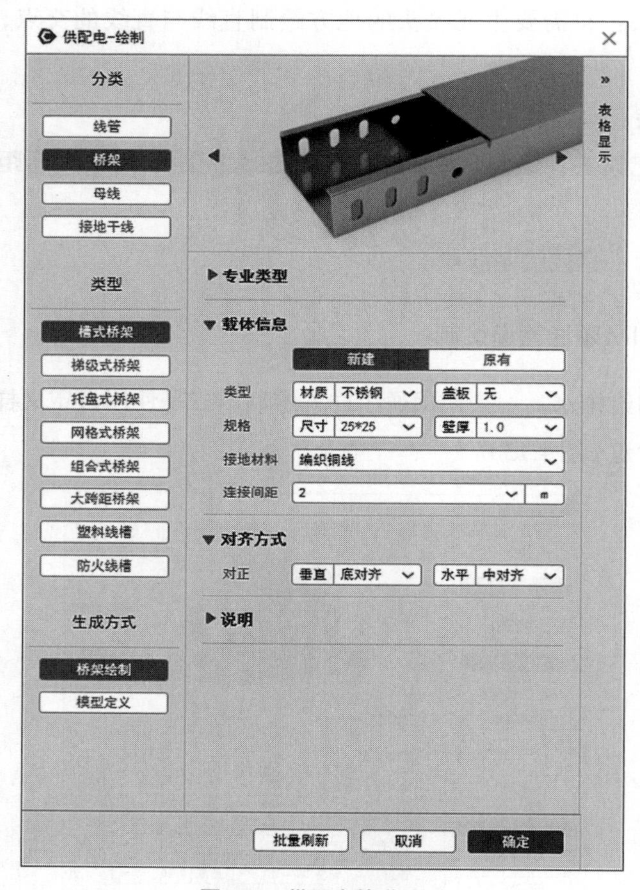


图4.14　供配电管道绘制

线管弯度比较特别，有曲率的属性，需要特别设置一下：曲率=弧度半径/管道直径，曲率为1时，弯曲弧度为管道本身。如弧长半径为6r，管道直径为r，则曲率为6(图4.15)。

可以在线管编辑里面设置曲率，也可以双击管道，点击右键——选择【修改曲率】输入曲率数值，点击确定完成。

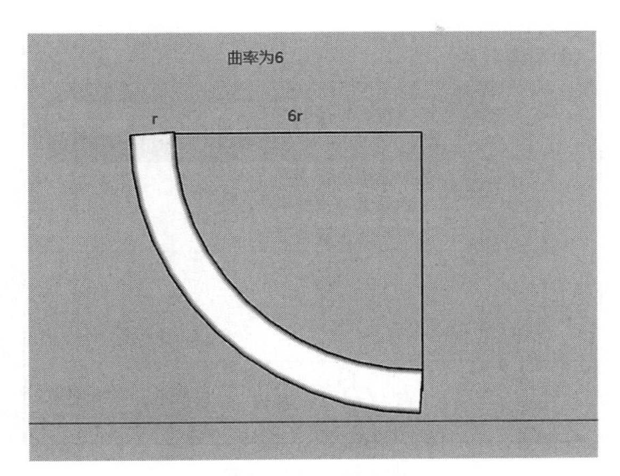


**图4.15　曲率选择**

### 4.2.5 DFC-BIM管道编辑

管道编辑如无特别命名适用于所有的管道，当管道绘制完后，对管道位置，管道之间、管道与设备之间的管线进行调整。

1.管道合并：点击【管组合并】——鼠标移到绘图区，鼠标键出现字段——按住Shift键 选取多条线（Shift用法）；选中管道，点击右键完成，进入绘制选中的多条管道线。右击——增加——绘制管线，将多组管线连接起来（绘制管线，起点要落在已有管线上）。

2.管组分离：点击【管组分离】，鼠标放在要分离的管道上，管道亮显——左击亮显管道确认分离管道——是——空格 此时连接管道的连接件消失及分成两组管道。只有末端管道不能分离。

3.镜像复制（轴对称，在同一平面）点击【镜像复制】：鼠标移到绘图区，鼠标键出现字段——右键选择镜像轴线——框选需要镜像的管道，点击右键完成，如果出现多条管线，可以管线合并。

4.自动接驳：点击【自动接驳】，选中管道或设备——点击右键选择管道类型——编辑管道参数——点击确定后设备和管道或设备和设备自动连接。

5.管道调平：点击【管道调平】——分别选择“调平原则”和“对齐原则”先选中参照管道，然后选要调平管道（一个组为一个系统，多个组为区域）。对齐原则：一个是相对管道对齐，一个是对齐到输入的标高距离（图4.16）。

6.管道翻弯：先选择避让物体，再选择障碍物体，同时可以按tab键切换上下或左右方向（图4.17）。

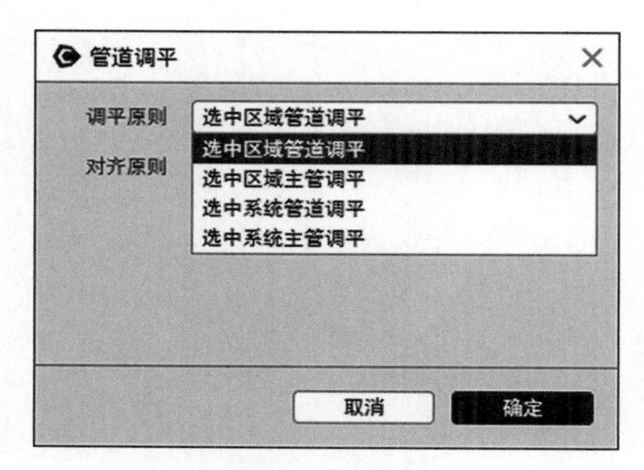


图4.16　管道调平

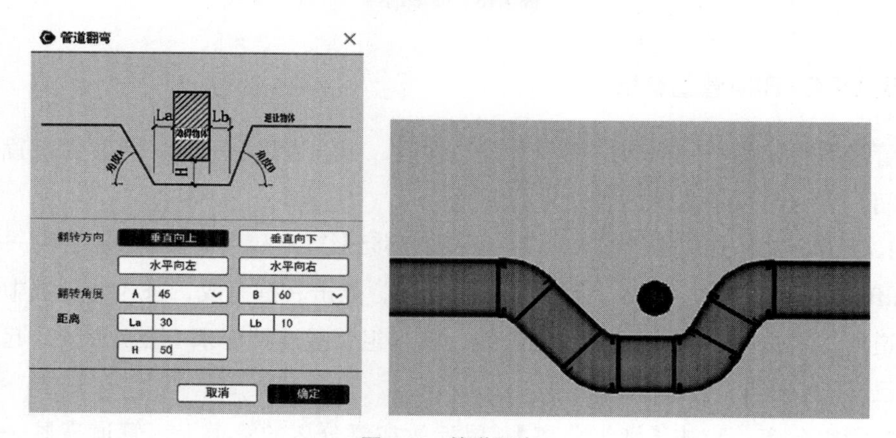


图4.17　管道翻弯

7.风口编辑：绘制通风管道，添加风口后，选择单个或多个风口，进行编辑操作，可移动、对齐和复制。点击【风口编辑】——点击右键——切换风口阵列或标高对齐（tab键切换水平对齐），对齐风口。【风口阵列】——风口参数，选择阵列的行数和列数（图4.18）。

8.桥架弯通，在同一平面，有多个桥架（供配电专业），将桥架整合为弯通只有一个。点击【桥架弯通】，选中所有弯通，点击右键确定完成（图4.19）。

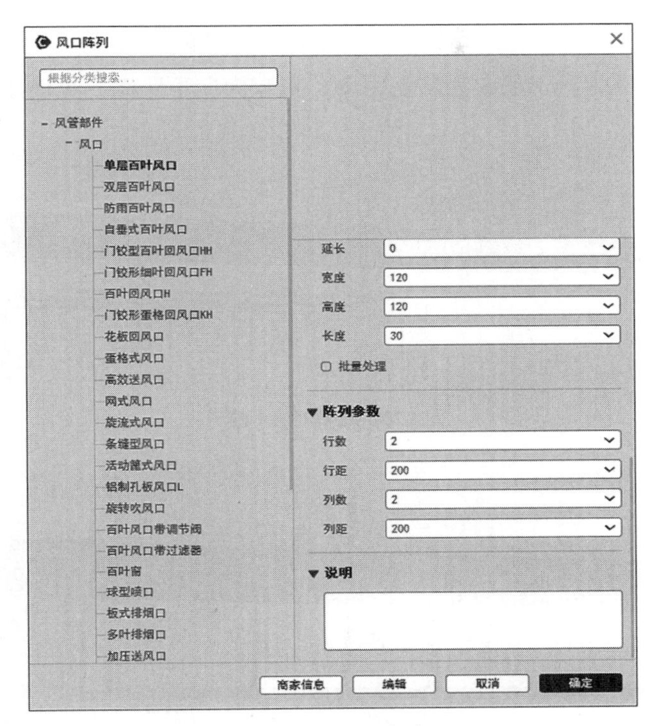


图4.18　风口阵列

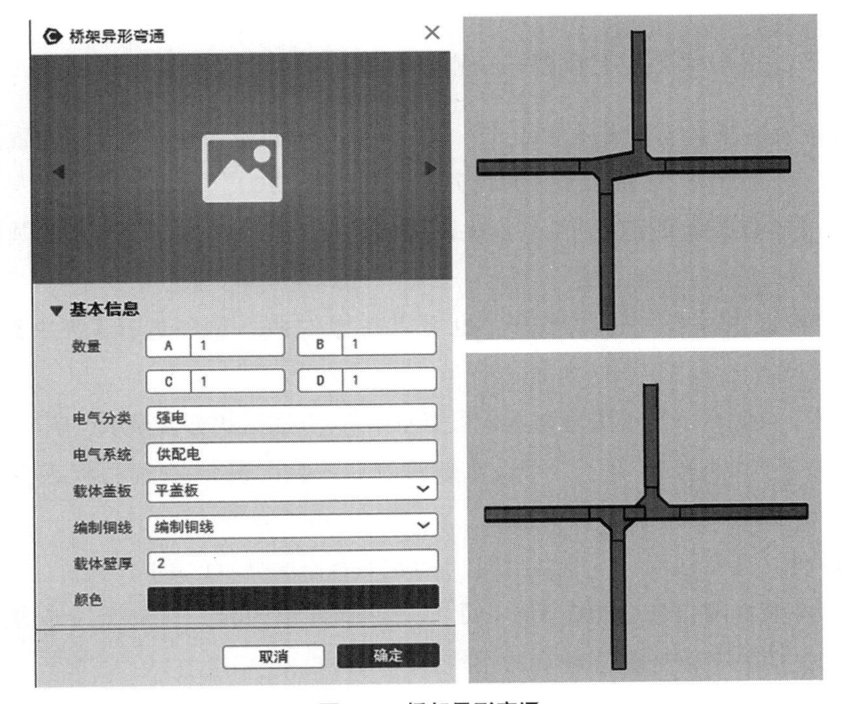


图4.19　桥架异形弯通

9.喷淋对齐（消防）：点击【喷淋对齐】——鼠标框选要对齐的喷头——选择顶板平面——输入距离（正数为向上距离，负数为向下距离，见图4.20、图4.21）。

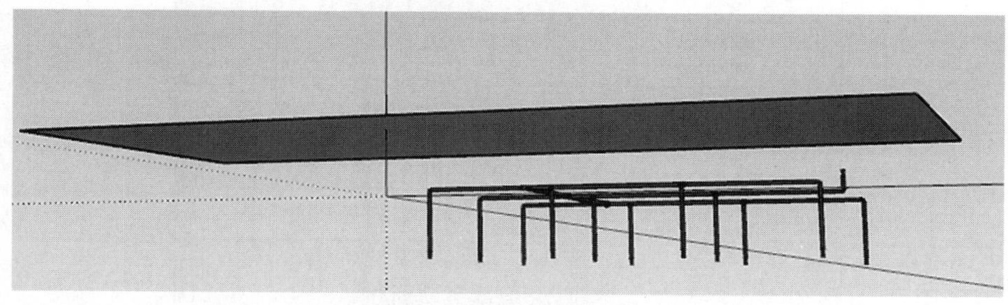

图4.20　喷淋对齐（前）

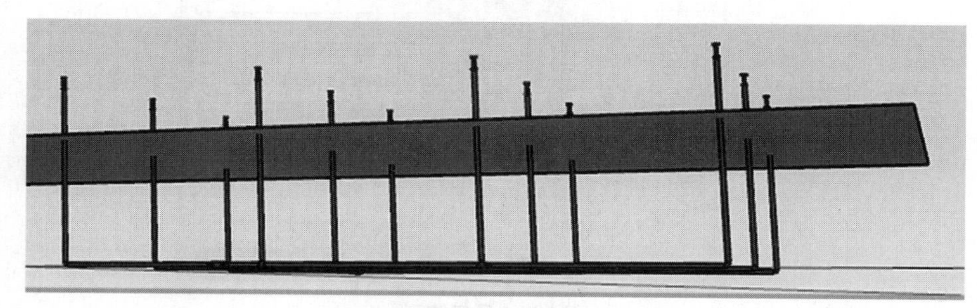

图4.21　喷淋对齐（后）

### 4.2.6 DFC-BIM管线综合调整——碰撞检测

1.【碰撞检测】——碰撞测试——添加碰撞——对象A和对象B可设置全选选项——点击“检测”，生成需要处理的碰撞问题（图4.22）。

点击【定位】精准定位到当前发生碰撞的模型，模型碰撞出会有虚线圆圈标注出——可进行修改（图4.23）。

在序号框内前打√可以多选。也可以在操作栏下单独选择【解决】【忽略】【删除】。

【解决】：翻弯工具解决碰撞后，可点解决。（点选后状态会显示已解决）；

【忽略】：可以忽略等下处理，重新检测后，会出现。（点选后状态会显示已忽略）；

【删除】：重新检测后，不再出现。（点选后状态会显示已删除）；

导出碰撞检测报告：点击【导出】——选择导出内容——选择好导出内容确定——会自动生成碰撞报表（html文件）。

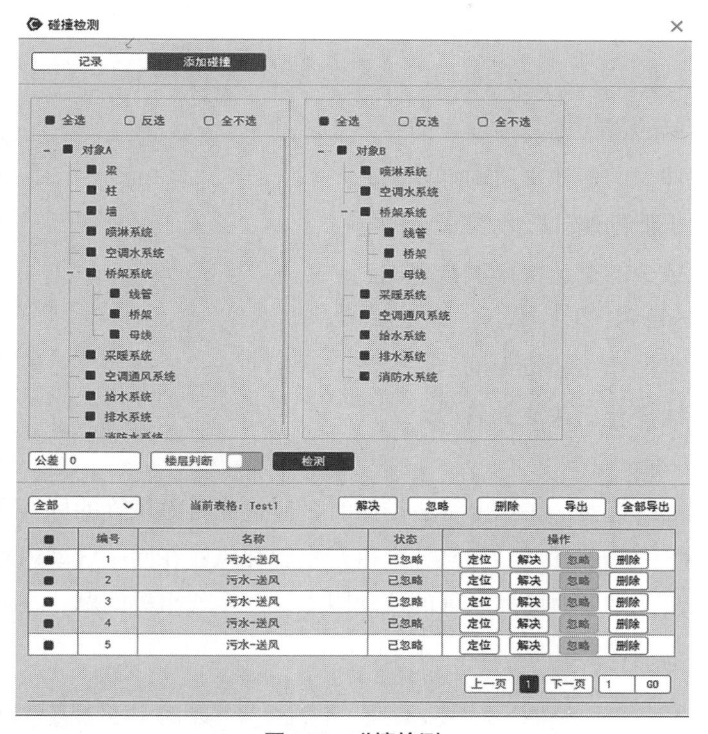


图4.22　碰撞检测

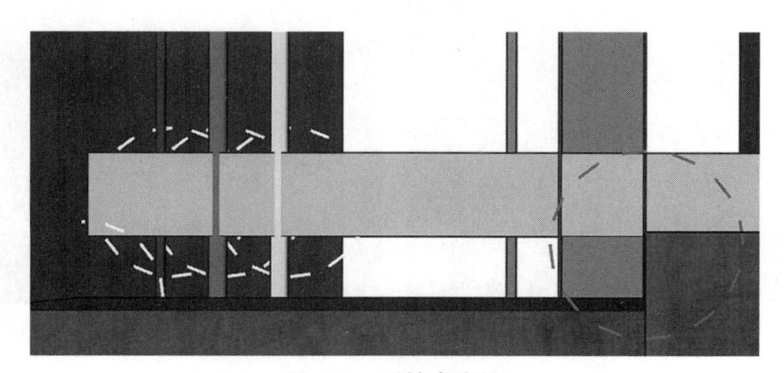

图4.23　碰撞点定位

2.机电管道避让原则。

(1)管道类型及功能：

①小管让大管；

②分支管让主干管；

③非保温管让保温管；

④金属管让非金属管；

⑤有压管道让无压管道；

⑥热力管道在非热力管道上方。

（2）施工技术：

①施工简单的避让施工难度大的；

②阀门附件少的避让阀门附件多的；

③技术要求低的避让技术要求高的；

④检修次数少的避让检修次数多的。

（3）工程造价：

①工程量小的让工程量大的；

②新建管线避让已建成的管线。

（4）暖通专业。

由于风管截面较大，在综合管线排布时，应优先考虑风管的标高和走向，同时考虑较大管径水管的布置，尽量避免大口径水管和风管在同一区域内多次交叉，减少风管转弯，避免无谓地增加风管的流动阻力及产生气阻等问题。在风管的绘制过程中，还应注意（图4.24-1～图4.24-4）。

**图4.24-1　风管保温**

**图4.24-2　风阀安装**

**图4.24-3　百叶安装**

**图4.24-4　避让无压管道**

（5）供配电管道避让原则（图4.25～图4.30）。

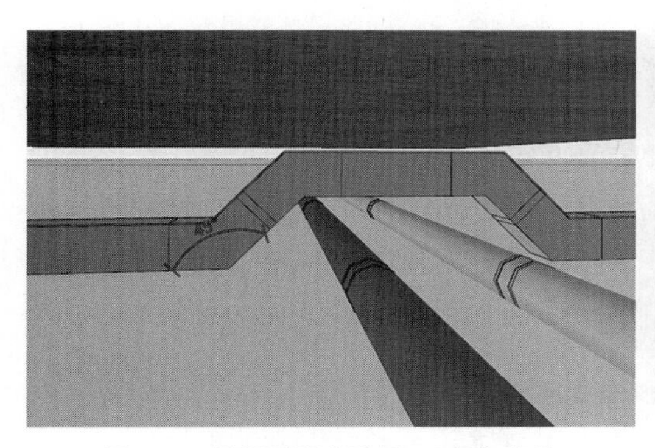

图4.25　桥架翻弯应采用45°斜角弯头

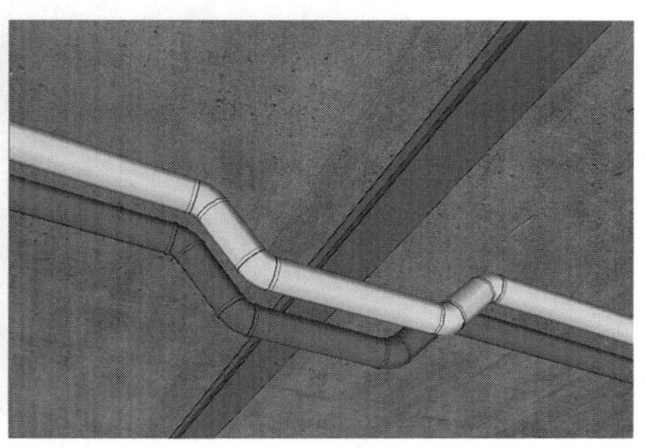

图4.26　母线槽减少不必要翻弯

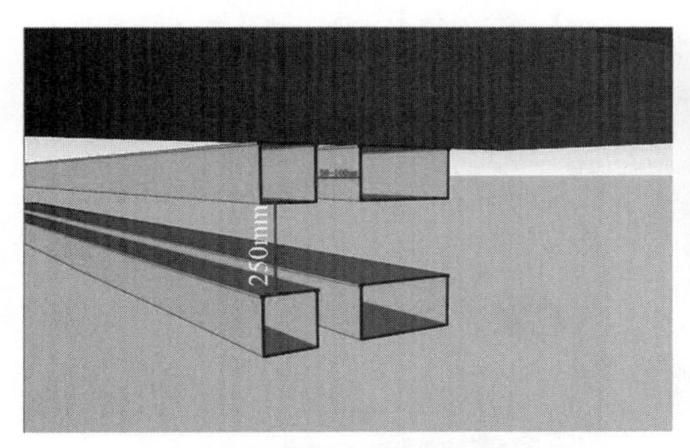


图4.27　同类型桥架：水平间距50～100mm，垂直间距250mm

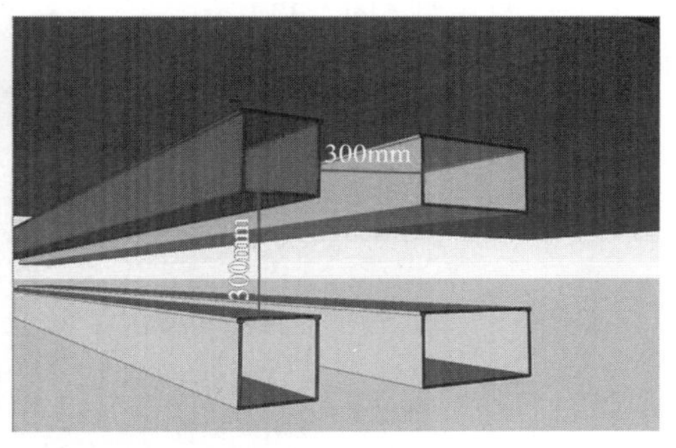


图4.28　不同类型桥架：水平、垂直间距≥300mm

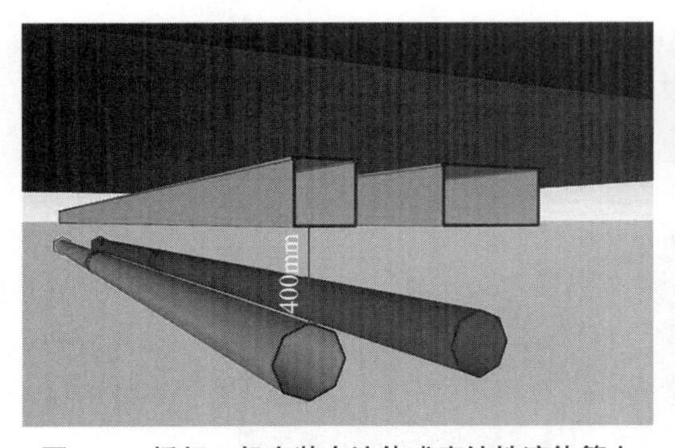


图4.29　桥架一般安装在流体或腐蚀性液体管上方，间距≥40mm

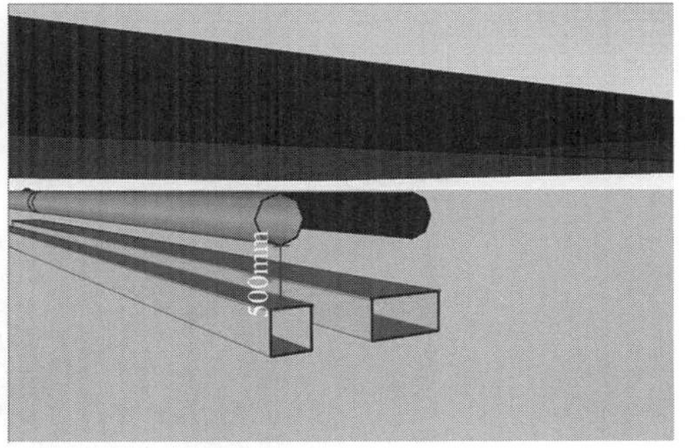


图4.30　桥架应安装在腐蚀性气体或热力管道下方，间距≥500mm

### 4.2.7 DFC-BIM支吊架安装

1.管道支吊架的类型

（1）悬臂型（图4.31）

**图4.31　悬臂型支吊架1**

1—预埋板；2—横梁；3—管卡

（2）悬吊型（图4.32）

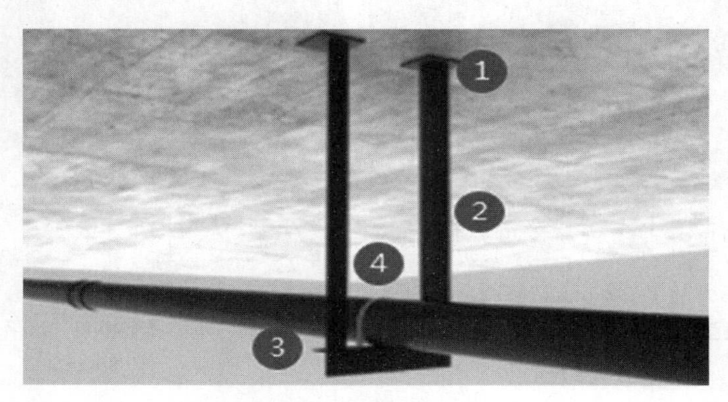


**图4.32　悬吊型支吊架2**

1—预埋板；2—吊杆；3—横梁；4—管卡

（3）落地型（图4.33）

**图4.33　落地型支吊架**

1—预埋板；2—吊杆；3—横梁；4—管卡

2.支吊架安装(图4.34)

图4.34　支吊架安装

(1)选择支吊架专业。

(2)选择管道方向。

(3)选择支吊架类型。

(4)基本信息(注意管道与建筑的距离：大于30mm，小于等于200mm)填充，对不同支吊架所需构件类型，可参考【查看】文件，并在物料中心选择相应的构件规格。【查看】文件如图4.35所示，以管道支吊架—水平—悬臂型为例，预埋板、横梁、支座、吊杆、管卡五种构件的不同组合方式构成支吊架，“–”表示不需要的意思。

第一行的含义是：需要预埋板、横梁（横钢）、管卡（U形扁钢管卡或U形圆钢管卡），在基本信息选择时，可以根据这个组合选相应的物料信息。

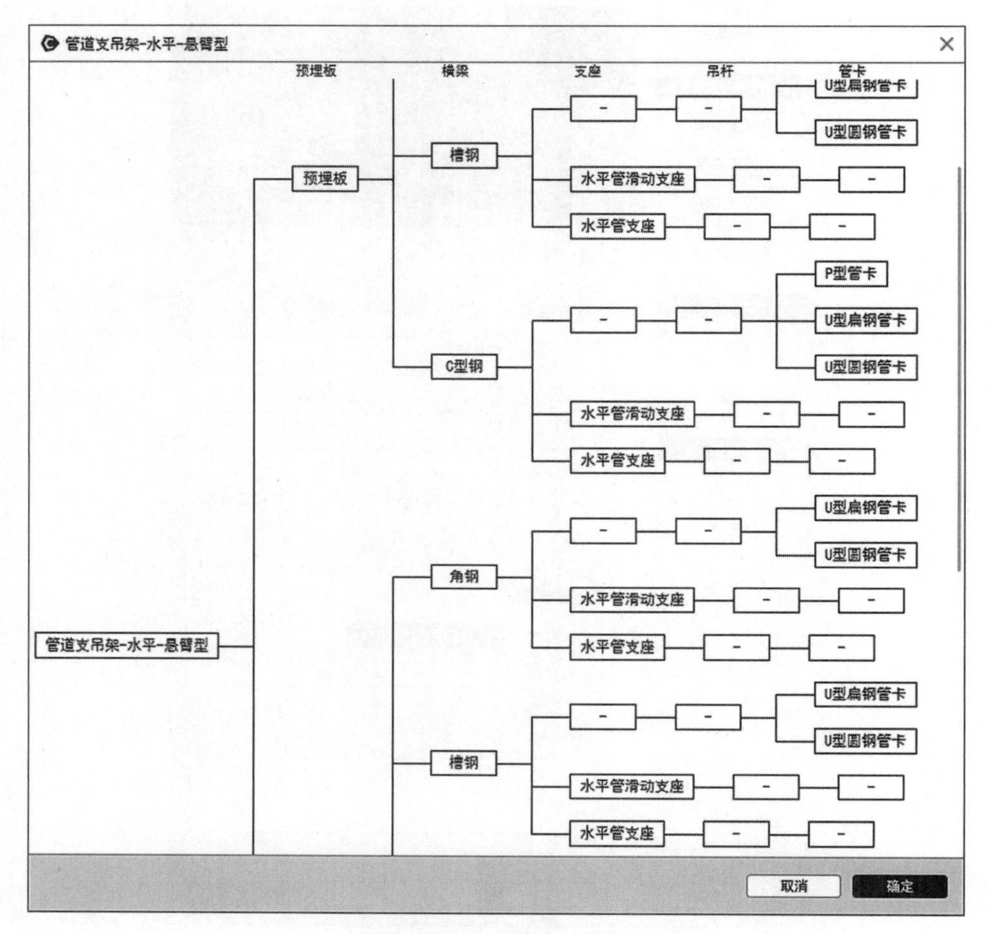


图4.35　支吊架组合类型

（5）安装信息

①既可以根据最大间距阵列绘制，也可以一个一个地绘制；

②支吊架布置规则：根据不同管材，管径的大小来设置最大支吊架间距，可根据规范，也可以自行定义布置规则（图4.36）。

（6）信息填写完后，点击确定按钮，按照鼠标提示选择要做支吊架的管道，点击所需要的建筑，生成蓝色预览图，点击完成，生成支吊架（图4.37、图4.38）。

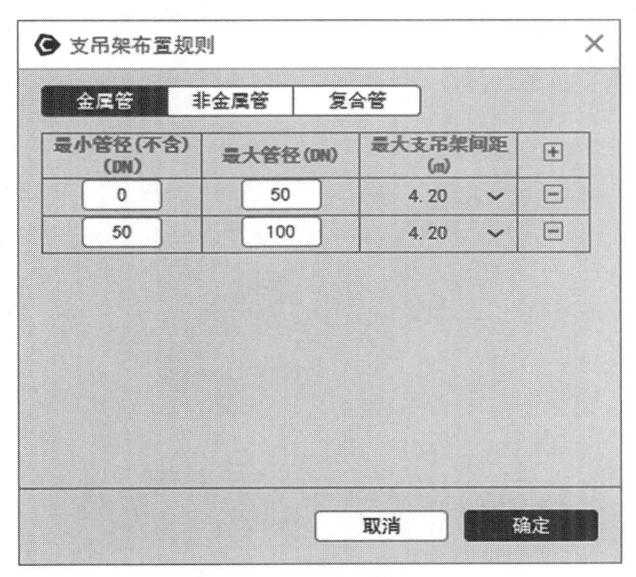


图4.36　支吊架布置规则

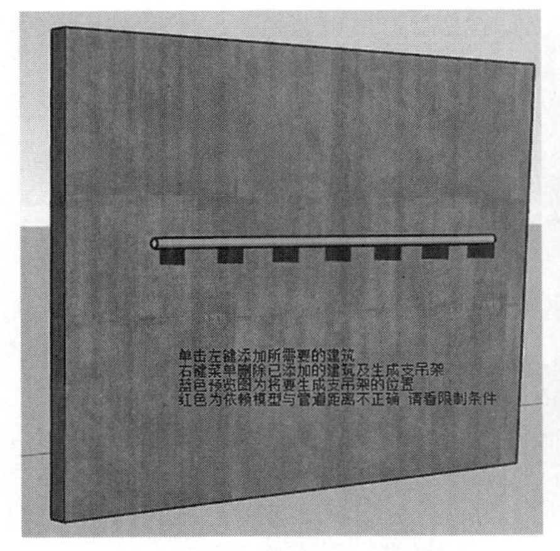

图4.37　支吊架生成

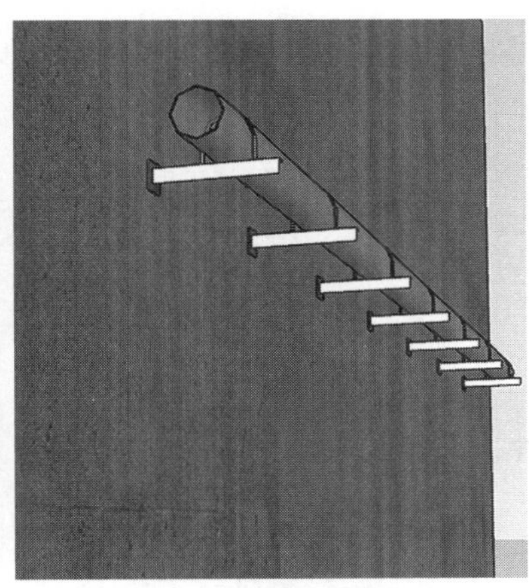

图4.38　支吊架模型

## 4.2.8 DFC-BIM综合支吊架绘制

绘制步骤（图4.39-1、图4.39-2）：

1.绘制横梁：物料中心选择角钢，绘制横梁。

2.绘制预埋板：物料中心选择埋板。

3.点击【横梁选择】：选择横梁，然后点击右键——选择管道——点击右键完成——点击管卡生成。

4.选择支吊架——点击管卡删除.

5.工程量为重量自动计算。

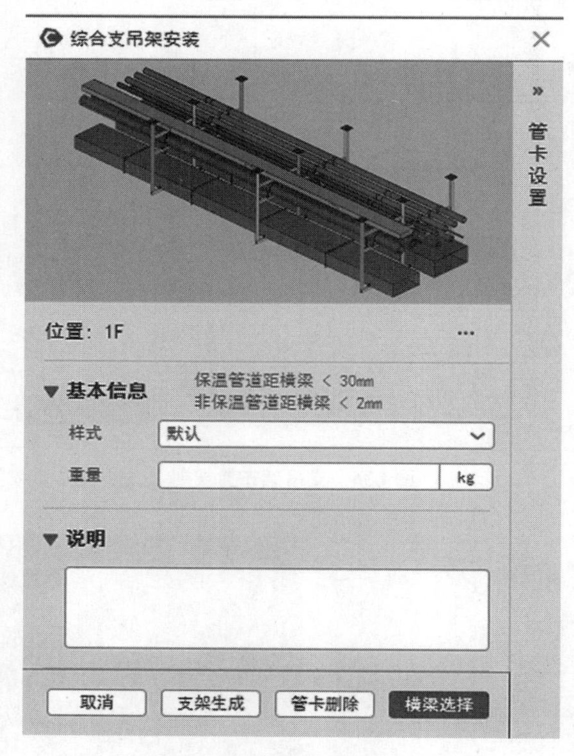


图4.39-1 综合支吊架安装1

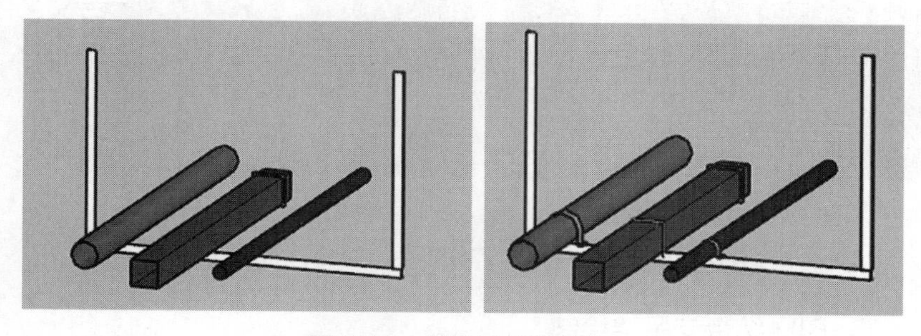

图4.39-2 综合支吊架安装2

## 4.3 其他工程

其他工程包含防腐绝热、通风空调、电气安装、给排水采暖燃气工程、消防工程等安装附属工程。这些工程在三维模型中难以体现，但在施工工程中却需要安装，DFC-BIM将这些工程量算量规则融入工程安装中，指导施工和为成本提供材料工程量信息。

### 4.3.1 防腐绝热工程

防腐绝热工程是对管道、设备、钢结构、阴极保护等进行防锈、刷油、喷漆、保护、防潮等表面处理。

1.操作步骤（以管道除锈为例见图4.40-1）：

（1）选择项目：管道/设备/钢结构/阴极保护。

（2）选择项目的具体类型：如管道项目下的管道、阀门、管件还是其他。同种类型可以多选。

（3）选择表面处理项目：除锈、刷油、绝热等，同种类型可以多选。

（4）对应不同的类型，选择相应的参数，比如管道——除锈项目，选择除锈方式，拾取除锈管道，选择除锈物料，除锈标准、除锈等级，拾取管道自动出工程量，工程量一般为表面积。

（5）点击确定，自动出关于构件的防腐绝热工程量，可以定位到具体管道，也可执行删除操作。

2.不同的工程，不同的参数信息，但操作都是一样的（图4.40-2～图4.40-11）。

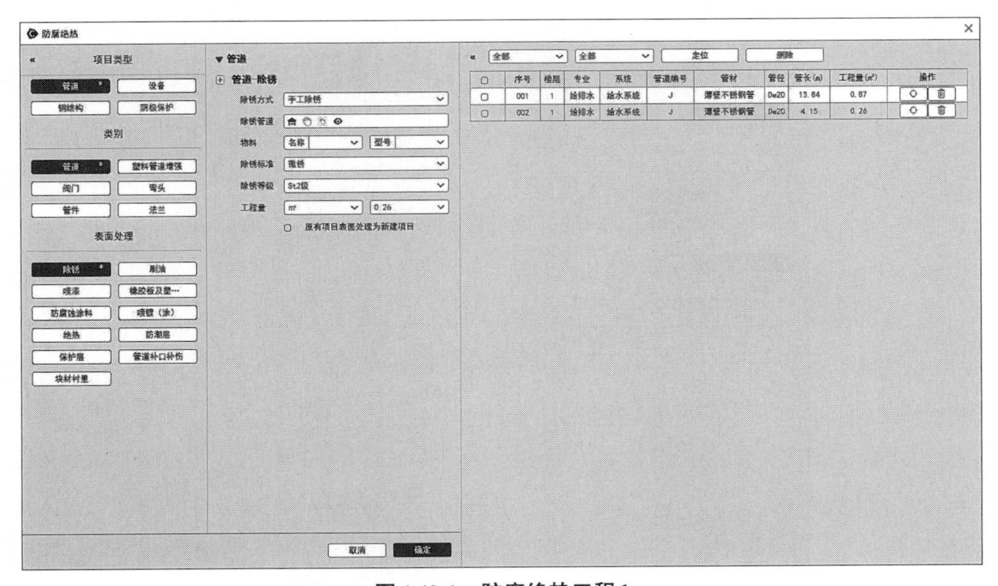


**图4.40-1　防腐绝热工程1**

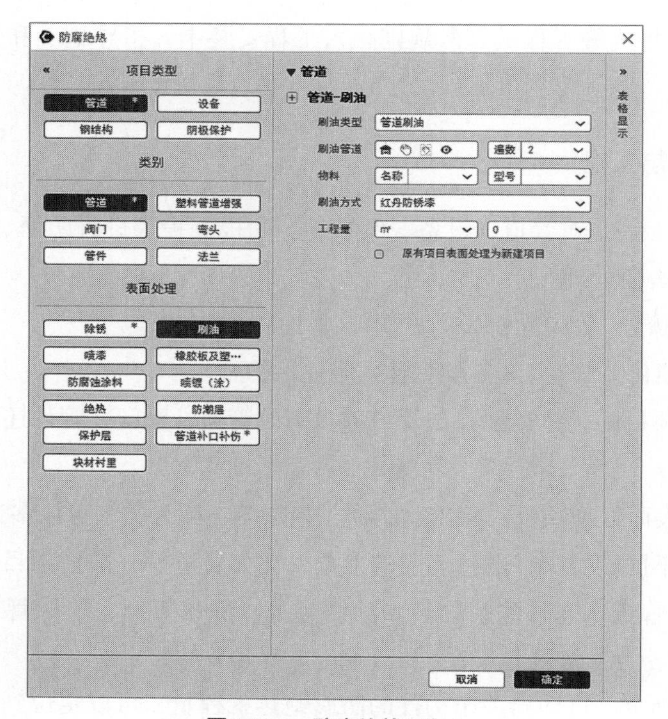


图4.40-2　防腐绝热工程2

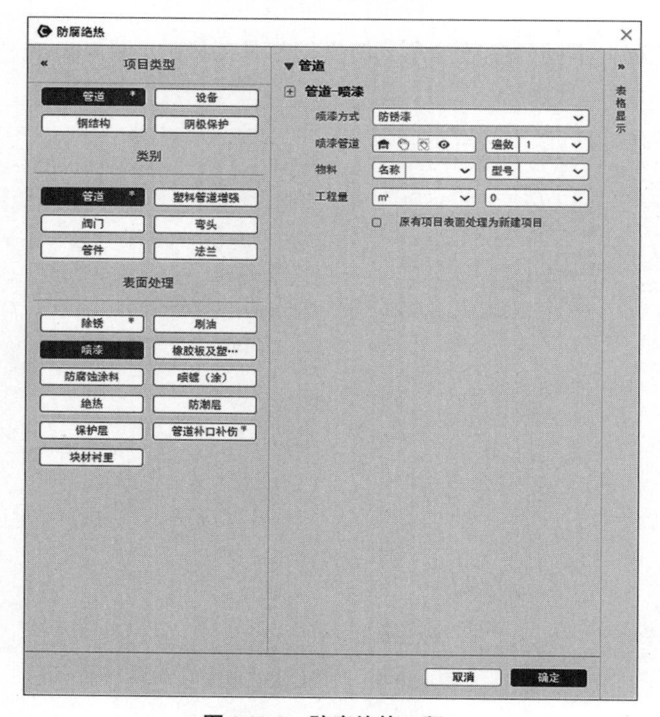


图4.40-3　防腐绝热工程3

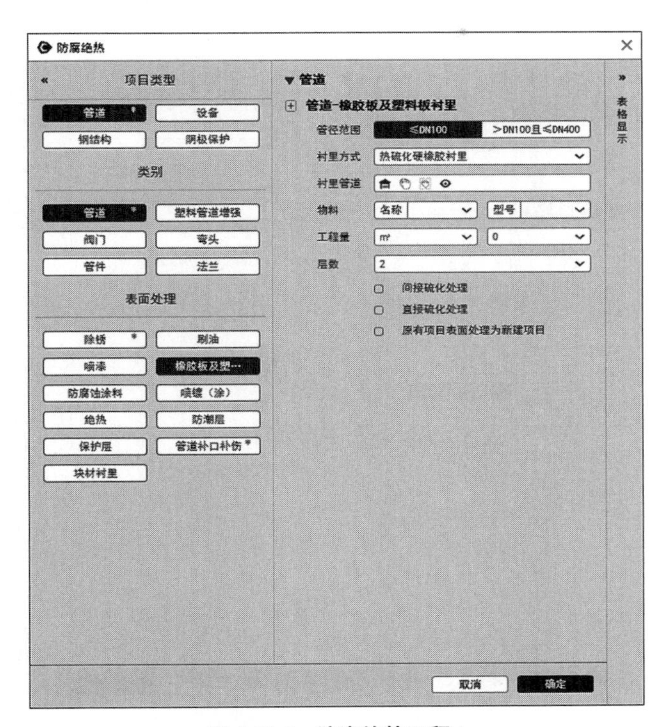


图 4.40-4　防腐绝热工程 4

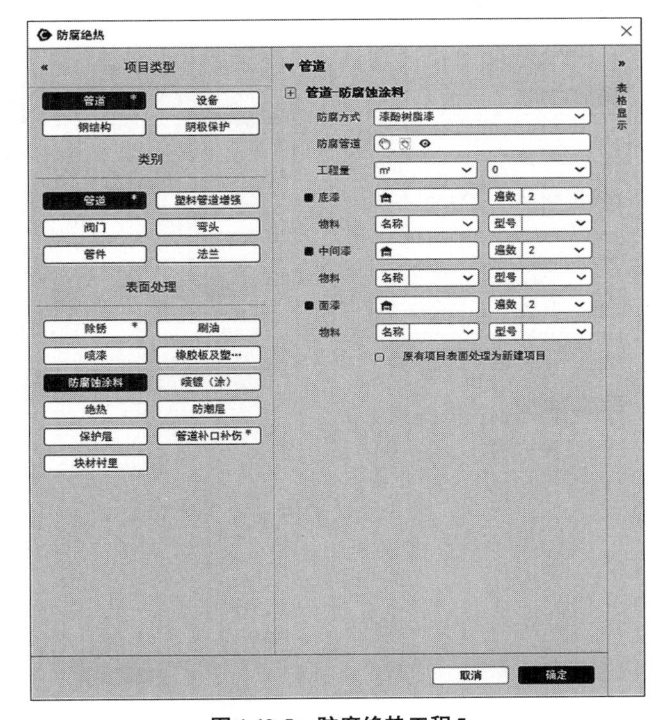


图 4.40-5　防腐绝热工程 5

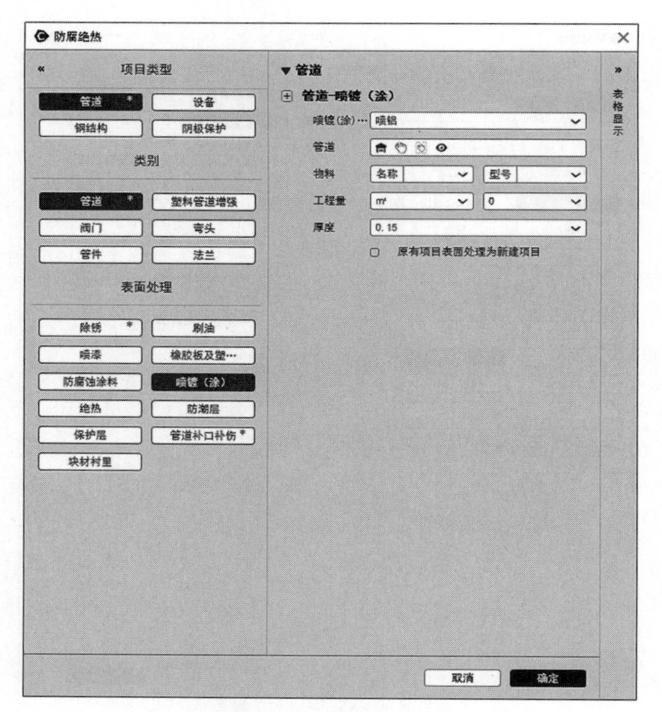


图4.40-6　防腐绝热工程6

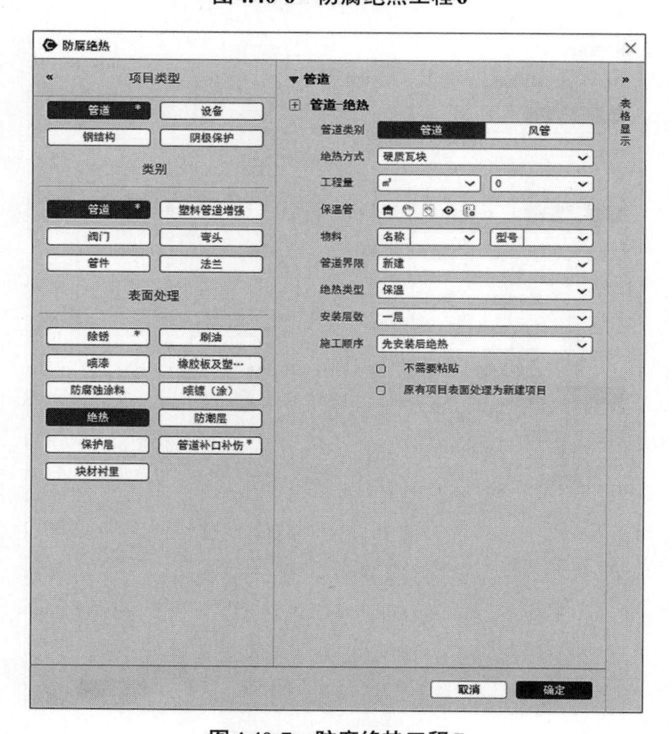


图4.40-7　防腐绝热工程7

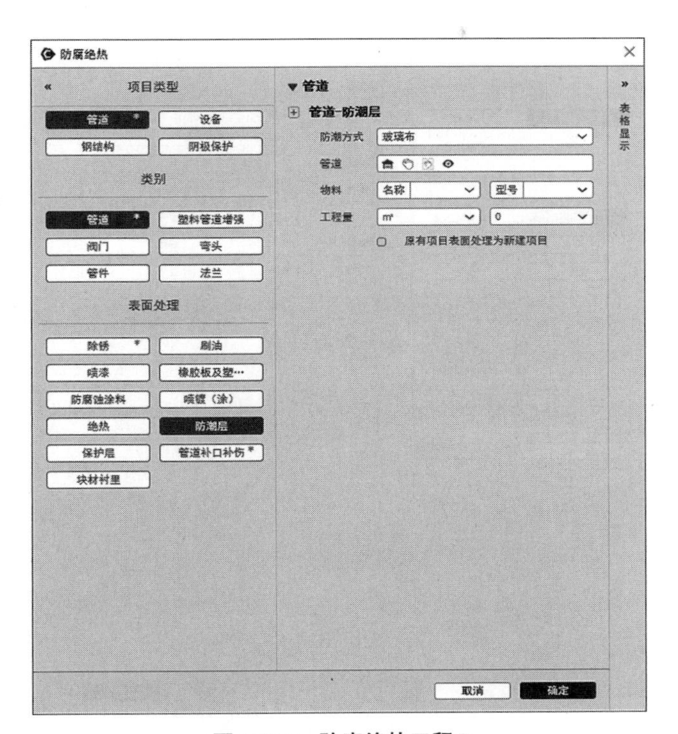


图4.40-8　防腐绝热工程8

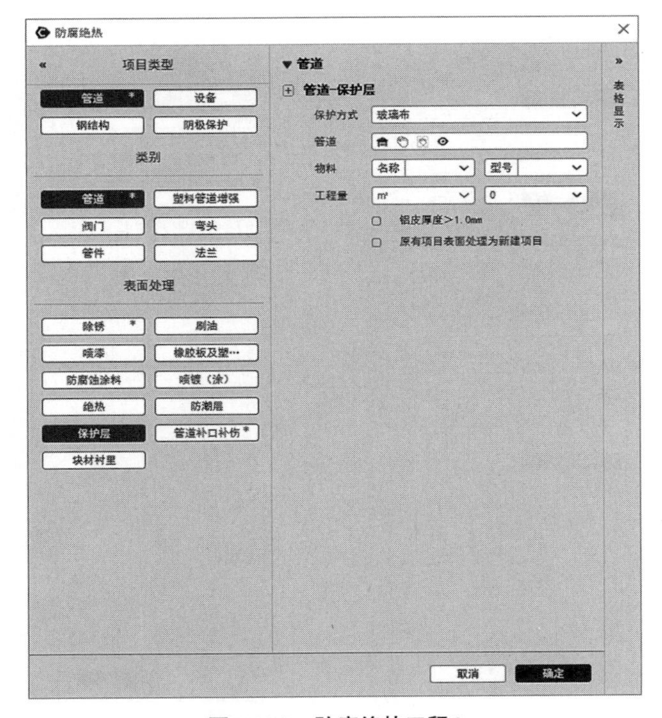


图4.40-9　防腐绝热工程9

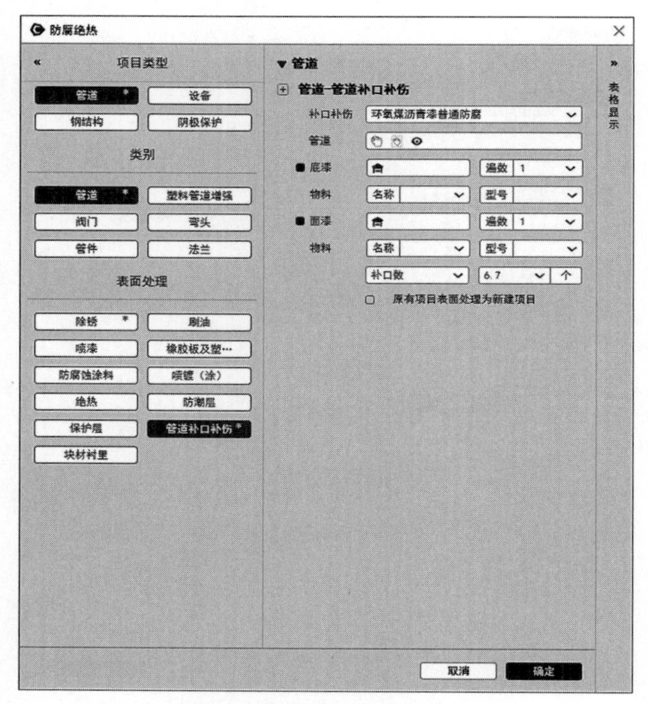


图4.40-10　防腐绝热工程10

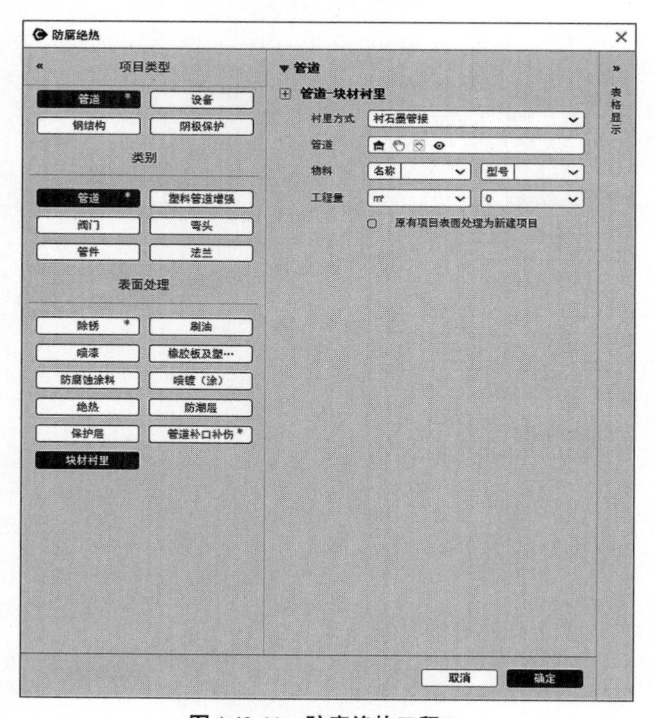


图4.40-11　防腐绝热工程11

## 4.3.2 给排水采暖燃气工程

1.配合预留孔洞、机械钻孔：管道穿墙、梁、板，要预留孔洞，必要时做套管。

（1）有套管时：穿墙/梁/板时，根据不同类型的墙/梁/板选择对应的套管，点击确定，选中管道点击右键完成，自动生成套管模型，并自动统计套管工程量——个数（图4.41-1）。

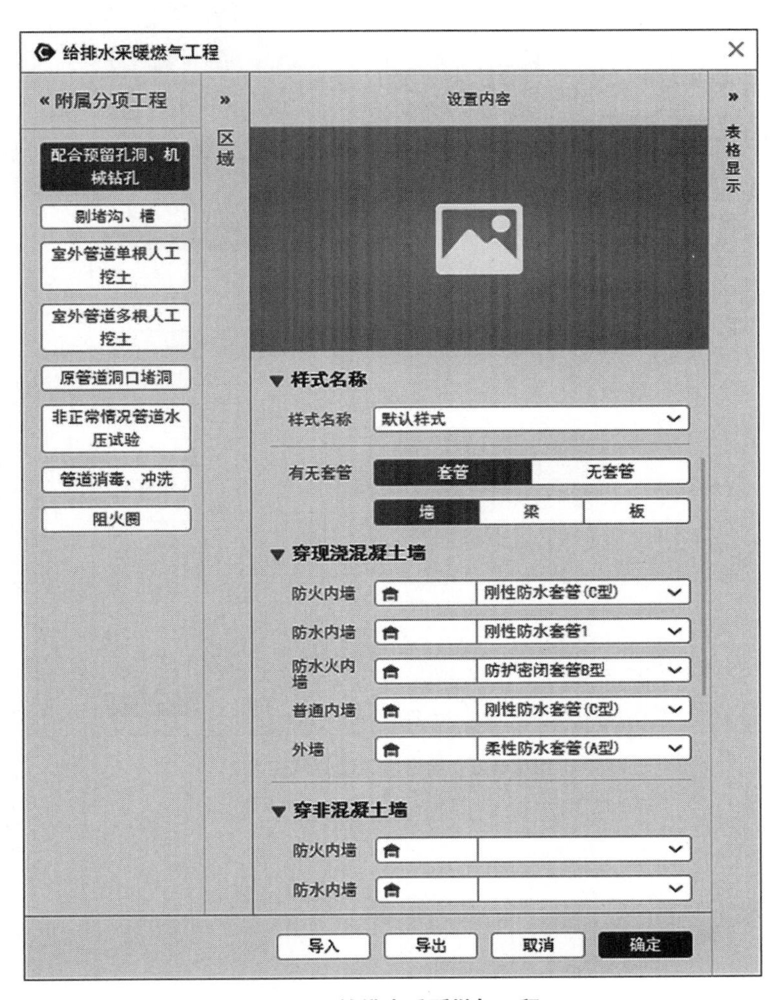


图4.41-1　给排水采暖燃气工程1

（2）无套管时，自动根据管道直径，生成相应直径的洞口。自动统计洞口个数（图4.41-2）。

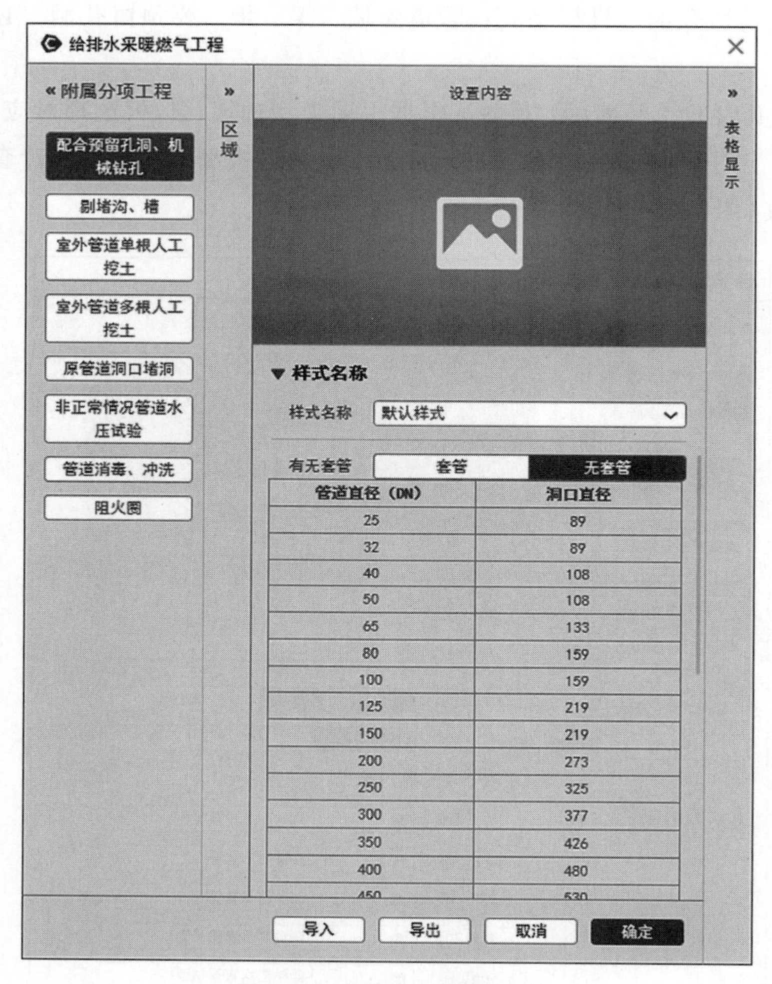


图4.41-2　给排水采暖燃气工程2

2.剔堵沟、槽：管道在墙面或地面上剔槽敷设，并用相应材料填堵。

选择主体类型，在哪里剔槽敷设，其次选择封堵水泥砂浆类型，最后选择槽沟的规格（宽度和深度），拾取管道模型，点击确定，自动计算工程量（按管道中心线长度计算，见图4.41-3）。

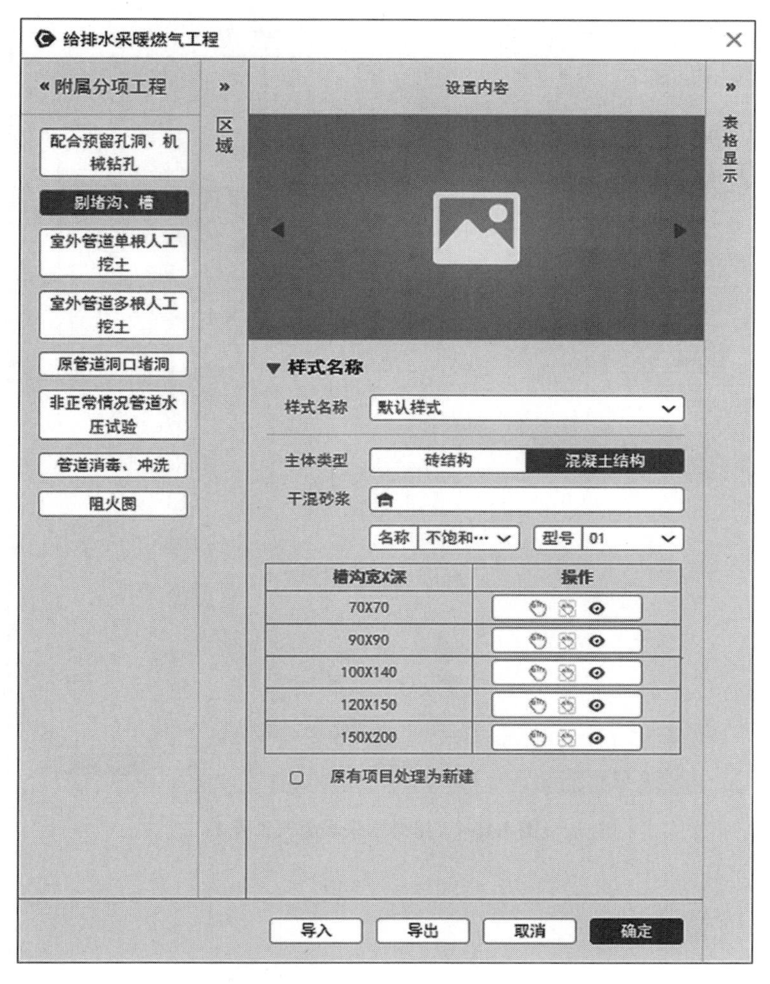


图4.41-3 给排水采暖燃气工程3

3.室外管道单根人工挖土。

单根管道挖土工程量，按管道中心线长度，选择不同深度的挖土，拾取相关管道模型，自动统计工程量（图4.41-4）。

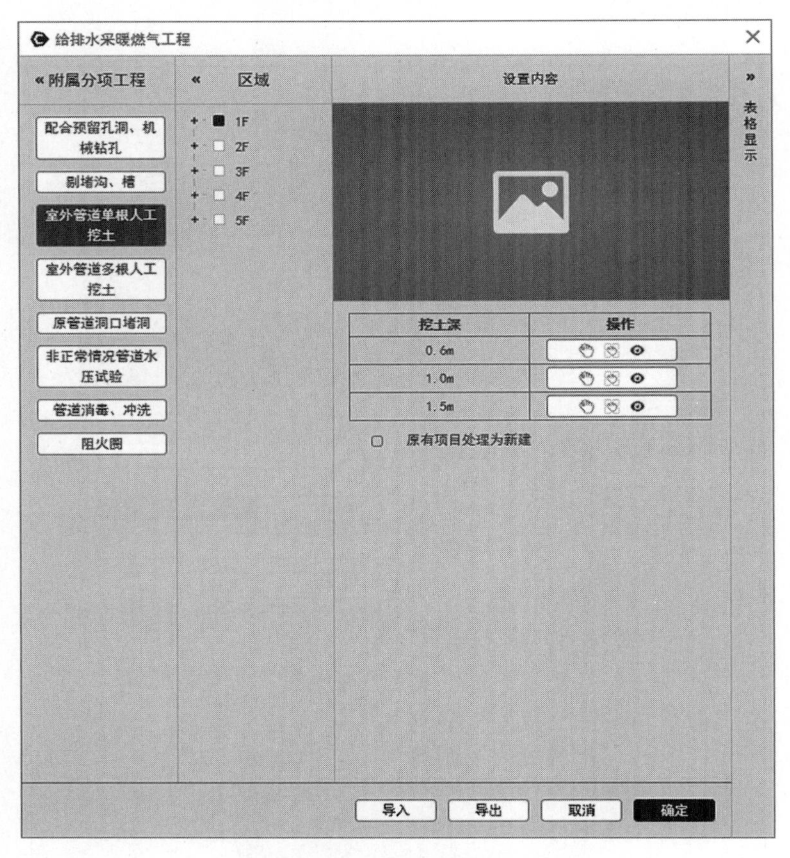


图4.41-4　给排水采暖燃气工程4

4.室外管道多根人工挖土。

多根管道挖土工程量，按挖土深、长、宽的体积来计算。选择挖土长、宽、深，拾取模型，点击确定，自动生成挖土工程量（图4.41-5）。

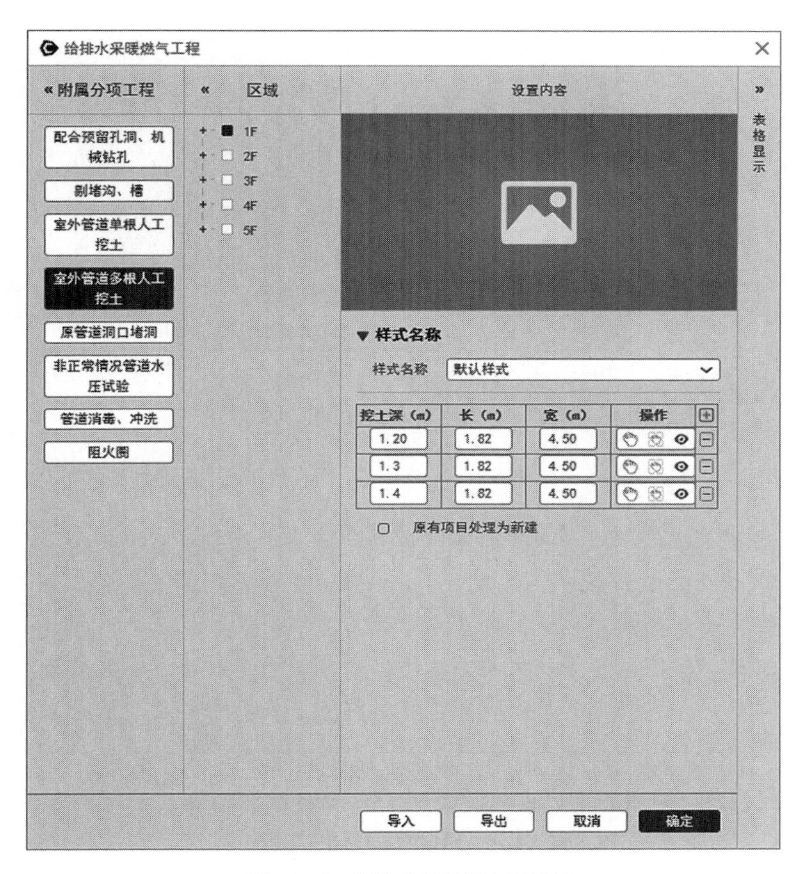


**图4.41-5　给排水采暖燃气工程5**

5.原管道洞口堵洞。

选择洞口形状、位置、管道专业、系统，洞口规格，统计数量（图4.41-6）。

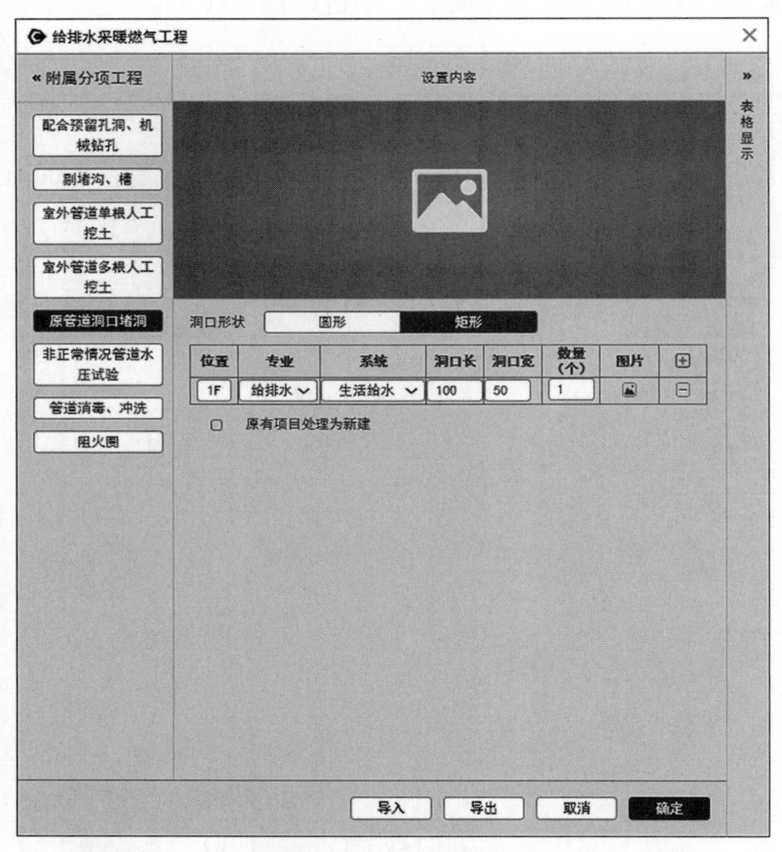


图4.41-6　给排水采暖燃气工程6

6.非正常情况管道水压试验。

拾取模型，自动生成工程量，工程量按管道中心线长度计算（图4.41-7）。

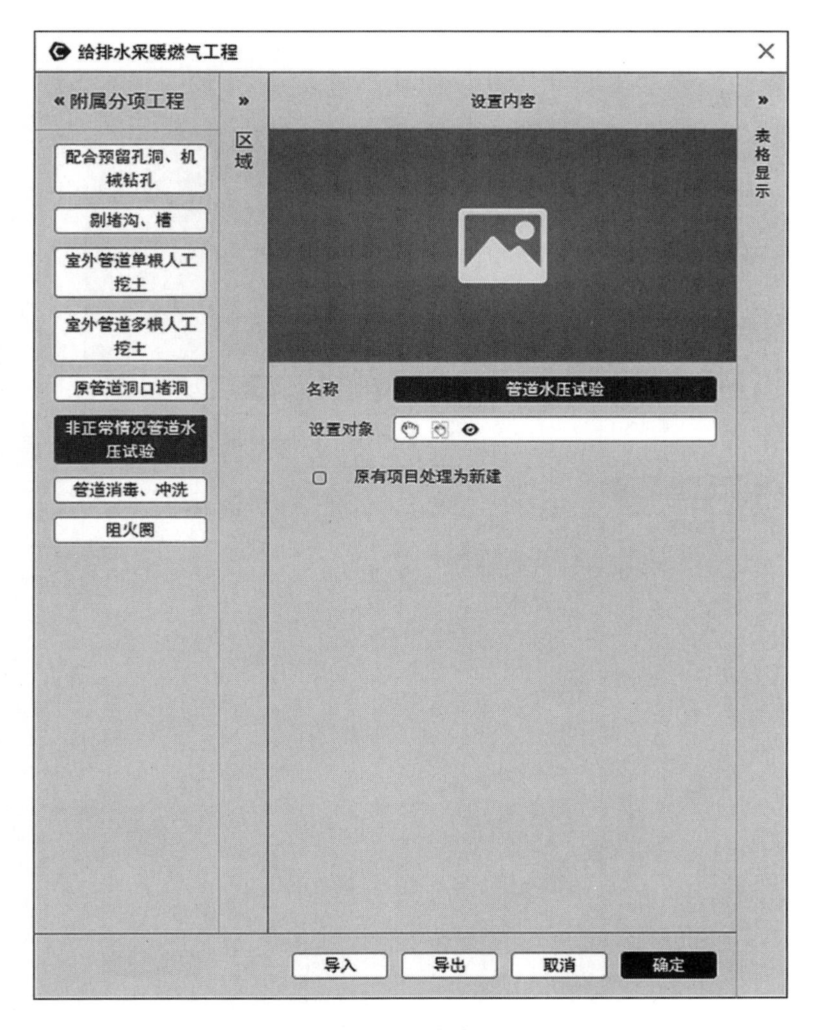


图4.41-7　给排水采暖燃气工程7

7.管道消毒、冲洗。

拾取模型，自动生成工程量，工程量按管道中心线长度计算（图4.41-8）。

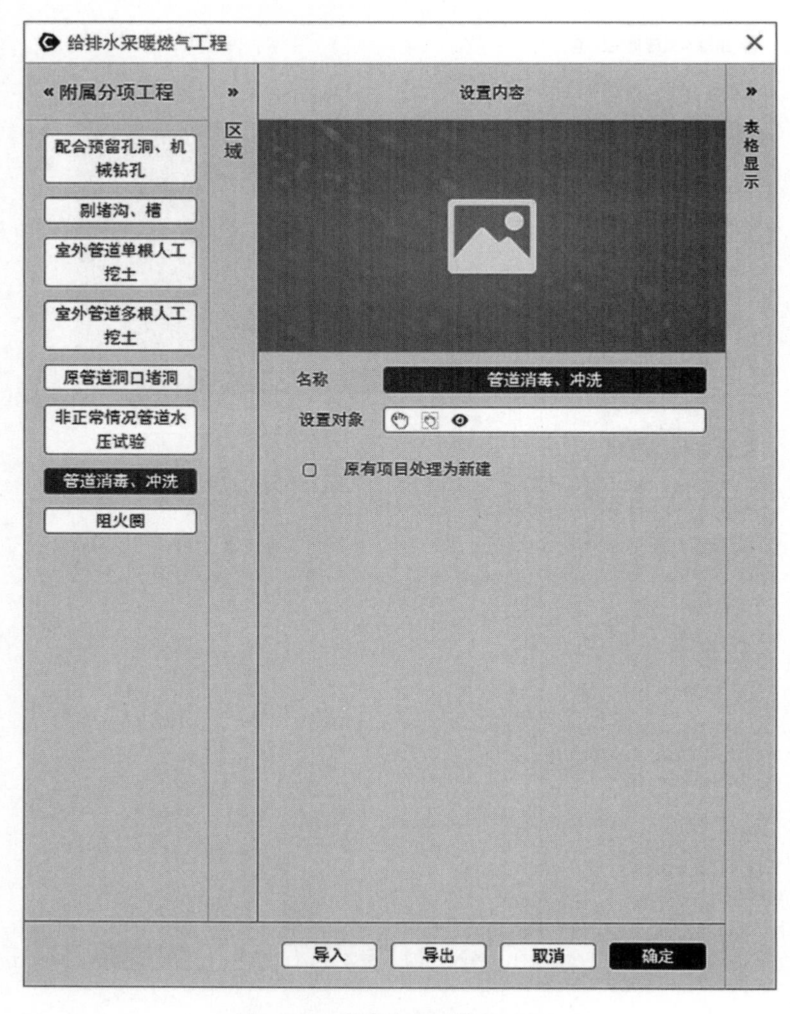


图4.41-8　给排水采暖燃气工程8

8.阻火圈。

拾取管道模型，选择阻火圈材质，自动统计阻火圈工程量，按个数计算（图4.41-9）。

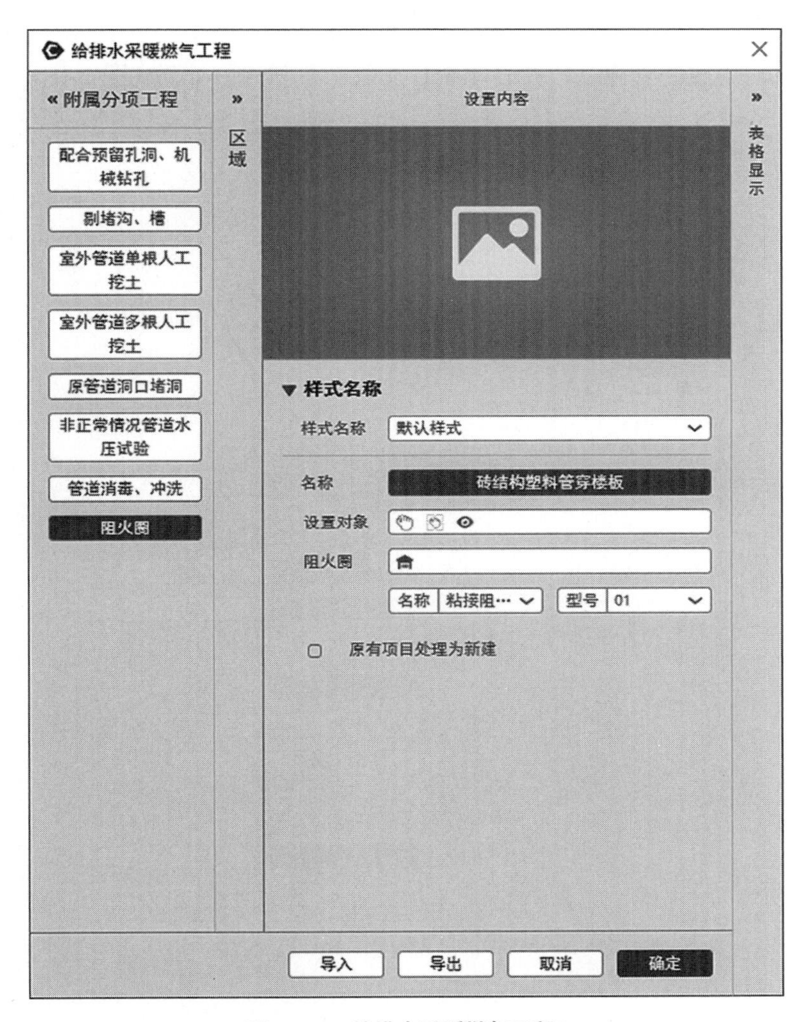


**图4.41-9　给排水采暖燃气工程9**

### 4.3.3 通风空调工程

1.配合预留孔洞、机械钻孔：原理同给排水、采暖预留孔洞工程，选择风管类型、是否套管、墙和板的类型，预留孔洞的尺寸，点击确定，选中管道点击鼠标右键完成，自动生成套管模型，并自动统计套管工程量——个数（图4.42）。

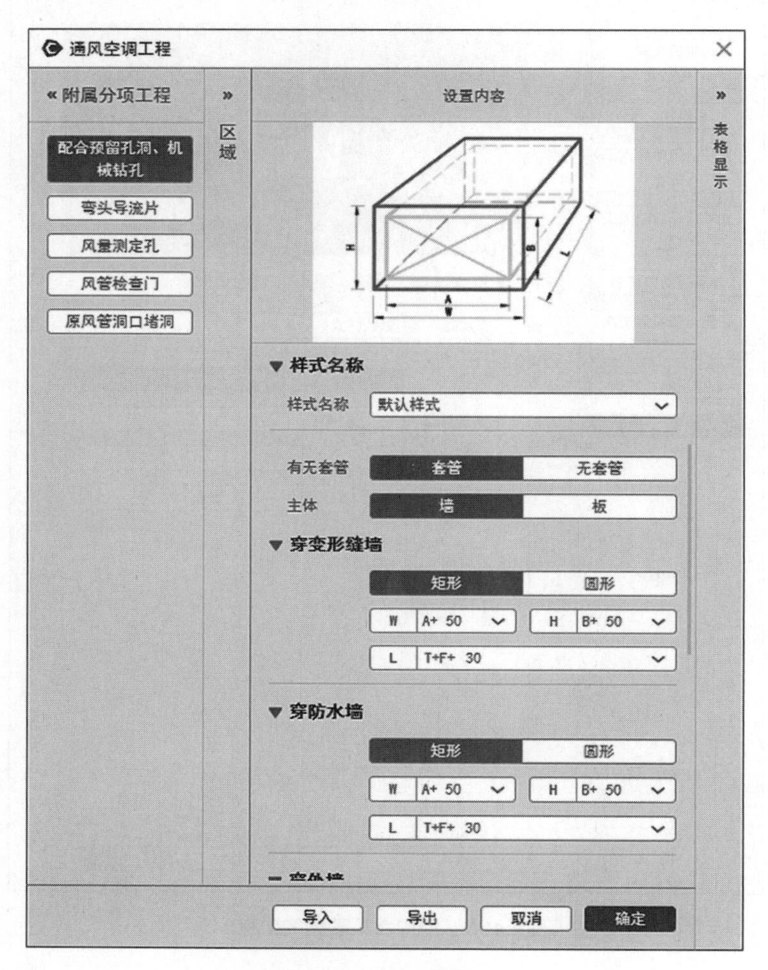


图4.42 通风空调工程

2.弯头导流片安装

弯头导流片如下图红色箭头显示，当气体通过风管弯头处时，如果不对其进行导流，势必产生涡流影响气体传导。因此风管弯头处必须安装导流叶片（图4.43）。

图4.43　弯头导流片

（1）表格法：根据绘图区风管模型风管的规格，自动计算导流片数和弯头数，自动统计工程量。工程量=导流片数*面积（图4.44）。

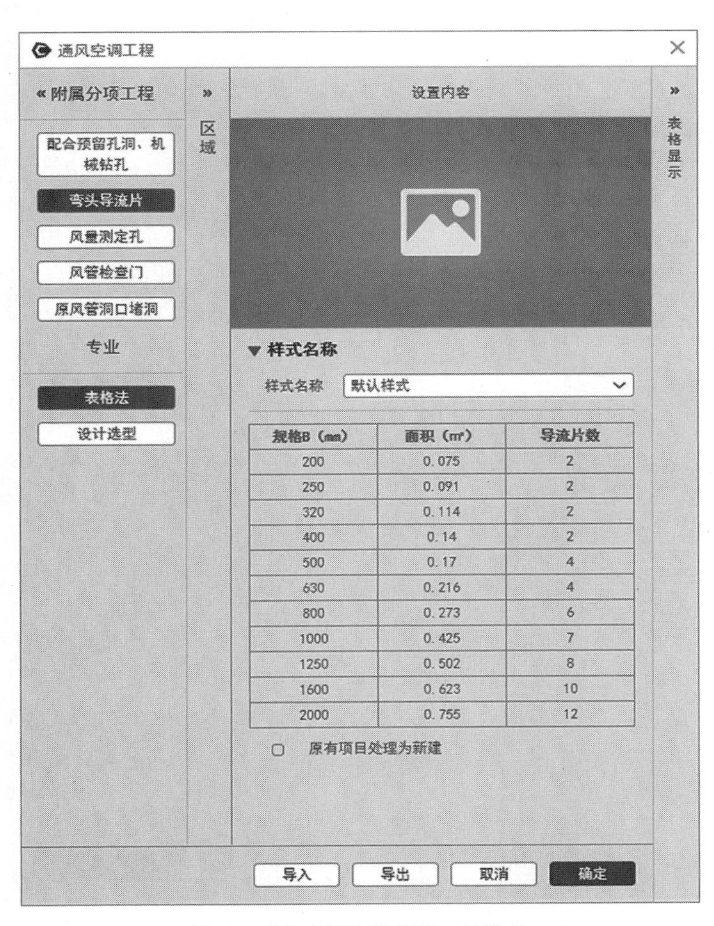


| 规格B（mm） | 面积（m²） | 导流片数 |
|---|---|---|
| 200 | 0.075 | 2 |
| 250 | 0.091 | 2 |
| 320 | 0.114 | 2 |
| 400 | 0.14 | 2 |
| 500 | 0.17 | 4 |
| 630 | 0.216 | 4 |
| 800 | 0.273 | 6 |
| 1000 | 0.425 | 7 |
| 1250 | 0.502 | 8 |
| 1600 | 0.623 | 10 |
| 2000 | 0.755 | 12 |

图4.44　弯头导流片设置—表格法

（2）设计选型法：根据弯头的类型，来自动统计导流片数和工程量（图4.45-1）。

①设计选型（根据风管弯头的类型自动统计）；

②内外同心弧形；

规格：弯管平面边长 、导流片位置、导流片数量；

工程量=导流片面积（弧长*高度）*数量*弯头数；

导流片面积=弧长（弧度*半径）*高度；

半径=弯头半径R+导流叶片位置距离（如b/3）；

弧度=角度/180*π；

工程量：导流片数*面积*弯头数。

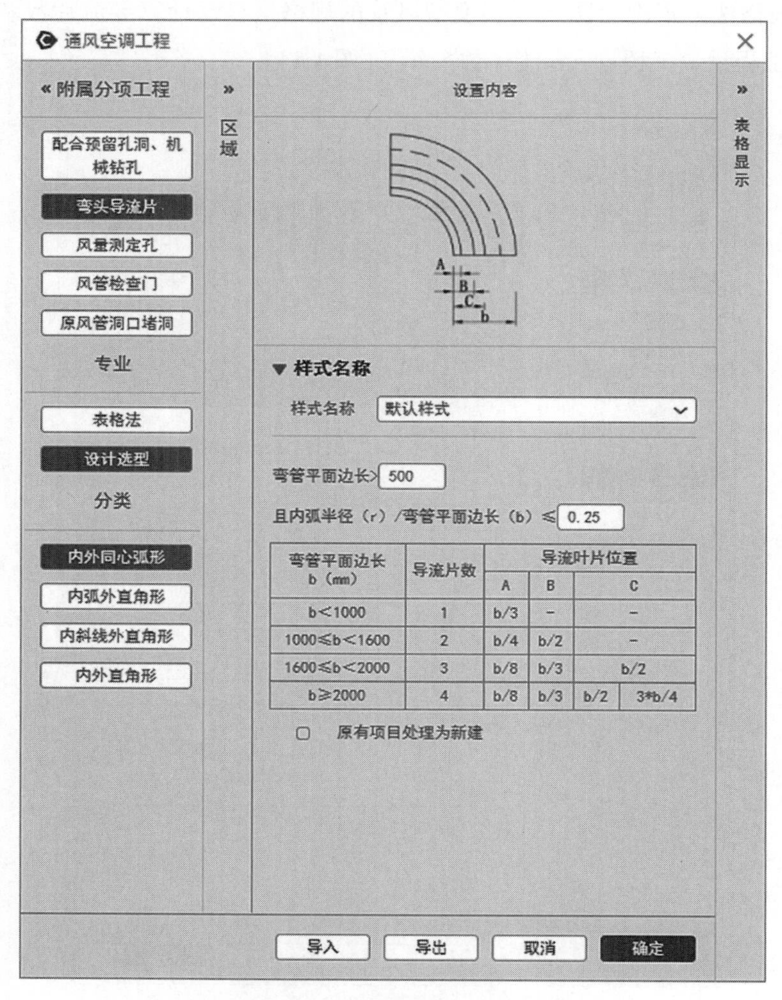


图4.45-1　弯头导流片设置—设计选型法1

③内弧外直角形、内斜线外直角形、内外直角形（图4.45-2、图4.45-3）。

规格：单圆弧、双圆弧样式；

工程量=导流片面积（弧长*高度）*数量*弯头数；

导流片面积=弧长（弧度*半径）*风管高度；

弧长=2*弧度*（R1+R2）（单圆弧R2=0）；

弧度=角度/180*π；

工程量：导流片数*面积*弯头数。

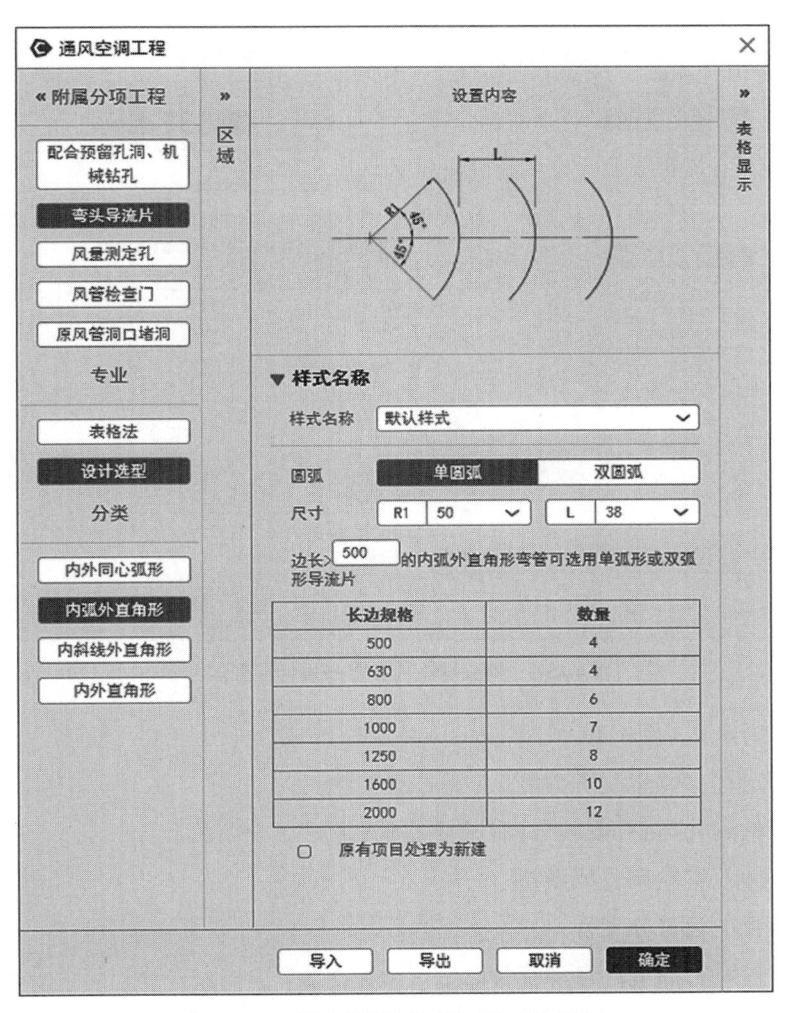


| 长边规格 | 数量 |
|---|---|
| 500 | 4 |
| 630 | 4 |
| 800 | 6 |
| 1000 | 7 |
| 1250 | 8 |
| 1600 | 10 |
| 2000 | 12 |

**图4.45-2　弯头导流片设置—设计选型法2**

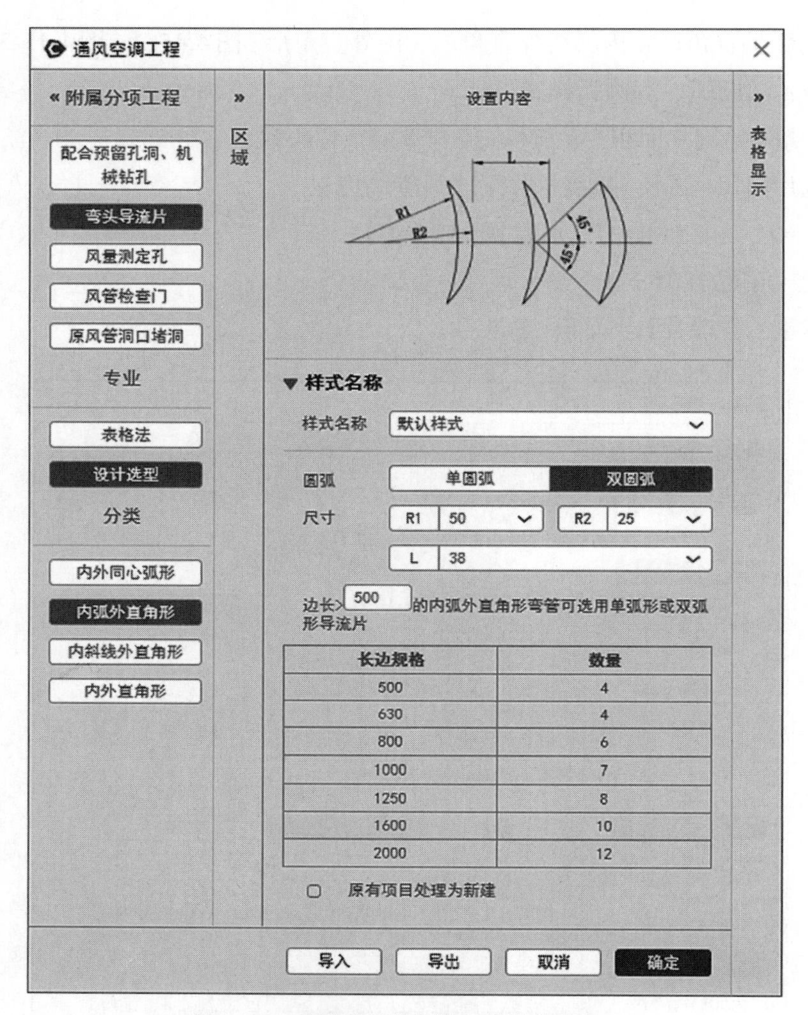


图4.45-3　弯头导流片设置—设计选型法3

3.风量测定孔（图4.46）

风量测定孔：风量及压力测试；

样式：检测孔类型/安装方向/检测比例；

必要条件：有空调通风设备；

设置风管主管与分支管；

不同位置设备数量：自动统计；

检测点数量=设备数量*检测比例；

工程量：检测点数量。

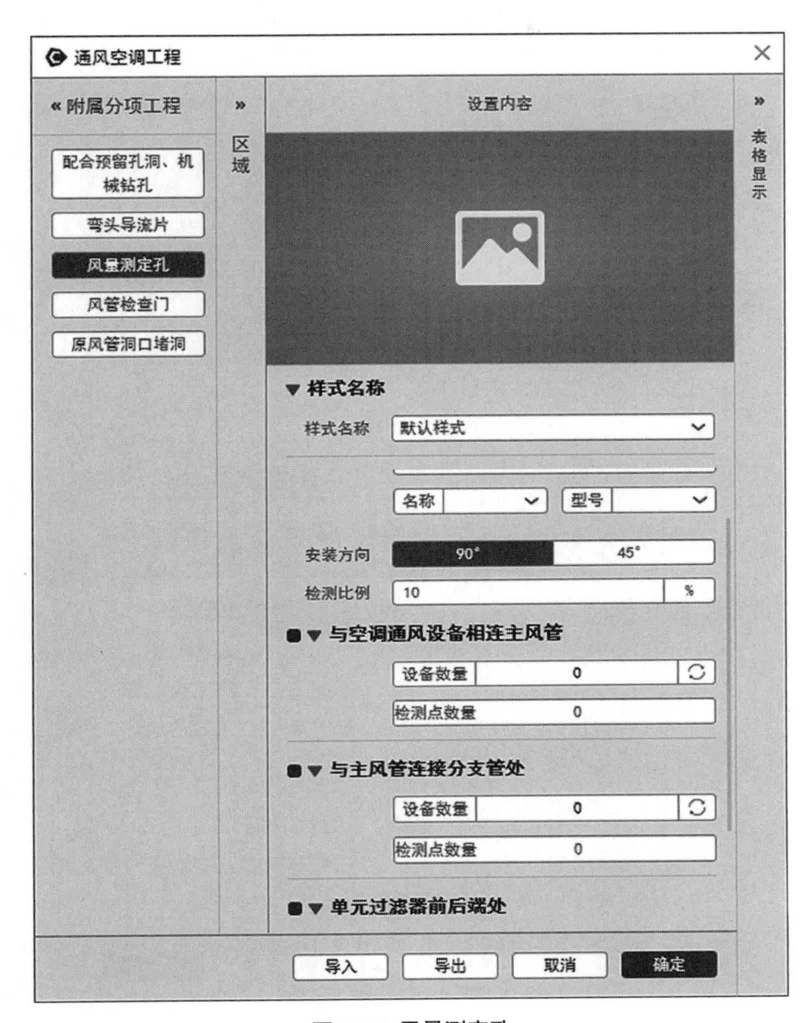


图4.46 风量测定孔

4. 风管检查门（图4.47）

风管检查门：检查维修；

样式：不同材质风管；

必要条件：有空调通风设备；

按需设置风管立管；

不同位置设备数量：自动统计；

检测点数量=设备数量*检测比例；

工程量：检测点数量。

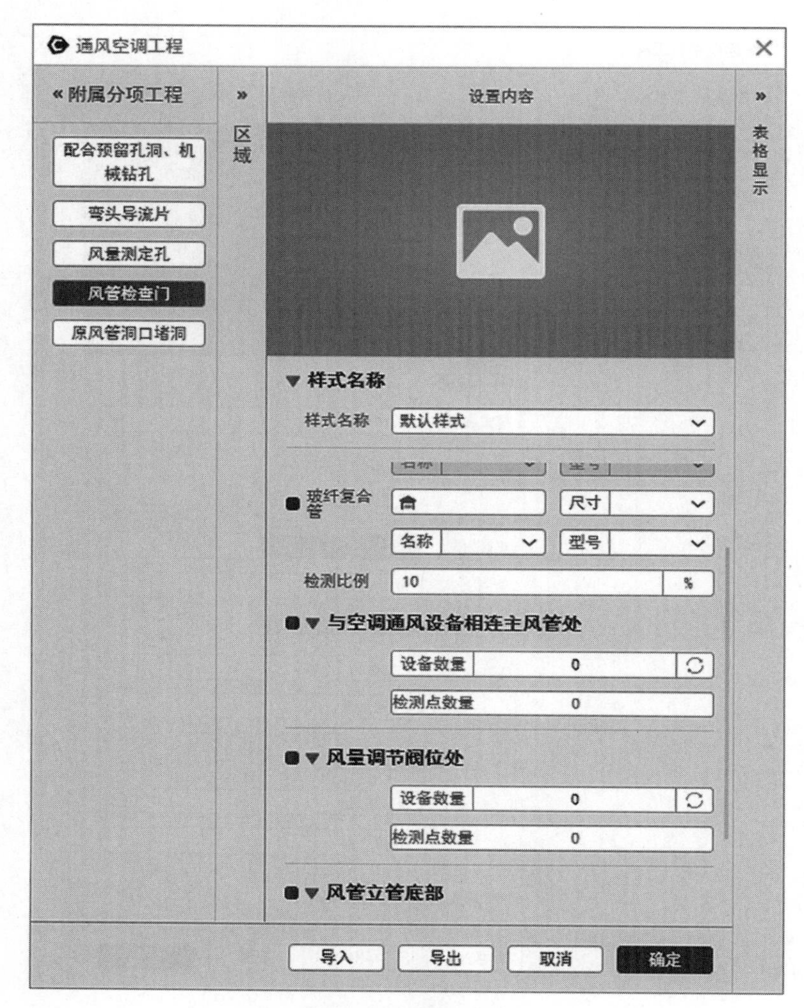


图4.47　风管检查门

5.原风管洞口堵洞

原理同给排水、采暖工程【原管道洞口堵洞】，原风管洞口堵洞见图4.48。

洞口形状：圆形、矩形；

设置楼层、专业、系统、洞口规格，数量；

工程量：数量统计。

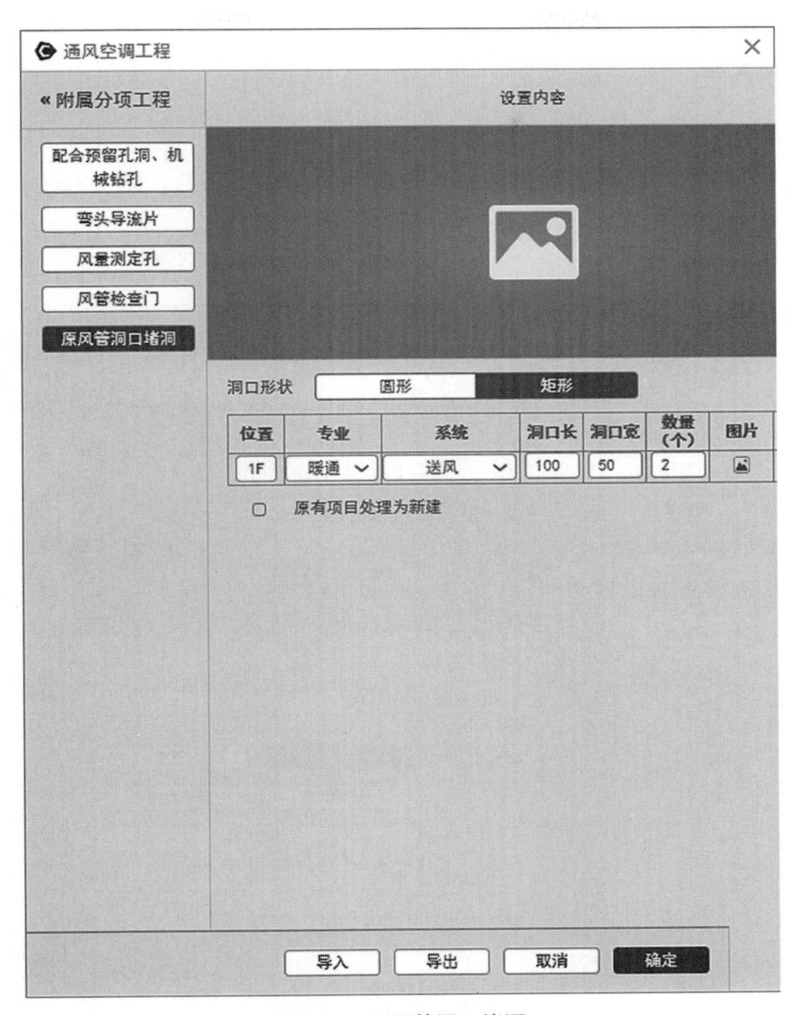


图 4.48　原风管洞口堵洞

### 4.3.4 消防工程

与防腐绝热工程操作原理类似。

1.防火涂料：选择防火涂料的对象类型、防火涂料名称，防火等级，拾取相应的对象，自动统计工程量，一般统计表面积（图4.49-1）。

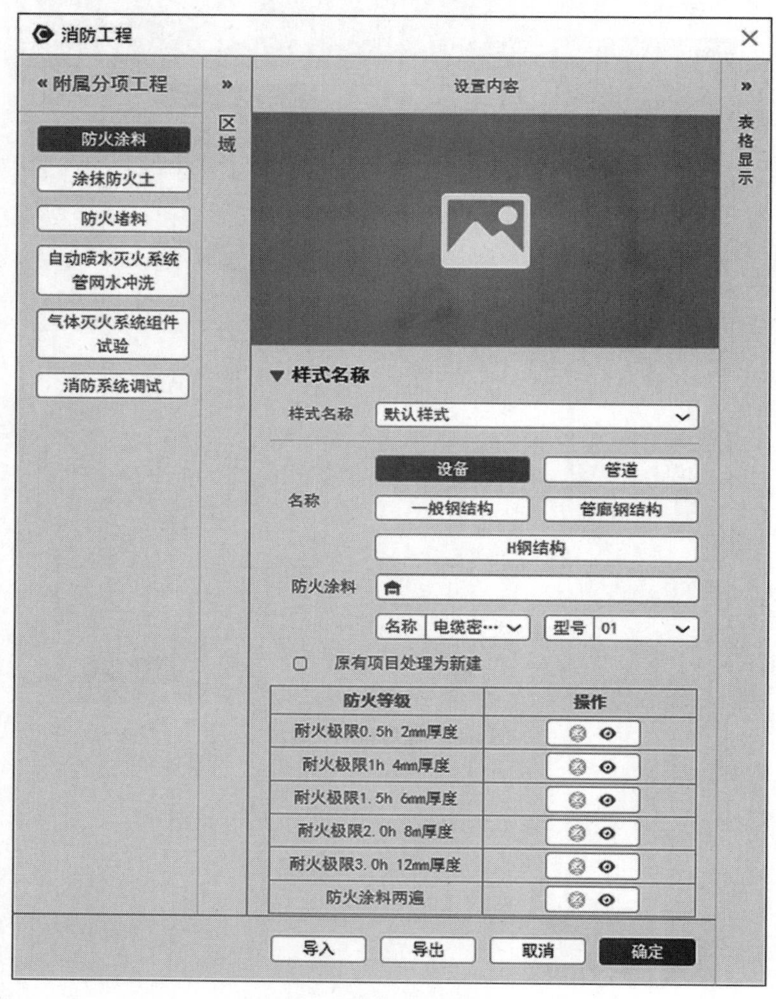


图4.49-1 消防工程1

2.涂抹防火土，选择防火土类型，涂抹厚度，拾取设备，自动统计工程量，设备表面积（图4.49-2）。

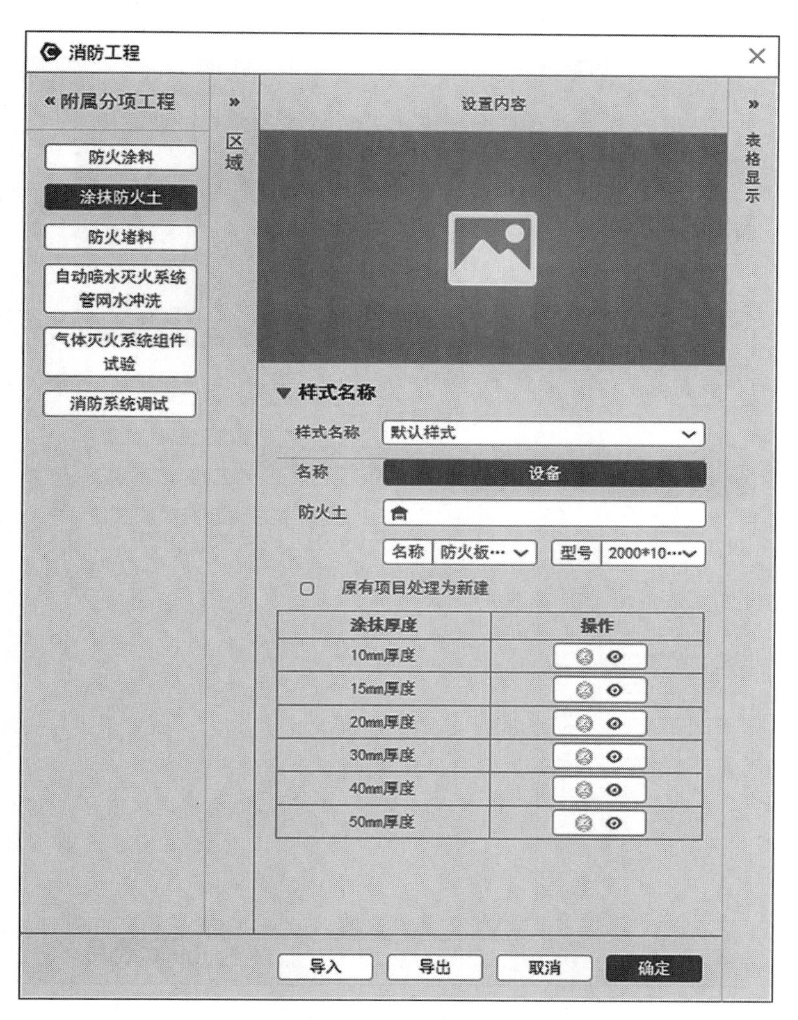


**图4.49-2　消防工程2**

3.防火堵料：不同专业的管道系统做完预留孔洞之后，选择对应的防火堵料，点击确定，自动统计防火堵料工程量，按体积计算（图4.49-3）。

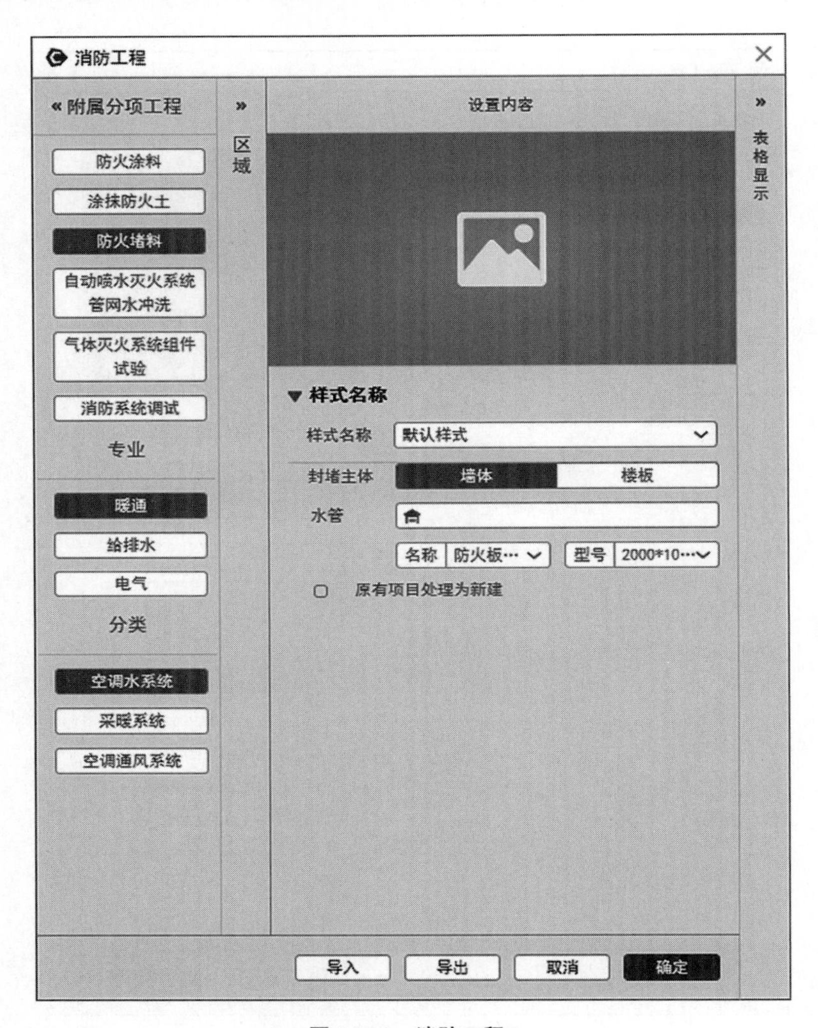


图4.49-3　消防工程3

4. 自动喷水灭火系统官网水冲洗：拾取自喷系统模型，点击确定，自动统计出工程量。管道中心线长度（图4.49-4）。

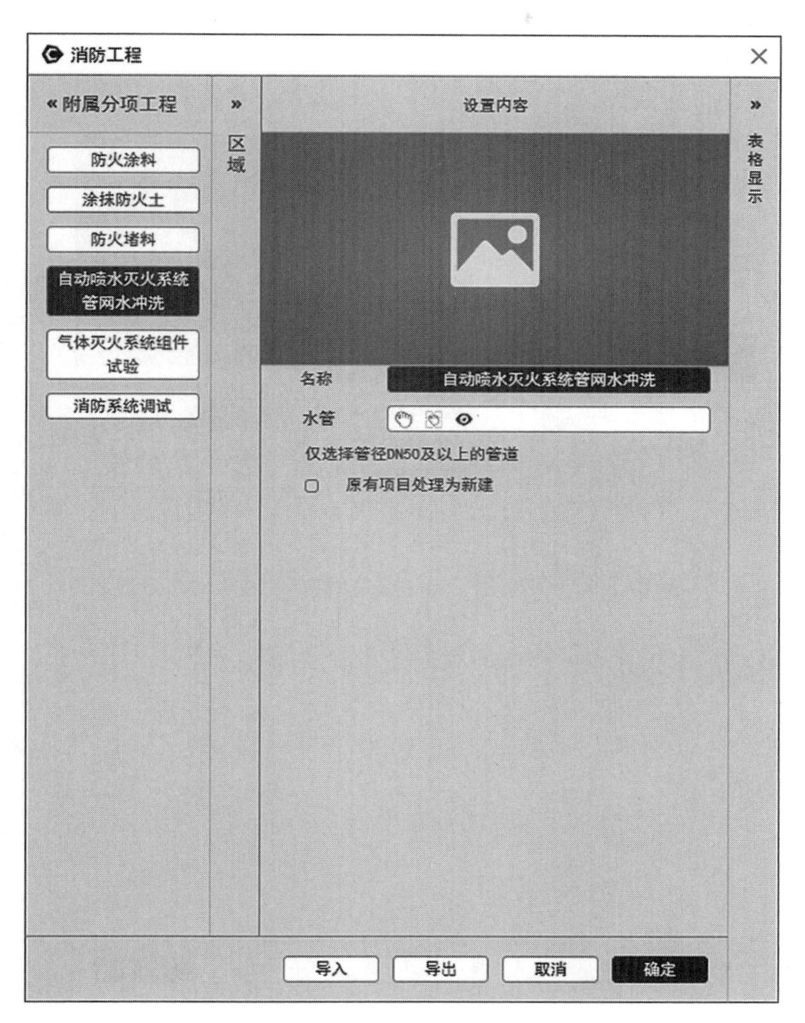


图4.49-4　消防工程4

5.气体灭火系统组件试验：拾取设备，自动统计实验数量（图4.49-5）。

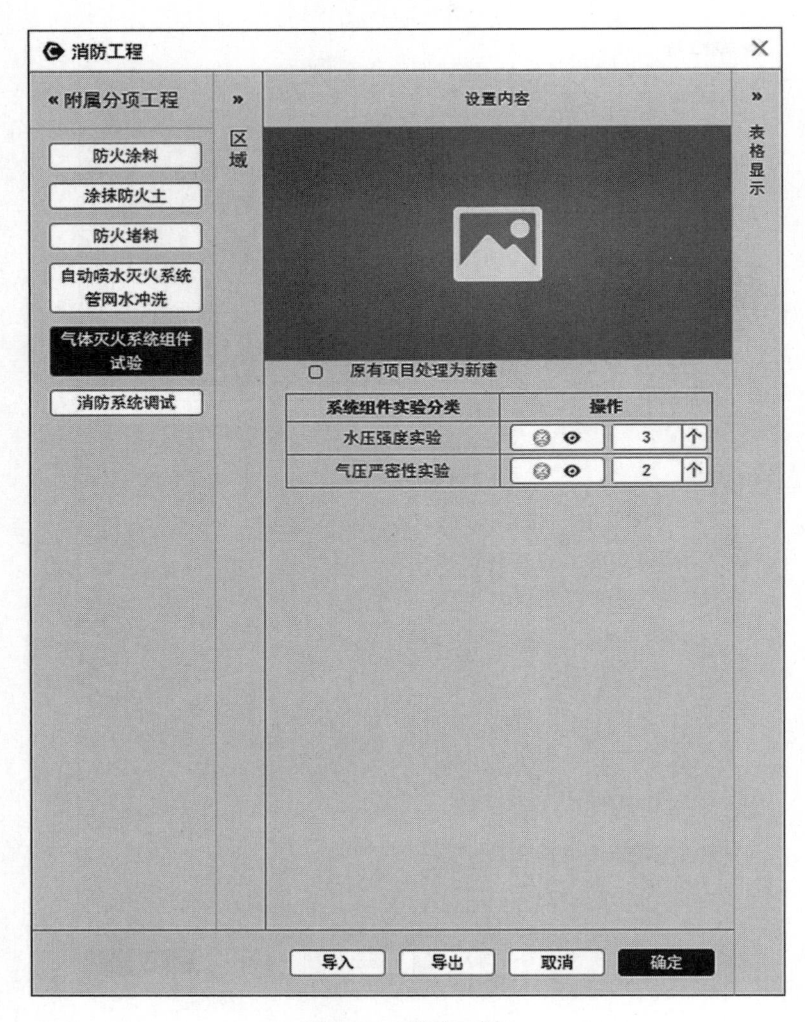


图4.49-5　消防工程5

6.消防系统调试：选择系统调试类型，拾取设备，自动统计工程量，工程量为系统数量（图4.49-6）。

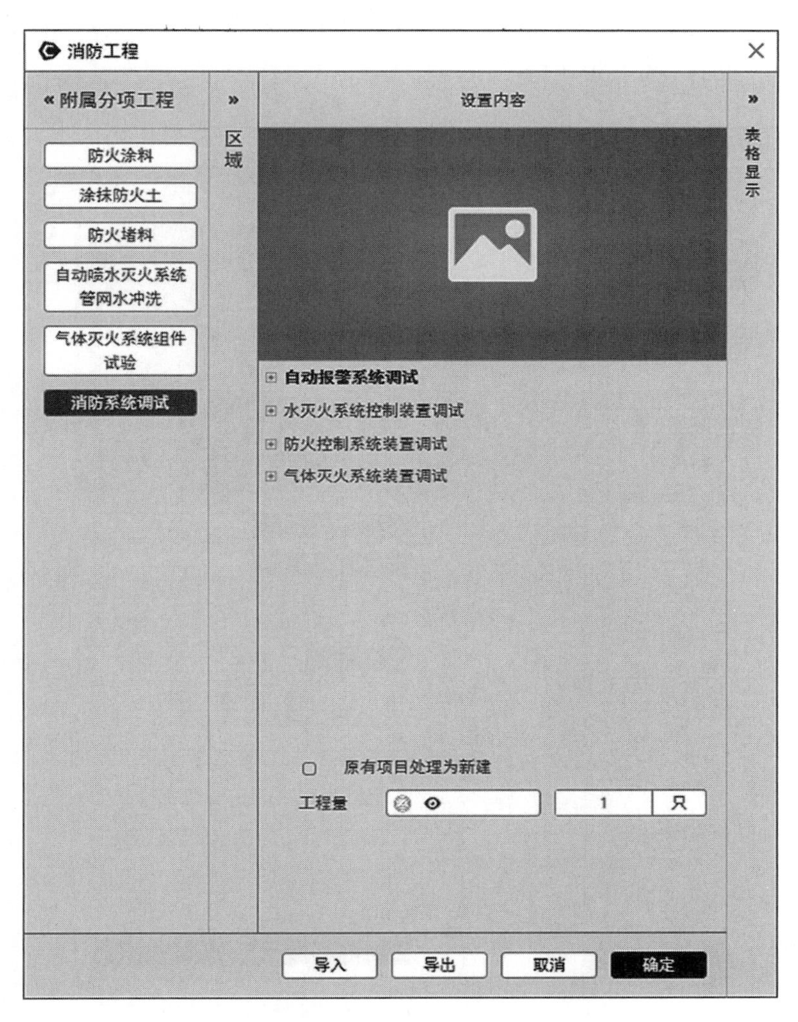


图4.49-6　消防工程6

### 4.3.5 电气安装工程

1.配合预留孔洞、机械钻孔：原理同给排水、采暖燃气工程【配合预留孔洞、机械钻孔】一致的（图4.50-1）。

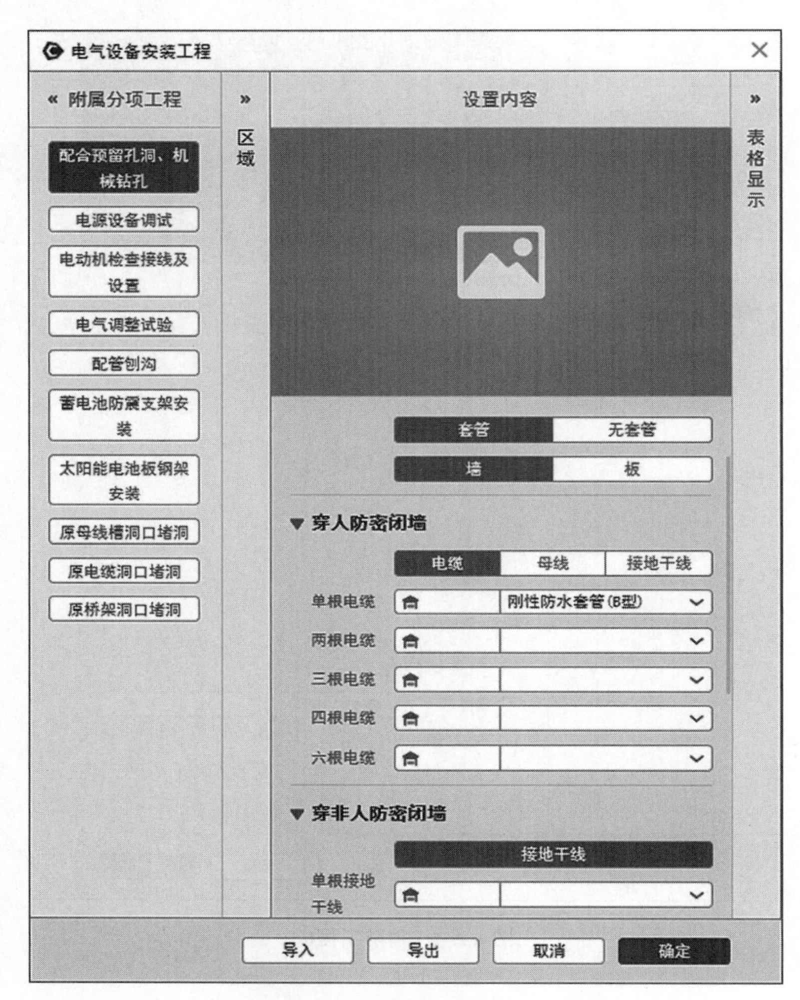


**图4.50-1　电气安装工程1**

样式名称：

无套管：根据管径设置洞口；

有套管：根据墙、梁、板类型选择套管类型（模型可以生成）（选择管道点击右键生成）；

电气类型：电缆、母线、接地干线；

墙类型：是/非穿人防密闭墙；

工程量：个数。

2.电源设备调试：拾取三相不间断电源，点击鼠标右键完成，自动统计工程量，工程量为电源数量（图4.50-2）。

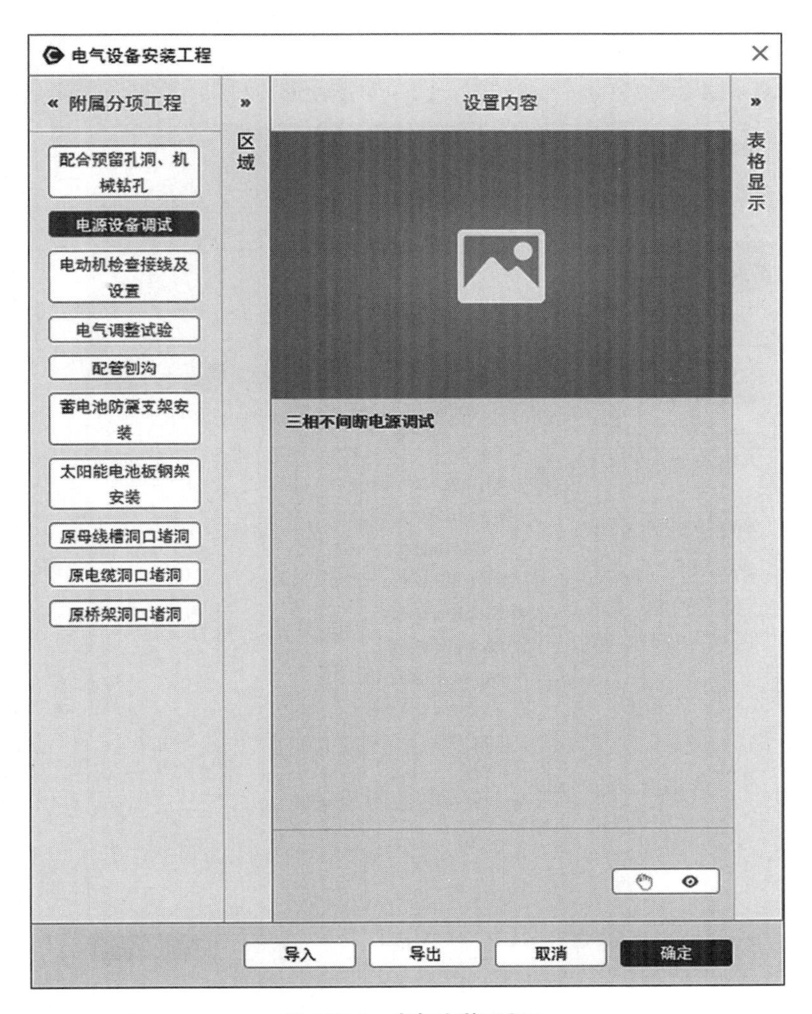


**图4.50-2　电气安装工程2**

3.电动机检查接线及设置（图4.50-3）。

选择不同类型的电动机调试；

拾取相应的电动机相关设置，点击鼠标右键完成；

工程量：个数。

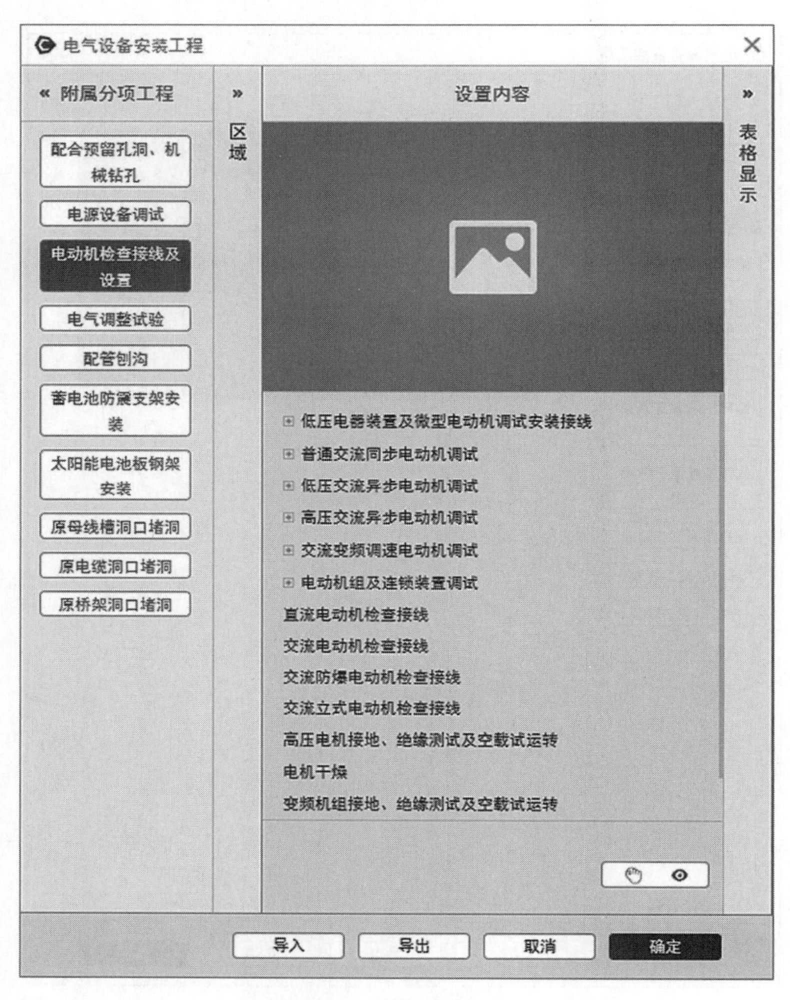


图4.50-3　电气安装工程3

4.电气调整试验（图4.50-4）。

选择电气调整试验类型；

拾取相应的装置设备，点击右键完成；

工程量：个数。

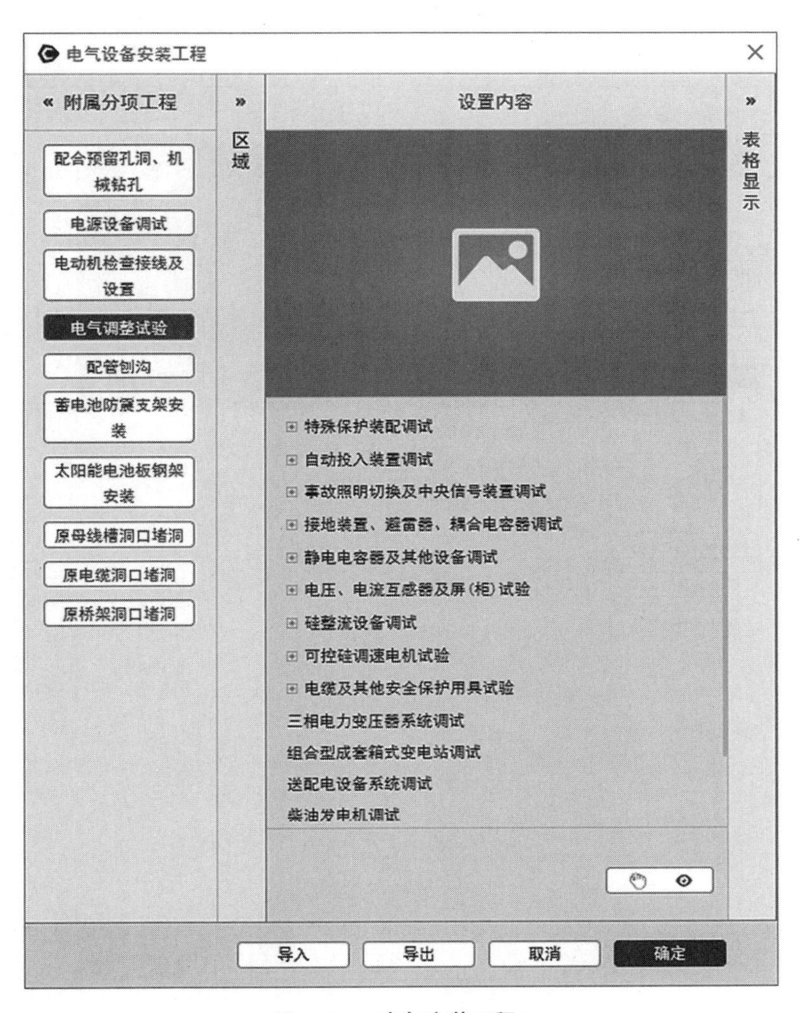


图4.50-4　电气安装工程4

5.配管刨沟（图4.50-5）。

选择配管位置类型；

拾取相应的管道，点击右键完成；

工程量：管道中心线长度。

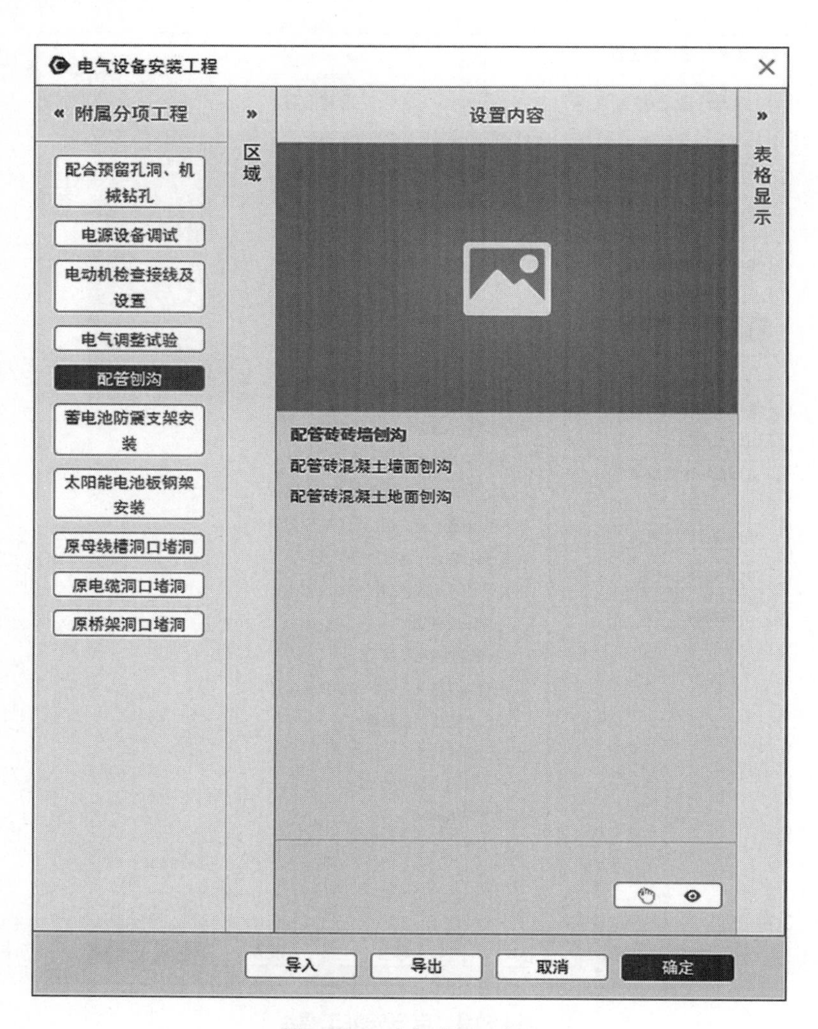


图4.50-5　电气安装工程5

6. 蓄电池防震支架安装（图4.50-6）。

选择防震支架类型；

拾取蓄电池，点击右键完成；

工程量：手动输入（面积）。

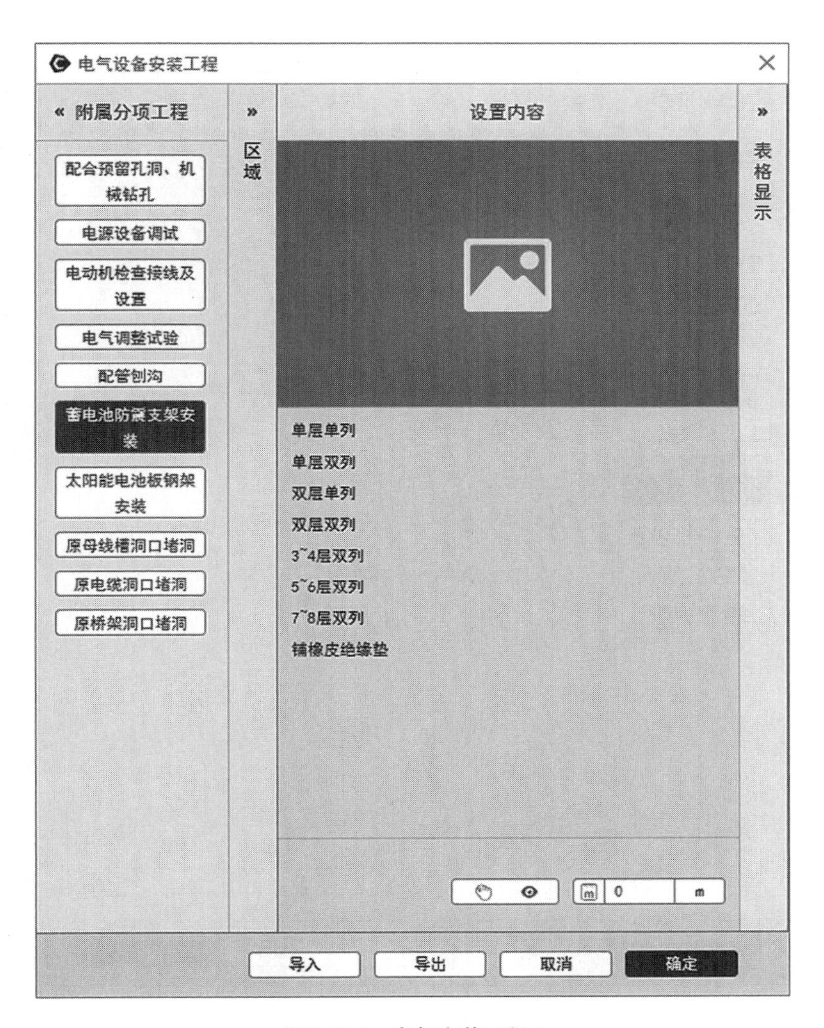


图4.50-6　电气安装工程6

7.太阳能电池板钢架安装（图4.50-7）。

选择钢架类型；

拾取太阳能电池板设备，点击右键完成；

工程量：手动输入（面积）。

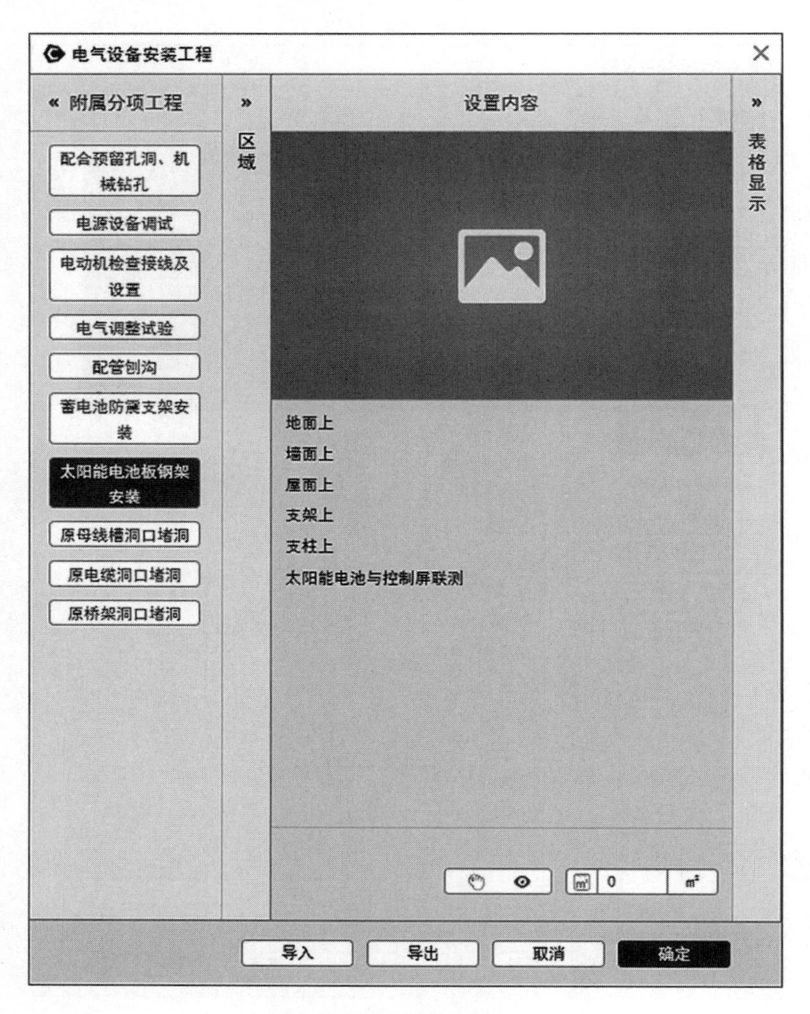


图4.50-7　电气安装工程7

8.原母线槽/电缆/桥架洞口堵洞（图4.50-8）。

洞口形状：

（1）圆形或矩形。

（2）洞口直径或洞口长、宽。

（3）工程量：个数。

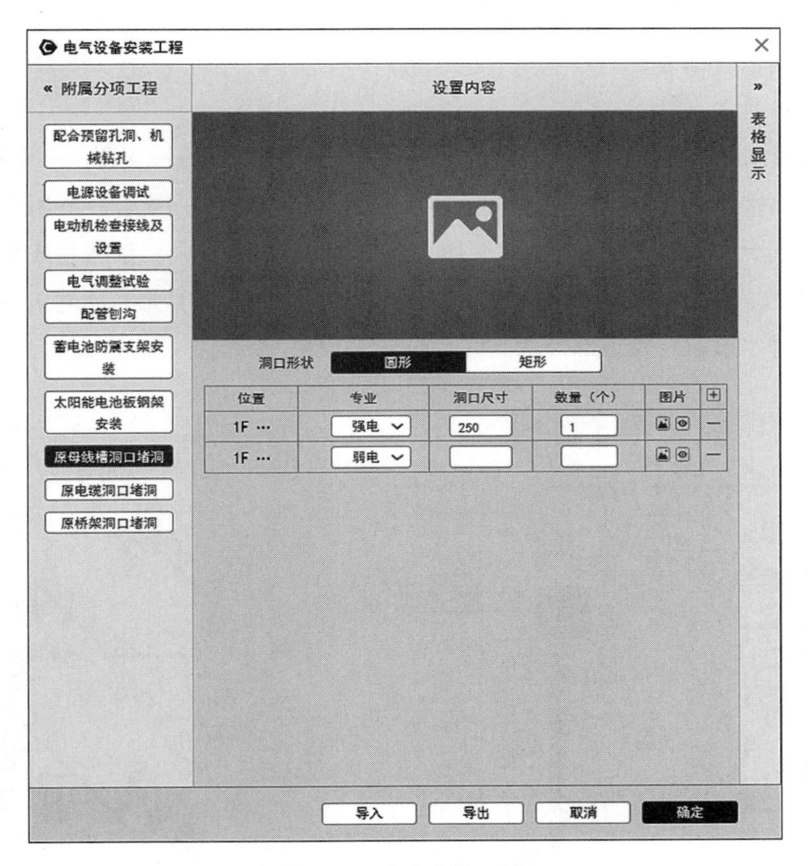


图4.50-8　电气安装工程8

## 4.4 案例操作

### 4.4.1 给排水管道绘制

H+1.00：距离地面1m；

DN25：公称直径25mm管径；

J2：给水管编号2；

JL-2：给水立管2。

1.看懂图纸：如大样图所示，排水系统，先看排水设备——支管——干管——立管——排出室外；给水系统：市政管网——立管——干管——支管——用水设备。

2.导入大样图图纸（图4.51-1～图4.51-4）到Sketchup中，依据管线位置描图，通过轴侧图查看给排水干管的高度，形状（排水中的P形和U形存水弯），依据图例表添加给排水设备，管道部件等。

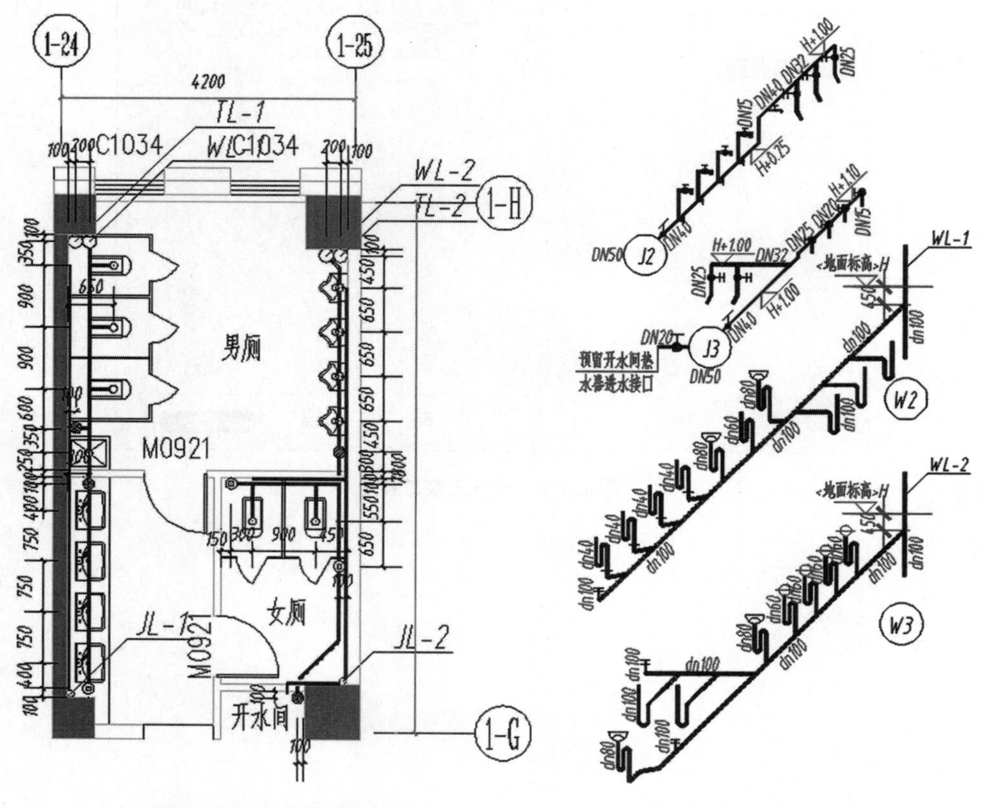


图4.51-1　卫生间平面图

图4.51-2　卫生间轴侧图

PPR管道对应管径表

| 公称直径（mm）DN | 15 | 20 | 25 | 32 | 40 |
|---|---|---|---|---|---|
| 公称外径（mm）D | 20 | 25 | 32 | 40 | 50 |

图4.51-3　卫生间管道管径

| 序号 | 名称 | 图例 |
|---|---|---|
| 1 | 圆形地漏 | |
| 2 | 截止阀 | |
| 3 | 清扫口 | |
| 4 | 立式小便器 | |
| 5 | 蹲式大便器 | |

图4.51-4　卫生间图例

具体步骤：

（1）比如J3立管对应的这一条水管，可以通过Sketchup直线绘制工具绘制如图4.52所示。

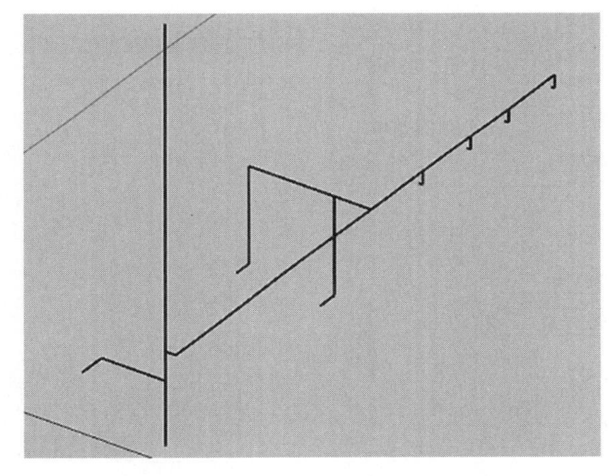

图4.52　卫生间给水管道中心线绘制

（2）选择给水管类型，和干管管径，点击确定后，鼠标进入绘制状态——点击Sketchup绘图区激活——点击键盘左上角“～”——鼠标显示“请点击屏幕，点选或框选线段，Shift键可加选或减选，右键完成”——生成管道（图4.53、图4.54）。

（3）双击管道，对管道进行编辑，如管径的修改，添加截止阀、蹲便器冲洗阀、小便器冲洗阀等（图4.55）。

图4.53 卫生间给水管道绘制

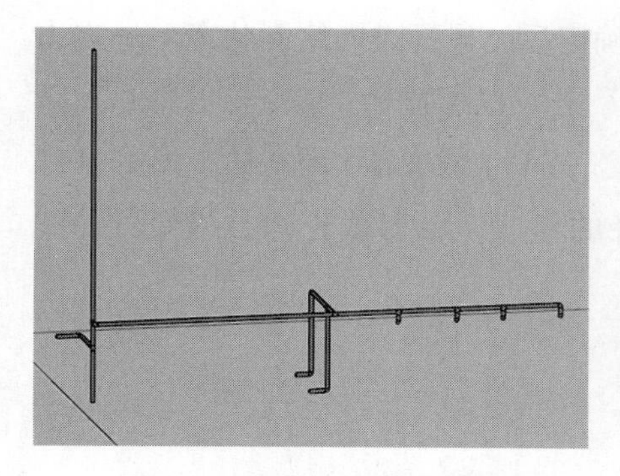

图4.54 卫生间给水管道模型

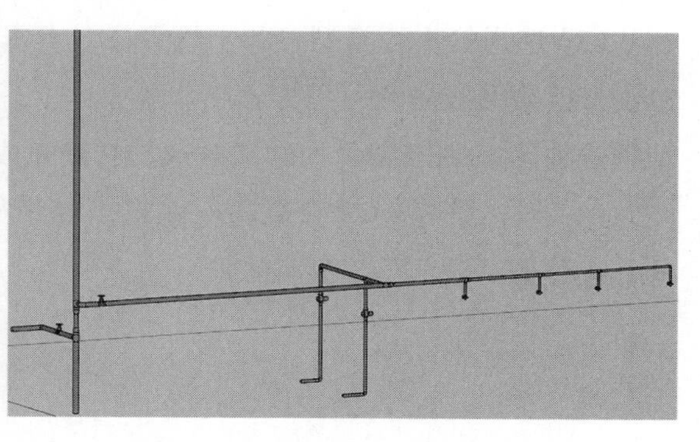

图4.55 卫生间给水部件模型

（4）其他管道，排水管、通气管绘制同理，排水管注意有S形存水弯和P形存水弯（图4.56）。

**图4.56　卫生间排水管道模型**

①P形存水弯：管道支管与干管平齐向上，点击修改弯头的类型（图4.57-1）。

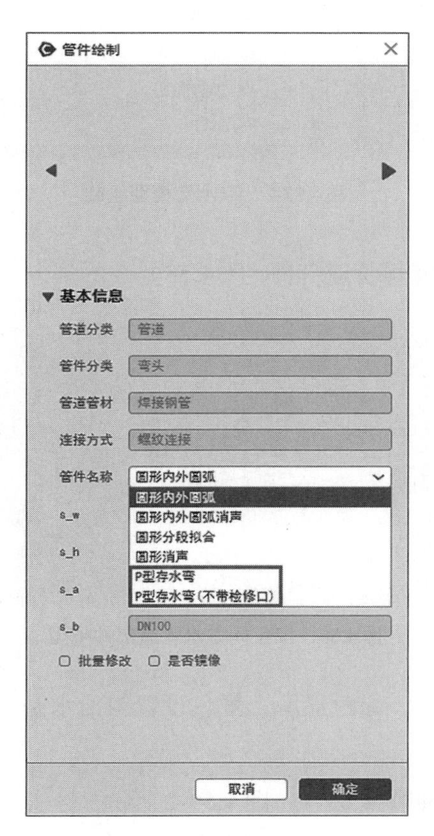


**图4.57-1　存水弯模型绘制**

②S形存水弯：管道支管垂直于干管，成S形状。批量选择中间的横管——点击完成——设置S形存水弯（图4.57-2）。

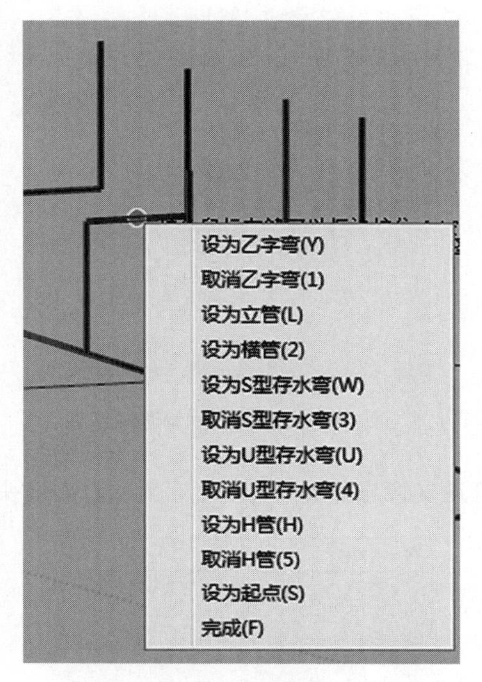


**图4.57-2　存水弯模型绘制**

③添加清扫口、地漏等管道部件（图4.58）。

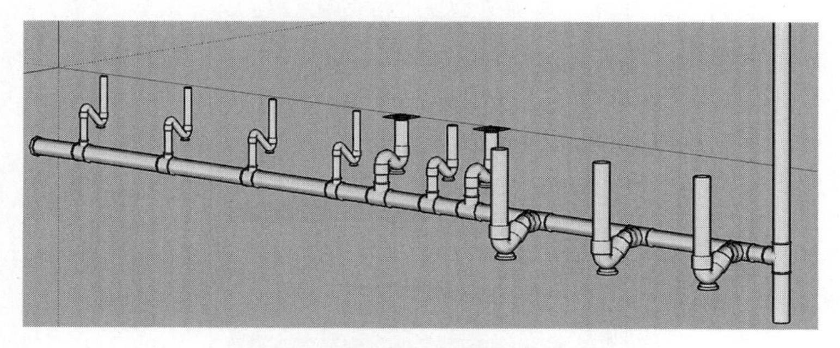

**图4.58　卫生间排水管道部件模型**

④添加2个通气立管，绿色显示，颜色设置与给水是不同的，注意区分，也可以自行设置管道颜色。

⑤最终完成的模型如图4.59-1、图4.59-2所示。

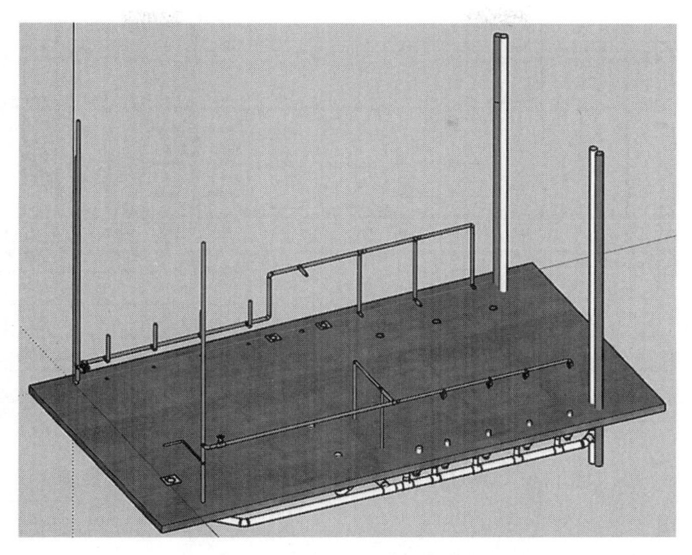

图4.59-1　卫生间管道模型1（扫描本章首页二维码见彩图）

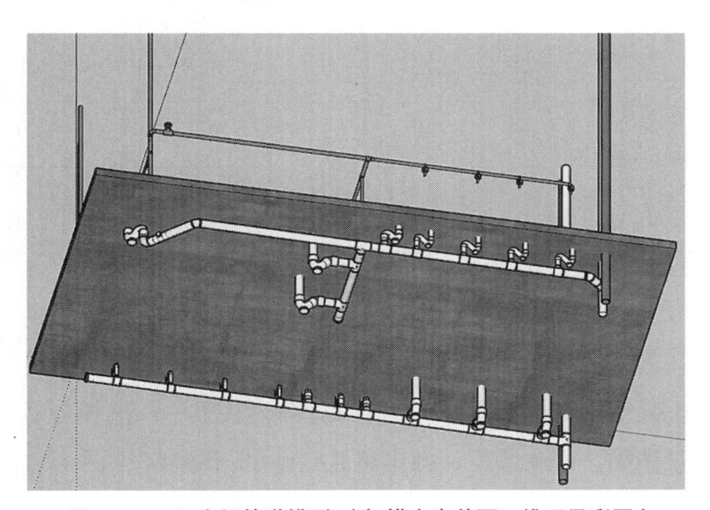

图4.59-2　卫生间管道模型2（扫描本章首页二维码见彩图）

## 4.4.2 消防管道绘制

1.导入CAD图纸，对图纸进行处理，将所有的管道描线后，删除CAD图纸。粉红色为喷淋支管，蓝色为主管（图4.60）。

2.点击【给排水绘制】——选择【消防水系统】——选择【喷淋】——点击【绘制】——点击左上角"～"，框选所有线点击完成，生成喷淋管道（图4.61）。

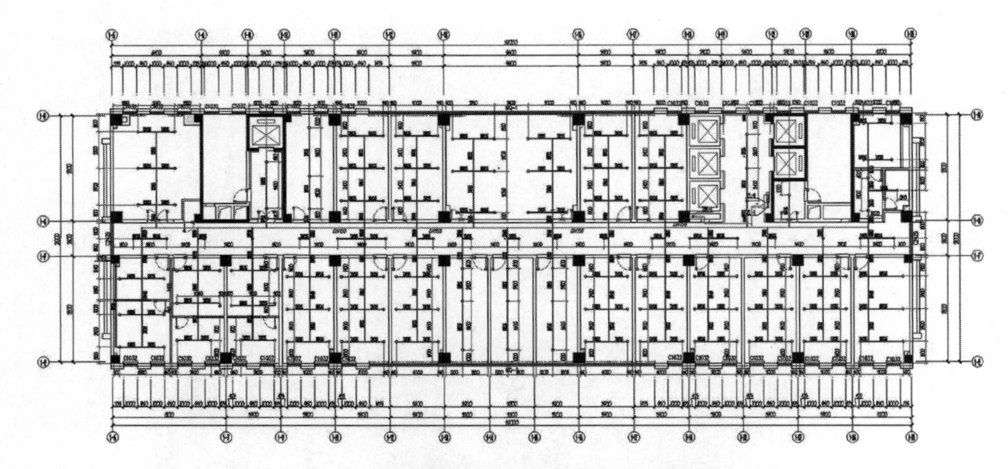

图4.60　消防自喷平面图（扫描本章首页二维码见彩图）

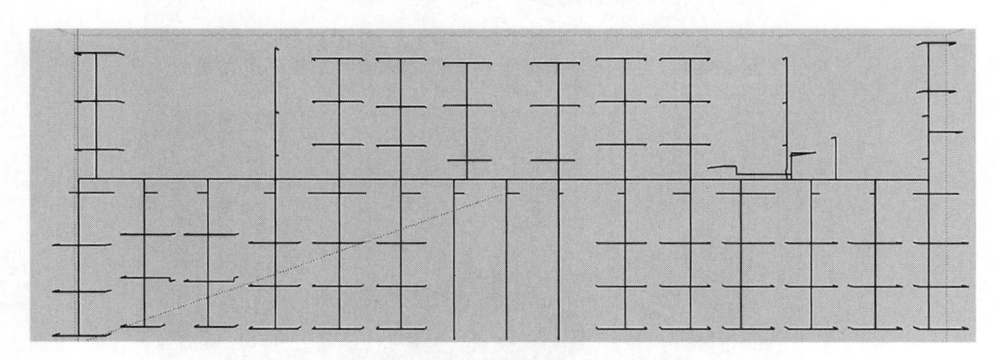

图4.61　消防自喷管道中心线绘制

3.双击进入喷淋系统，点击右键【添加喷淋头】——选择合适规格喷淋头，完成喷淋的批量添加，修改管径，操作类似给排水（图4.62～图4.64）。

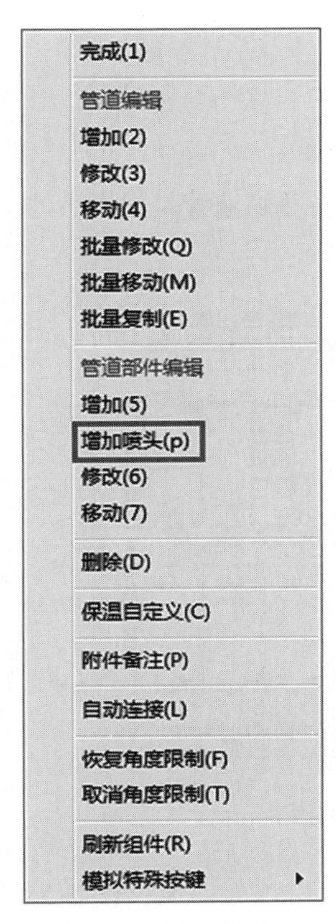


图4.62　添加喷淋头

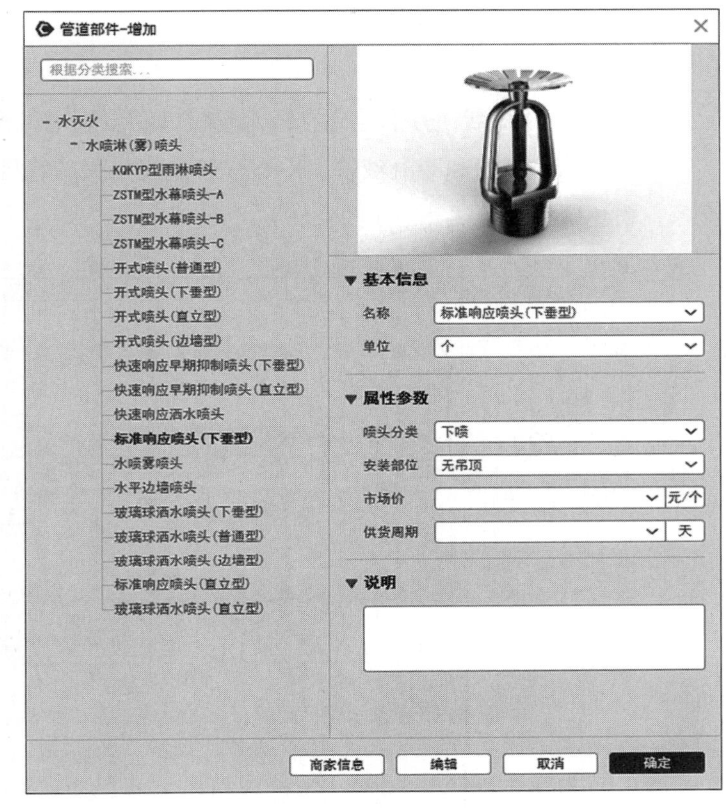


图4.63　喷淋头规格选择

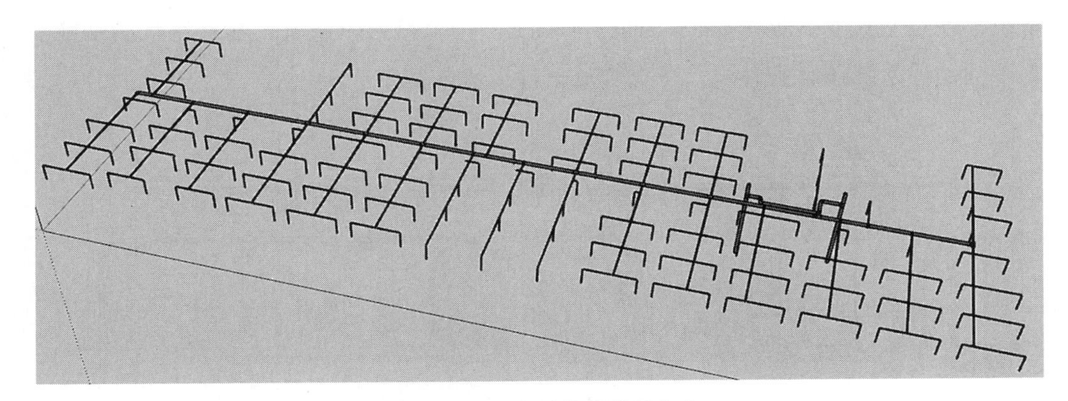

图4.64　消防自喷管道模型生成

### 4.4.3 暖通管道绘制

1.导入CAD图纸，分别绘制空调水管模型和空调通风模型。

红色为冷媒气管和冷凝液管，冷媒气管是规格大的管径，冷媒液管是规格小的管径，粉色虚线为冷凝水管（图4.65）。

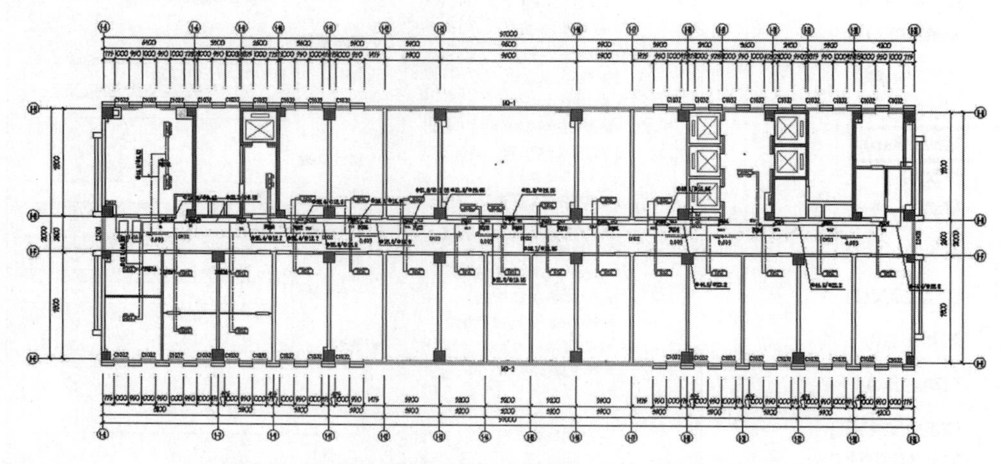

图4.65　空调水管平面图1（扫描本章首页二维码见彩图）

图4.66为空调通风平面图，绿色为新风，蓝色为送风，粉色为回风，设备为VRV末端装置，可以自动调节风量。空调系统由两个循环系统组成。一个是制冷系统，就是空调水，这里是制冷剂循环系统，一个是通风系统，输送空气的功能。制冷剂循环系统还有室外机，冷媒管从室外机进入室内。

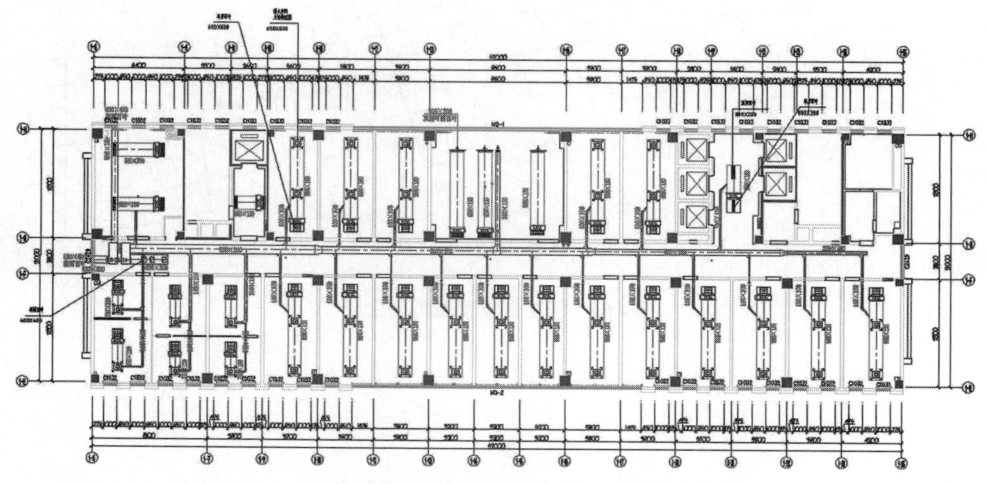

图4.66　空调通风平面图2（扫描本章首页二维码见彩图）

空调通风平面图和空调水管平面图的图例说明可参考图4.67。

| 名称 | 图例 |
|---|---|
| 风口/百叶 | 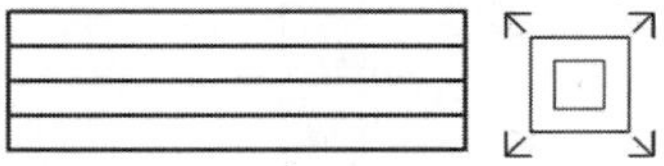 |
| 中静压风管式VRV室内机 |  ND6 |
| 竖向风口 |  |
| 对开式多页调节阀 |  |
| 热交换式新风机（全热） | 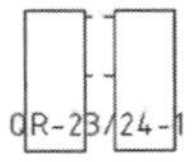 QR-23/24-1 |
| 风量调节阀 |  |
| 分歧管 |  |
| 坡度&坡向 | 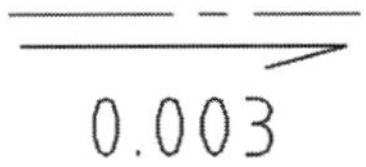 0.003 |

**图4.67　空调通风图例**

2.模型以原点位置叠加。

3.以新风系统为例，操作类似给排水系统。先绘制线，再选线成管。添加风阀、风口等管道部件，添加送风设备、修改管径大小等（图4.68～图4.70）。

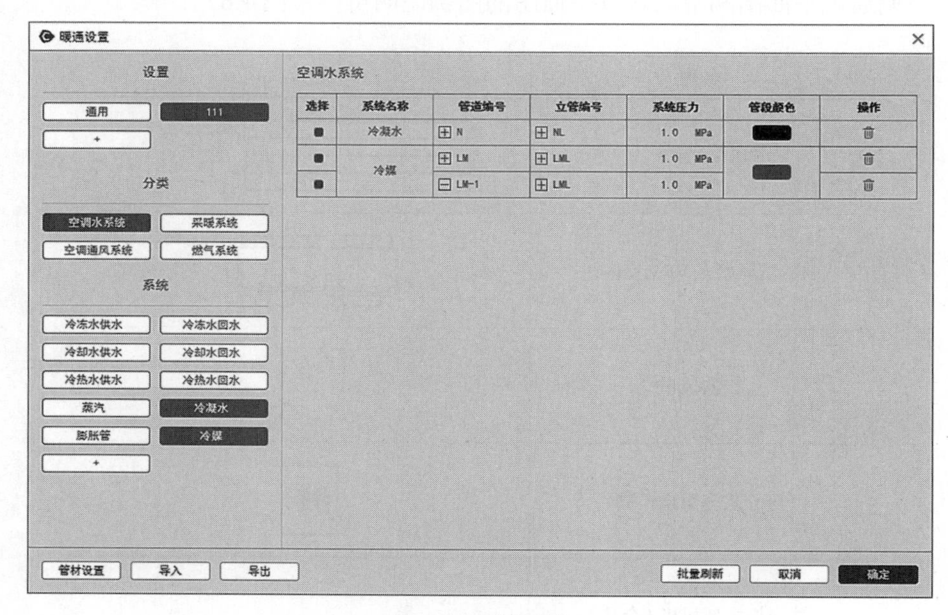


图4.68　暖通设置

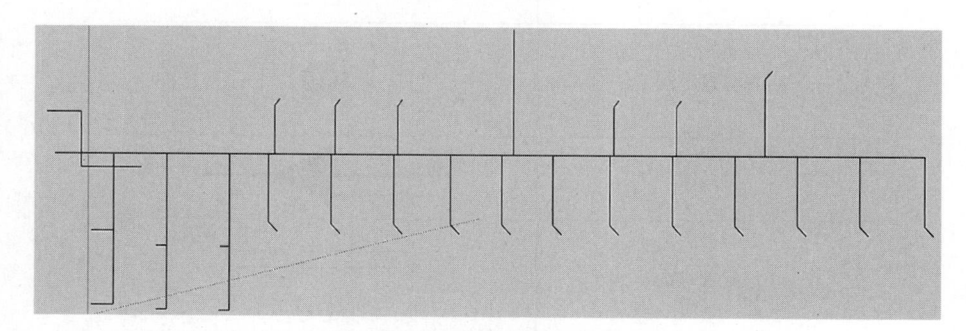

图4.69　暖通管道中心线绘制

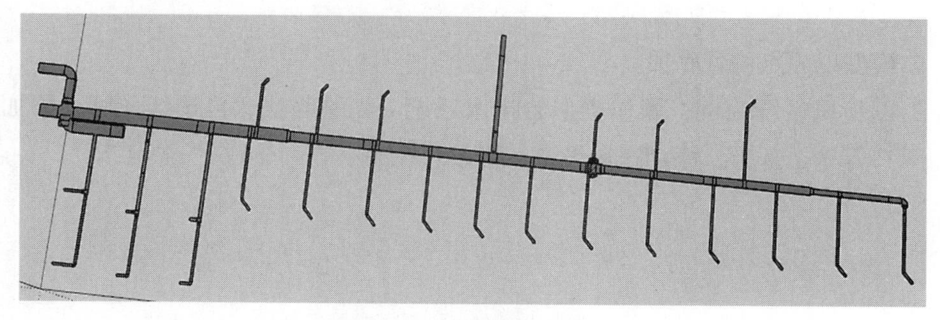

图4.70　暖通模型生成

4.同样的操作原理绘制送风和回风，送风和回风分别同VRV末端设备相连。绘制完管道后，修改管径，并添加风口即可（图4.71、图4.72）。

**图4.71　暖通模型修改**

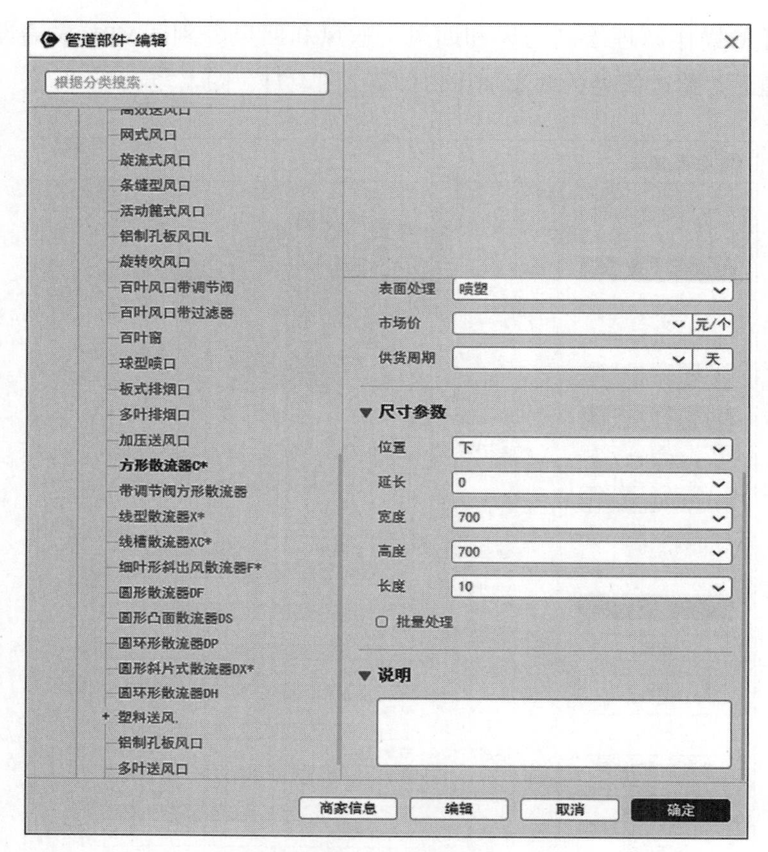


图4.72　暖通风口编辑

最终形成通风管道模型如图4.73所示。

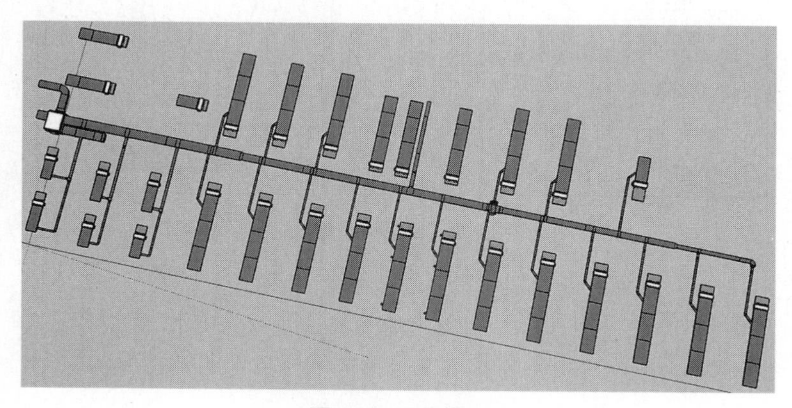

图4.73　通风模型

空调水模型的冷凝水，注意是有倾斜角度的（图4.74、图4.75）。

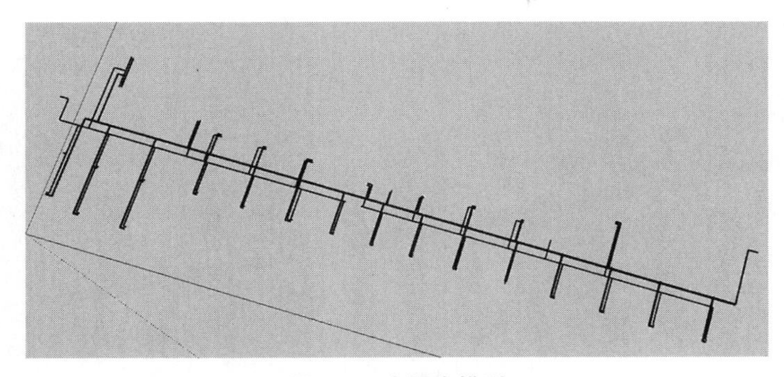

图4.74　空调水模型

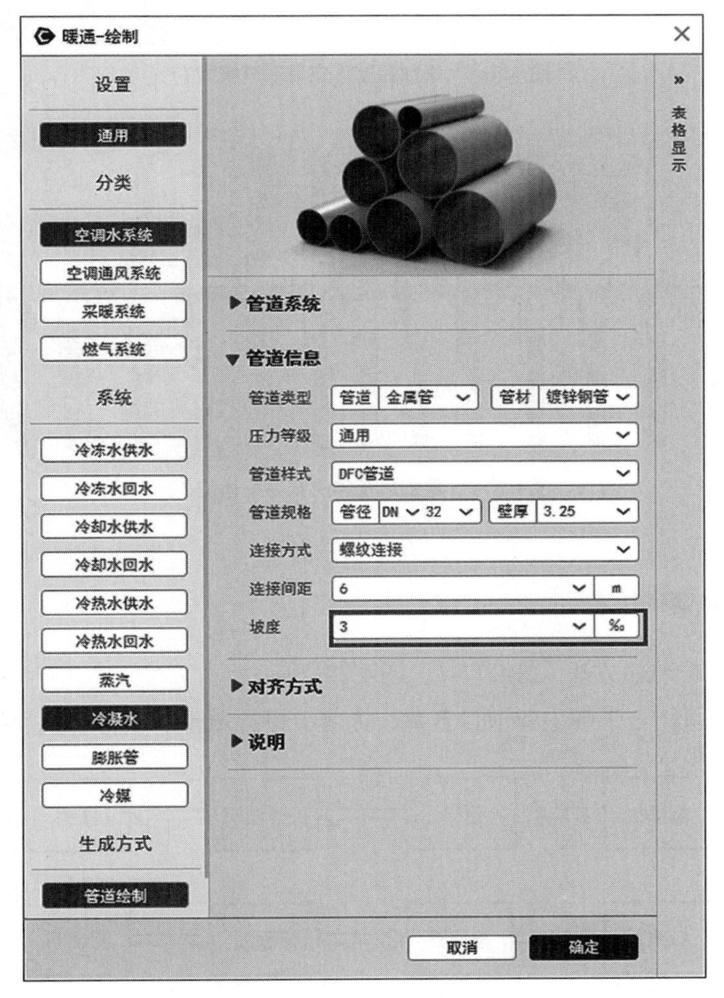


图4.75　冷凝水绘制

叠加后整体空调系统模型见图4.76-1、图4.76-2。

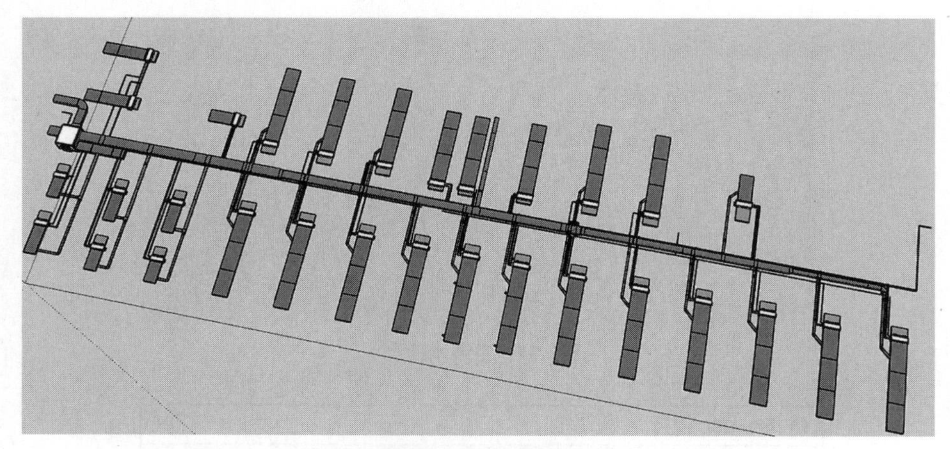

图4.76-1　叠加后整体空调系统模型1

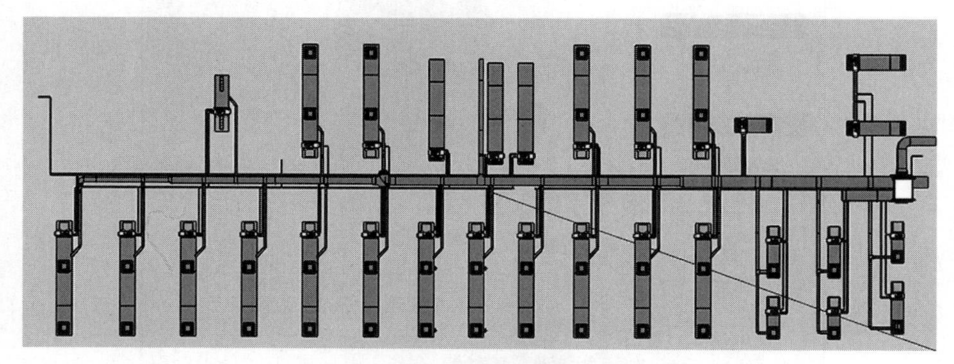

图4.76-2　叠加后整体空调系统模型2

### 4.4.4 供配电管道绘制

1.电气读图顺序方法（图4.77-1、图4.77-2）

（1）看标题栏：了解工程项目名称、内容、设计单位、设计日期、绘图比例。

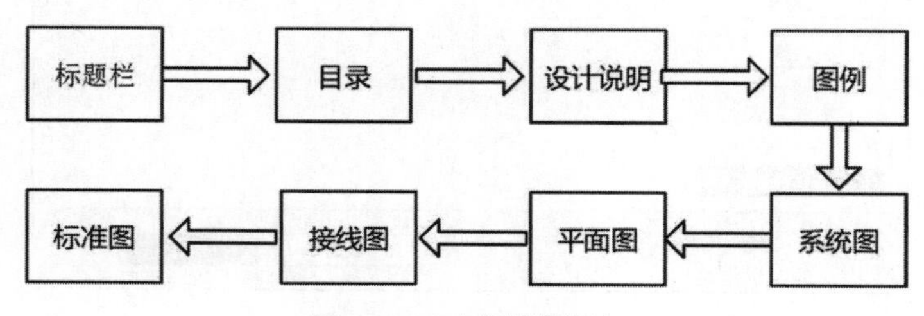


图4.77-1　电气读图顺序

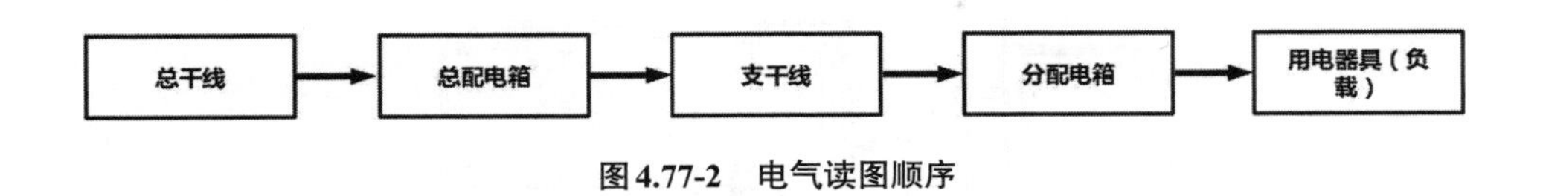


图4.77-2　电气读图顺序

（2）看目录：了解单位工程图纸的数量及各种图纸的编号。

（3）看设计说明：了解工程概况、供电方式以及安装技术要求。特别注意的是有些分项局部问题是在各分项工程图纸上说明的，看分项工程图纸时也要先看设计说明。

（4）看图例：充分了解各图例符号所表示的设备器具名称及标注说明。

（5）看系统图：各分项工程都有系统图，如变配电工程的供电系统图，电气工程的电力系统图，电气照明工程的照明系统图，了解主要设备、元件连接关系及它们的规格、型号、参数等。

（6）看平面图：了解建筑物的平面布置、轴线、尺寸、比例、各种变配电设备、用电设备的编号、名称和它们在平面上的位置、各种变配电设备起点、终点、敷设方式及在建筑物中的走向。

（7）看电路图、接线图：了解系统中用电设备控制原理，用来指导设备安装及调试工作，在进行控制系统调试及校线工作中，应依据功能关系从上至下或从左至右逐个回路地阅读，电路图与接线图端子图配合阅读。

（8）看标准图：标准图详细表达设备、装置、器材的安装方式方法。

（9）看设备材料表：设备材料表提供了该工程所使用的设备、材料的型号、规格、数量，是编制施工方案、编制预算、材料采购的重要依据。

2.以某项目的23～24层插座平面图为例

其中所有楼层的总配电箱在配电室，包括KAP23～24（动力）、AL23～24、ALgy23～24、ALE23～24，干线从配电室进入楼层配电箱。楼层配电箱通过桥架、线管分成各室内配电箱的回路。如AL23～24配电箱有24个回路。AL23～24、ALgy23～24配电箱系统图中的N1-24回路分别与照明平面图的N回路对应。每个室内的AL2k配电箱系统图的回路与插座平面图的C1回路一一对应（图4.78～图4.79-3）。

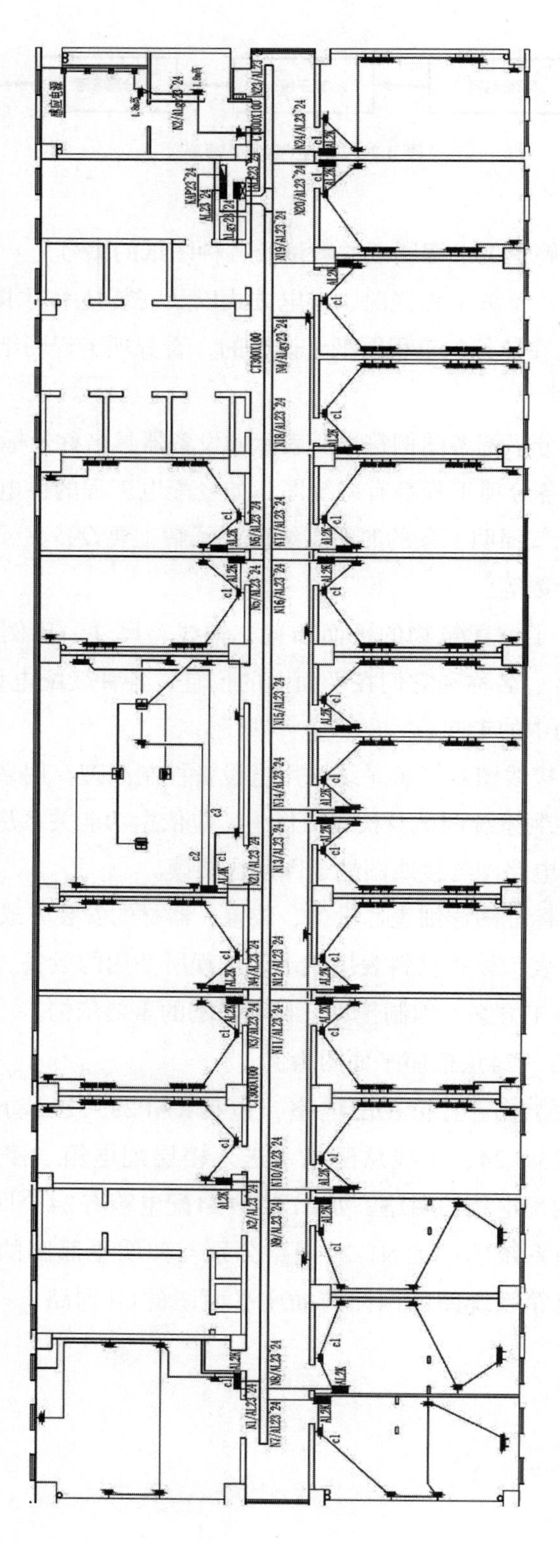

图 4.78 电气插座平面图

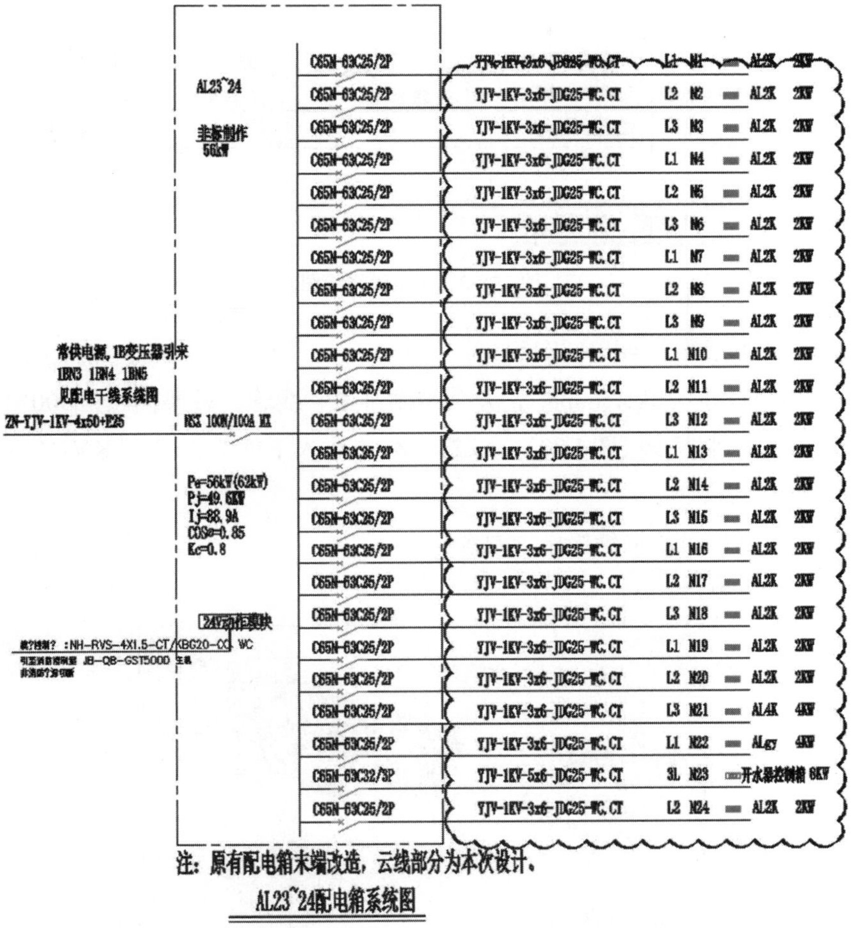

AL23~24

非标制作
56kW

常供电源，1B变压器引来
1BN3 1BN4 1BN5
见配电干线系统图

ZN-YJV-1KV-4x50+E25

NSX 100N/100A MX

Pe=56kW(62kW)
Pj=49.6KW
Ij=88.9A
COSø=0.85
Kc=0.8

24V动作模块

NH-RVS-4X1.5-CT/KBG20-CC WC
JB-QB-GST5000

| 断路器 | 线缆 | 相序 | 回路 | 用途 | 功率 |
|---|---|---|---|---|---|
| C65N-63C25/2P | YJV-1KV-3x6-JDG25-WC.CT | L1 | N1 | AL2K | 2KW |
| C65N-63C25/2P | YJV-1KV-3x6-JDG25-WC.CT | L2 | N2 | AL2K | 2KW |
| C65N-63C25/2P | YJV-1KV-3x6-JDG25-WC.CT | L3 | N3 | AL2K | 2KW |
| C65N-63C25/2P | YJV-1KV-3x6-JDG25-WC.CT | L1 | N4 | AL2K | 2KW |
| C65N-63C25/2P | YJV-1KV-3x6-JDG25-WC.CT | L2 | N5 | AL2K | 2KW |
| C65N-63C25/2P | YJV-1KV-3x6-JDG25-WC.CT | L3 | N6 | AL2K | 2KW |
| C65N-63C25/2P | YJV-1KV-3x6-JDG25-WC.CT | L1 | N7 | AL2K | 2KW |
| C65N-63C25/2P | YJV-1KV-3x6-JDG25-WC.CT | L2 | N8 | AL2K | 2KW |
| C65N-63C25/2P | YJV-1KV-3x6-JDG25-WC.CT | L3 | N9 | AL2K | 2KW |
| C65N-63C25/2P | YJV-1KV-3x6-JDG25-WC.CT | L1 | N10 | AL2K | 2KW |
| C65N-63C25/2P | YJV-1KV-3x6-JDG25-WC.CT | L2 | N11 | AL2K | 2KW |
| C65N-63C25/2P | YJV-1KV-3x6-JDG25-WC.CT | L3 | N12 | AL2K | 2KW |
| C65N-63C25/2P | YJV-1KV-3x6-JDG25-WC.CT | L1 | N13 | AL2K | 2KW |
| C65N-63C25/2P | YJV-1KV-3x6-JDG25-WC.CT | L2 | N14 | AL2K | 2KW |
| C65N-63C25/2P | YJV-1KV-3x6-JDG25-WC.CT | L3 | N15 | AL2K | 2KW |
| C65N-63C25/2P | YJV-1KV-3x6-JDG25-WC.CT | L1 | N16 | AL2K | 2KW |
| C65N-63C25/2P | YJV-1KV-3x6-JDG25-WC.CT | L2 | N17 | AL2K | 2KW |
| C65N-63C25/2P | YJV-1KV-3x6-JDG25-WC.CT | L3 | N18 | AL2K | 2KW |
| C65N-63C25/2P | YJV-1KV-3x6-JDG25-WC.CT | L1 | N19 | AL2K | 2KW |
| C65N-63C25/2P | YJV-1KV-3x6-JDG25-WC.CT | L2 | N20 | AL2K | 2KW |
| C65N-63C25/2P | YJV-1KV-3x6-JDG25-WC.CT | L3 | N21 | AL4K | 4KW |
| C65N-63C25/2P | YJV-1KV-3x6-JDG25-WC.CT | L1 | N22 | ALgy | 4KW |
| C65N-63C32/3P | YJV-1KV-5x6-JDG25-WC.CT | 3L | N23 | 开水器控制箱 | 6KW |
| C65N-63C25/2P | YJV-1KV-3x6-JDG25-WC.CT | L2 | N24 | AL2K | 2KW |

注：原有配电箱末端改造，云线部分为本次设计。

AL23~24配电箱系统图

图 4.79-1 配电箱系统图

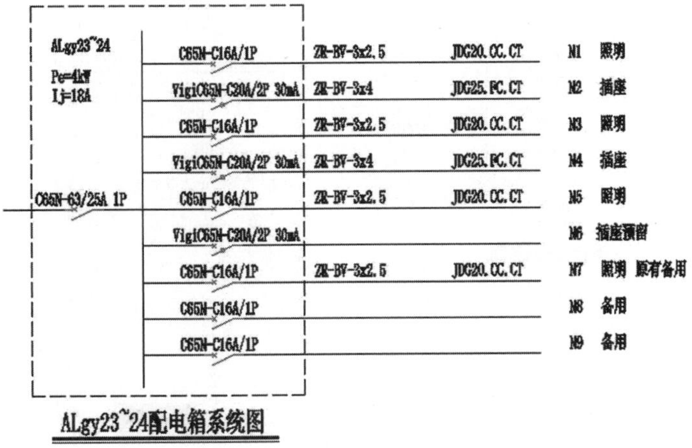

ALgy23~24
Pe=4kW
Ij=18A

C65N-63/25A 1P

| 断路器 | 导线 | 敷设方式 | 回路 | 用途 |
|---|---|---|---|---|
| C65N-C16A/1P | ZR-BV-3x2.5 | JDG20.CC.CT | N1 | 照明 |
| VigiC65N-C20A/2P 30mA | ZR-BV-3x4 | JDG25.FC.CT | N2 | 插座 |
| C65N-C16A/1P | ZR-BV-3x2.5 | JDG20.CC.CT | N3 | 照明 |
| VigiC65N-C20A/2P 30mA | ZR-BV-3x4 | JDG25.FC.CT | N4 | 插座 |
| C65N-C16A/1P | ZR-BV-3x2.5 | JDG20.CC.CT | N5 | 照明 |
| VigiC65N-C20A/2P 30mA | | | N6 | 插座预留 |
| C65N-C16A/1P | ZR-BV-3x2.5 | JDG20.CC.CT | N7 | 照明 原有备用 |
| C65N-C16A/1P | | | N8 | 备用 |
| C65N-C16A/1P | | | N9 | 备用 |

ALgy23~24配电箱系统图

图 4.79-2 配电箱系统图

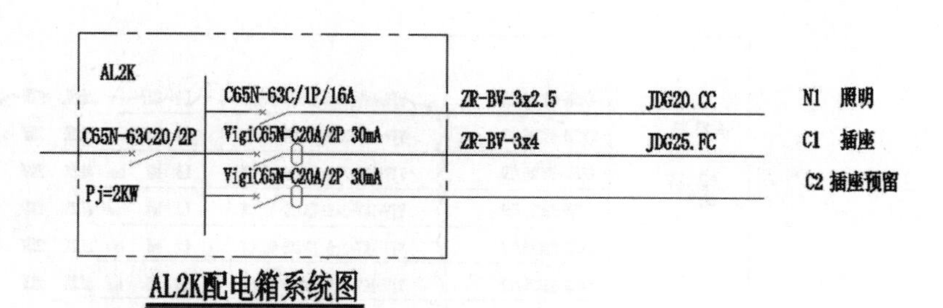


图4.79-3　配电箱系统图

3.供配电模型绘制（插座平面图）

（1）将CAD导入Sketchup中，分别绘制桥架和线管。桥架标注为300*100。设置桥架参数，绘制桥架（图4.80）。AL23～24的输入干线为：YJV-1KV-3*6-JDG25-WC.CT，代表含义为：

YJV：交联聚氯乙烯绝缘电力电缆；

1kV：额定电压；

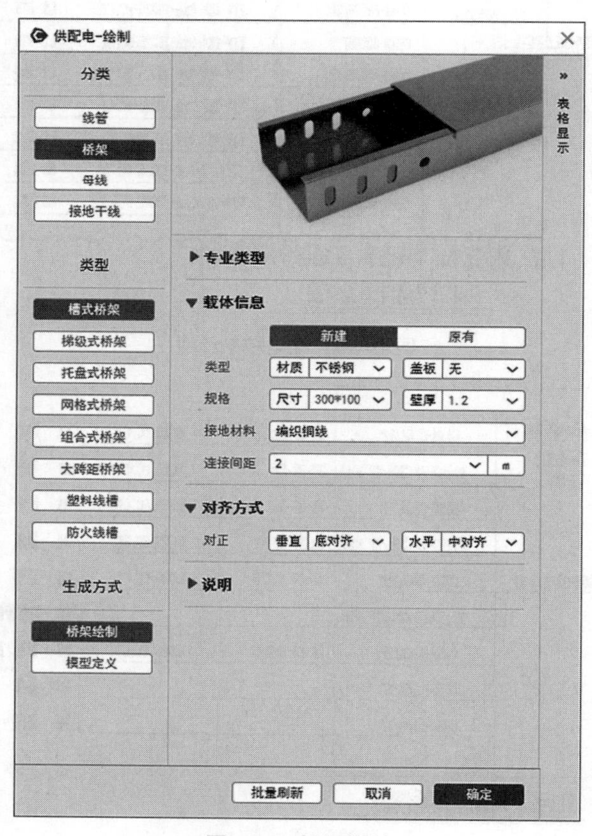


图4.80　桥架绘制

3*6：3根截面为6mm$^2$；

JDG25：出桥架穿DN25管；

WC：管道沿墙内暗敷设；

CT：桥架。

楼层配电箱连接桥架，分配至室内配电箱用线管。

线管绘置见图4.81-1。

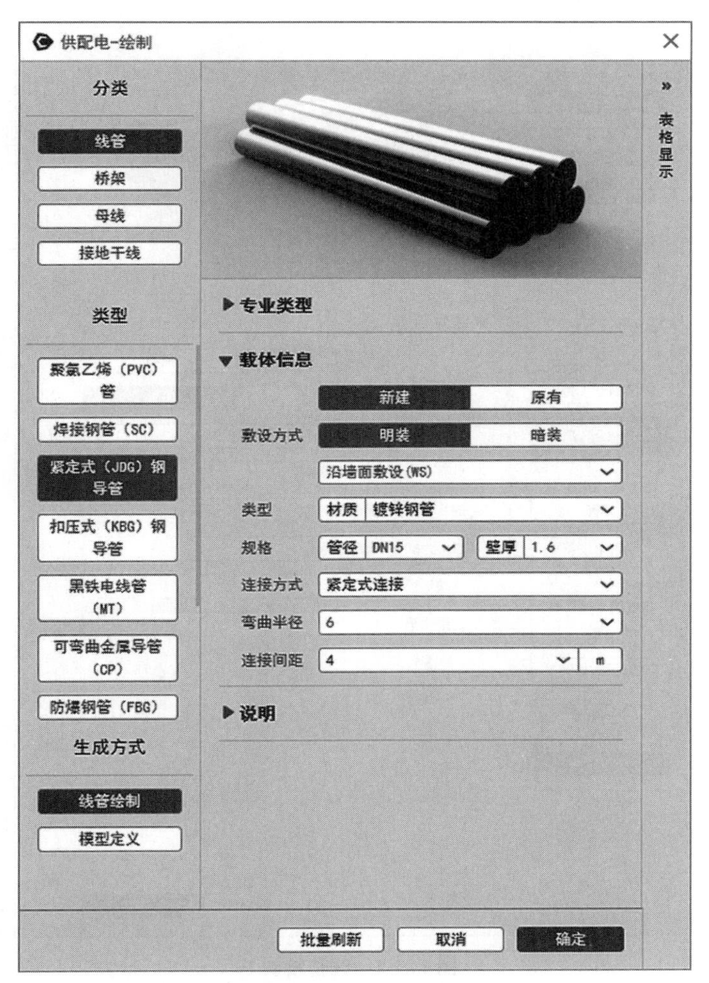


**图4.81-1　线管绘制1**

（2）室内AL24配电箱接插座用：ZR-BV3*4 JDG25.FC，其含义为：

电线：ZR-BV-3*4；

ZR：“阻燃”；

BV：铜芯聚氯乙烯绝缘电线；

ZR–BV：阻燃型的铜塑线；

3*4：3根截面4$mm^2$导线。

JDG25.FC：JDG25是钢管公称直径为25mm，FC埋地暗敷设。室内配电箱接插座的线管参数设置见图4.81-2。

图4.81-2　线管绘制2

其中局部室内的模型如下图所示，其他室内的模型类似（图4.82）。

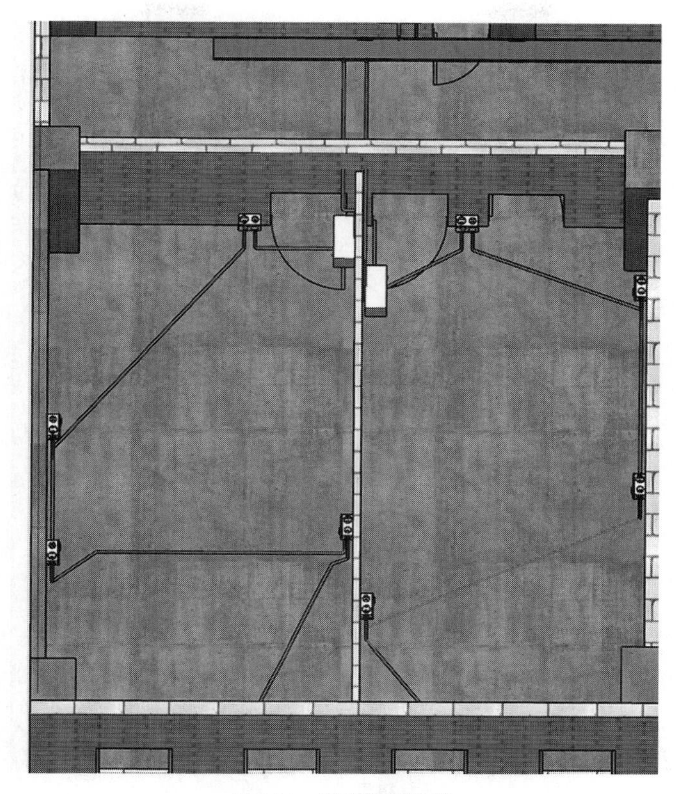

图4.82　插座模型安装

4.供配电系统图的绘制

绘制完平面模型后，可以进行供配电系统图的绘制，主要是记录配电箱、断路器的规格参数、电缆电线规格，输入输出回路的相互关系。绘制步骤如下：

(1)创建配电柜AL，双击AL图标填写AL输出回路。填写配电柜规格、断路器规格、电线规格。点击【输出回路】，填写输出配电箱相关规格参数(图4.83)。

电缆为：ZN-YJV-1KV-4*50+E25；

ZN：阻燃耐火；

YJV：交联聚氯乙烯绝缘电力电缆；

1KV：额定电压；

4*50+E25：4芯50mm$^2$+1芯25mm$^2$；

断路器：NSX 100N/100A MX。

NSX：系列；

100：框架电流(断路器的主触头允许通过的最大额定电流)；

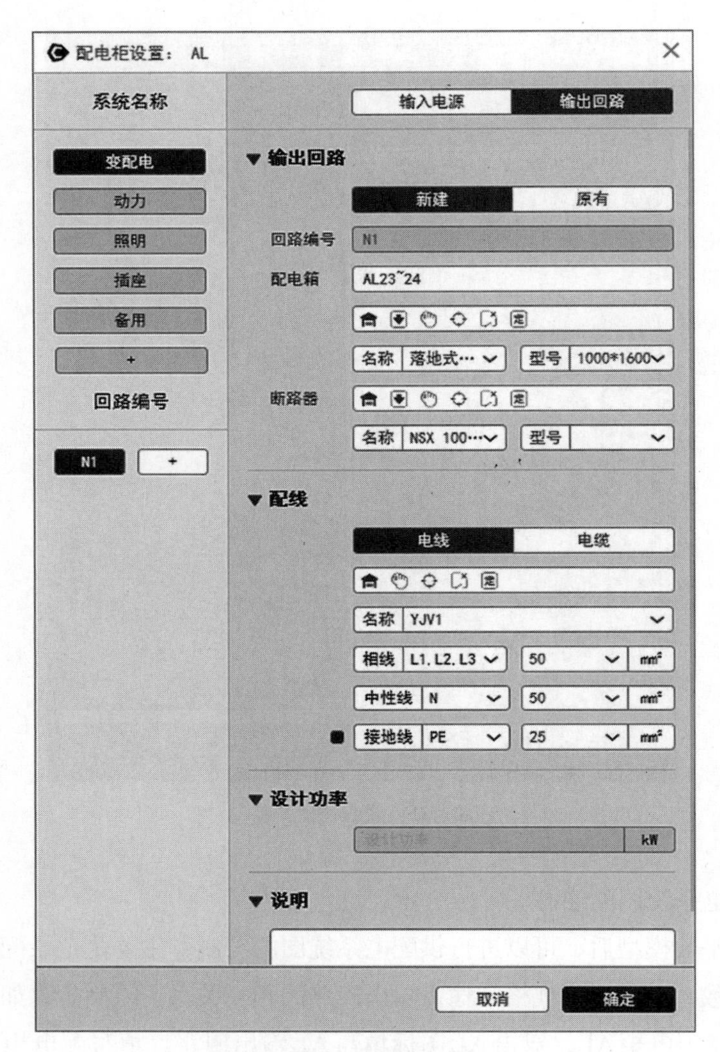


图4.83　变配电参数选择

N：分断能力（断路器安全切断最大短路电流）；

F=36KA

N=50KA

H=70KA

S=100KA

L=150KA

100A：额定电流；

MX：附件–电压脱扣线圈，应该有标注电压。

（2）设置配电箱AL23～24相关规格参数（图4.84-1、图4.84-2）

设计功率：

Pe＝56kW（62kW）；

额定功率62kW；

有效功率56kW；

Kc＝0.8 需要系数；

cos ϕ＝0.85 功率因数；

Pj＝Pe*Kc＝62*0.8＝49.6kW（有功功率）；

Ij＝Pj/（0.38*1.732*cos ϕ ）＝88.7A（计算电流）；

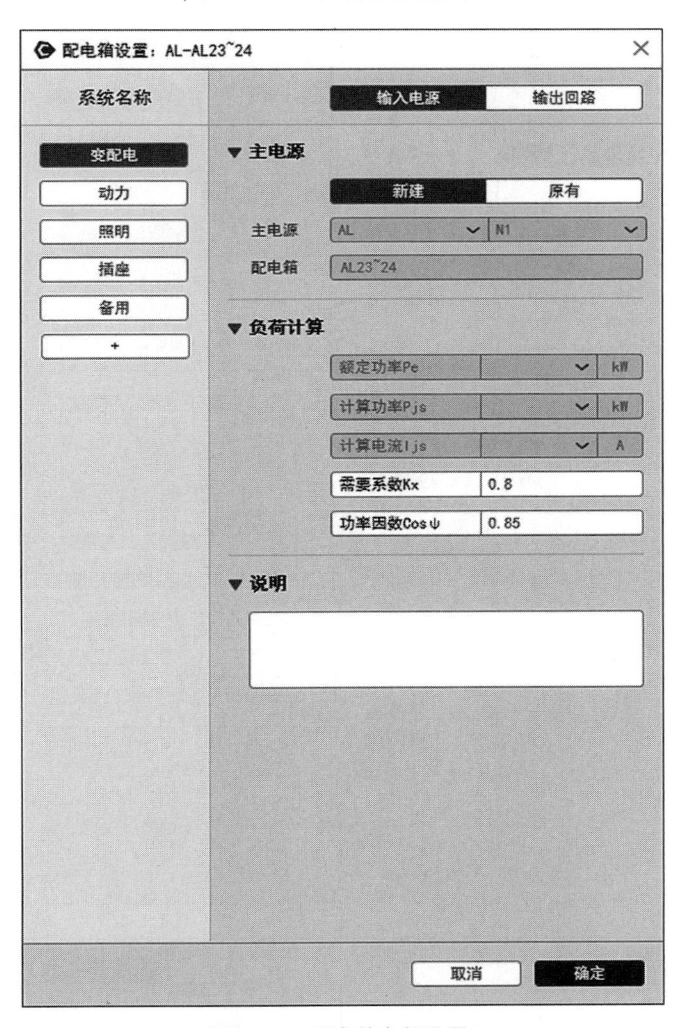


图4.84-1　配电箱参数设置1

AL23～24的输出回路设置：

Pe=4kW，Ij=18A；

YJV-1KV-3*6-JDG25-WC.CT；

3*6：3根截面为6mm²；

JDG25：出桥架穿DN25管；

WC：管道沿墙内暗敷设；

CT：桥架。

断路器C65N-C25/2P。

C65N：型号；

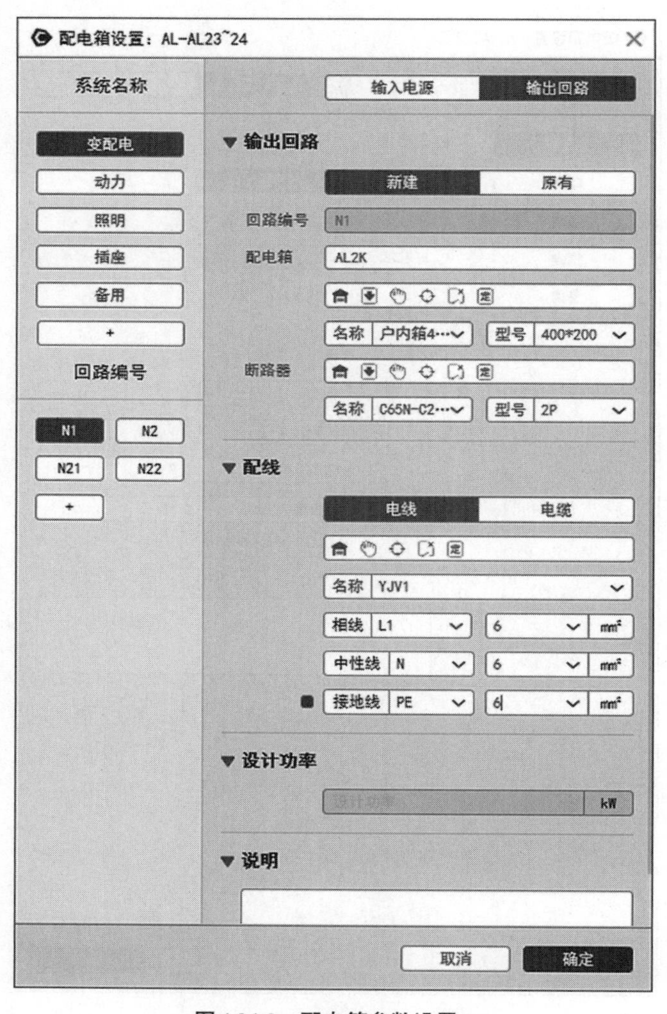


图4.84-2　配电箱参数设置2

C25：指额定电流最大为25A；

2P：指双极。

（3）配置室内配电箱AL2k，输出回路设置（图4.84-3）

断路器：vigic65n-c20A/2p30mA 电线：ZR-BV-3*4。

vigc65n：型号；

C20：20A额定电流；

2P：2极；

30mA：漏电电流。

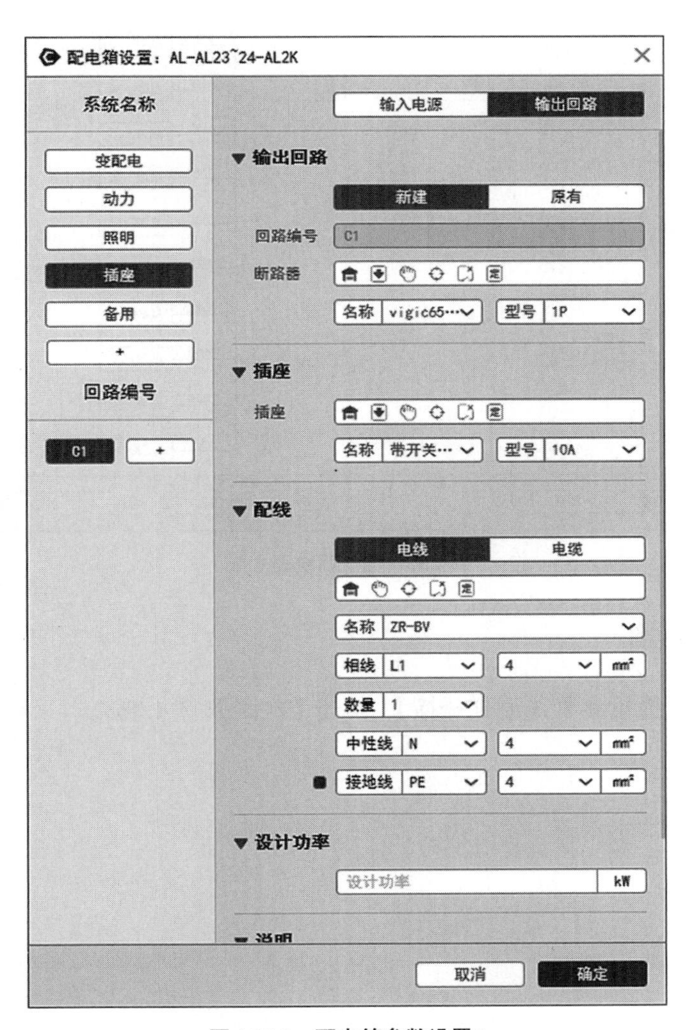


图4.84-3　配电箱参数设置3

依次类推，创建所有的回路参数，生成系统图。展示部分系统图（图4.85）。

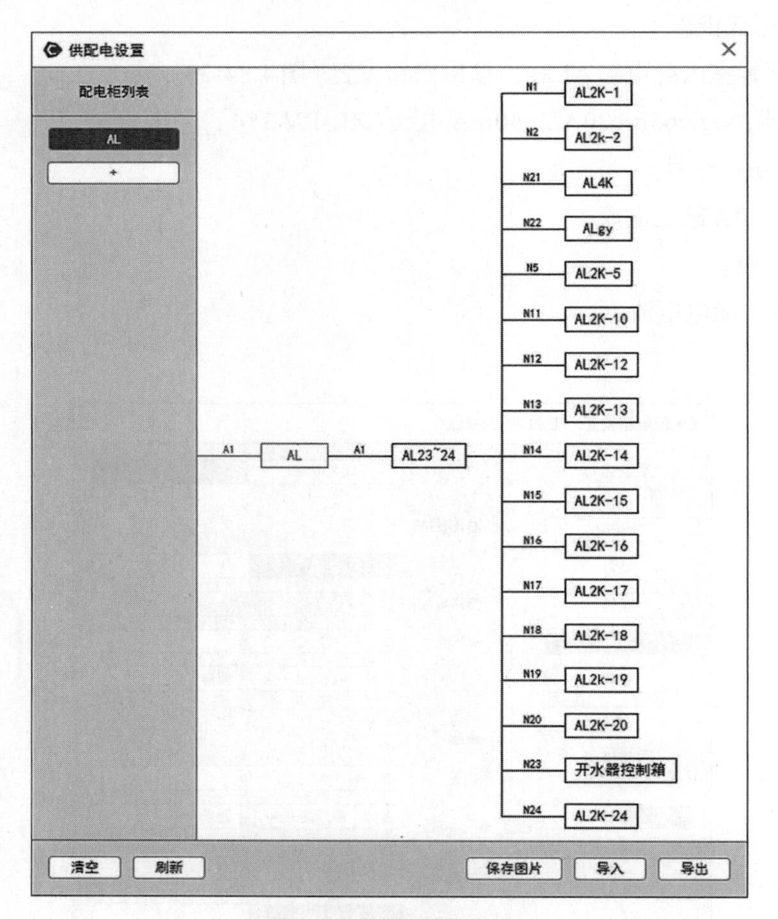


**图4.85　电气系统图生成**

## 4.4.5　管线综合

1.点击【碰撞检测】,【添加碰撞】，点击【检测】(图4.86)。

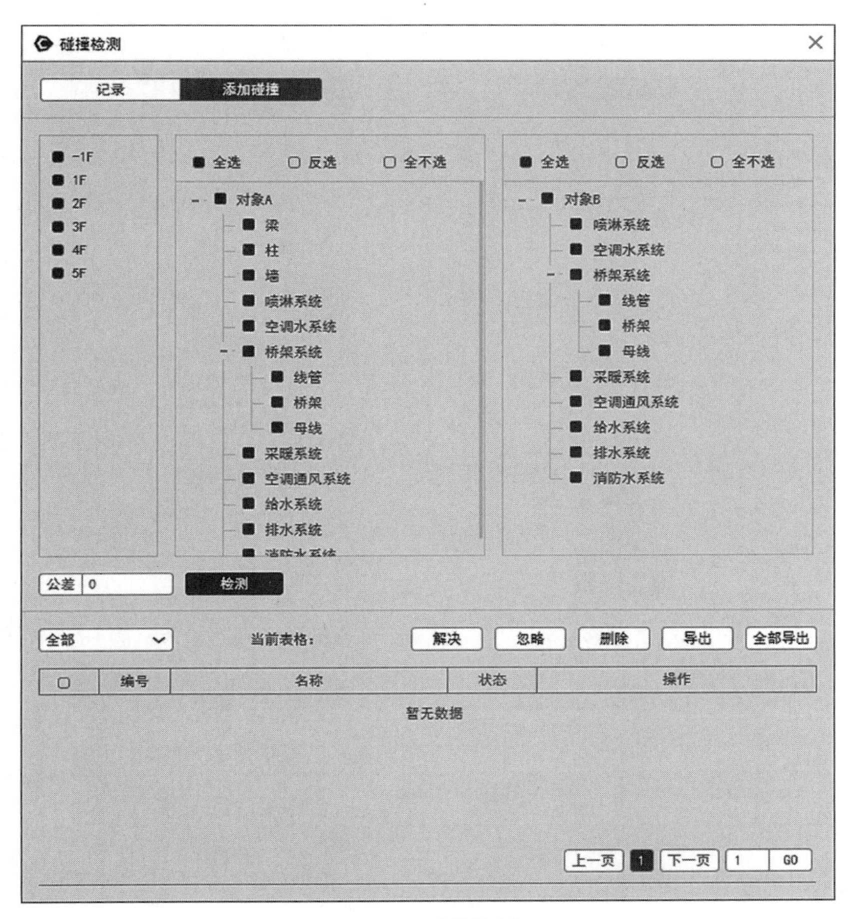


图4.86　碰撞检测

2.输出见图4.87。

3.对碰撞点进行定位和解决，调整管线高度，对管线进行合理翻弯，直到最后无碰撞点（图4.88）。

除此以外，如需要对管道保温，比如风管，要做保温自定义，需要安装支吊架可以根据设计说明对应安装不同类别的支吊架。需要做其他工程的工程量，可以在其他工程里面做相应的设置。

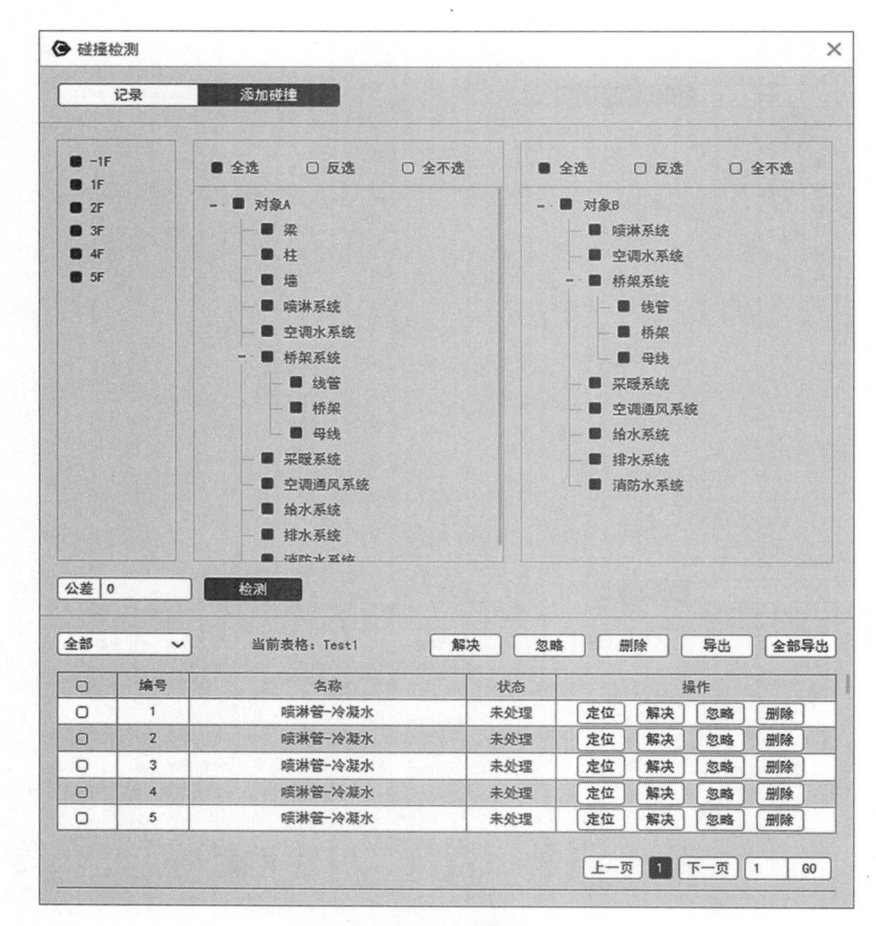


**图4.87　输出碰撞问题**

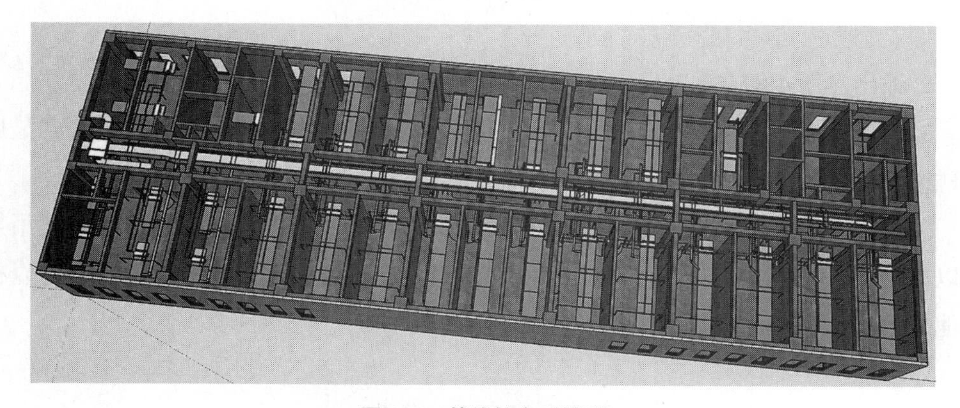

**图4.88　管线综合后模型**

# 5

# DFC-BIM 通用模块

DFC-BIM通用模块分为【DFC中心】【成本设计】【项目环境】【成果输出】【出图工具】【实用工具】六大模块。【DFC中心】主要是物料创建、物料存储、物料安装功能。物料创建按类别创建，产品基本都需要材质贴图，可以在【材质工厂】创建材质，材质存储在材质中心。门、窗、支吊架等工厂就是创建产品，通过添加产品属性信息，拾取产品模型，完成产品创建。所有的物料都存储在物料中心。产品创建完后安装到绘图区域，完成模型的创建。也可以在绘图区域创建模型后再用各种产品工厂模型定义。

## 5.1 DFC中心

### 5.1.1 物料库

1.物料中心

所有的物料按照专业品类存储在【物料中心】里面（图5.1），其中系统库是DFC-BIM软件自带，项目库是在当前项目中用到的物料，包括用户创建的物料默

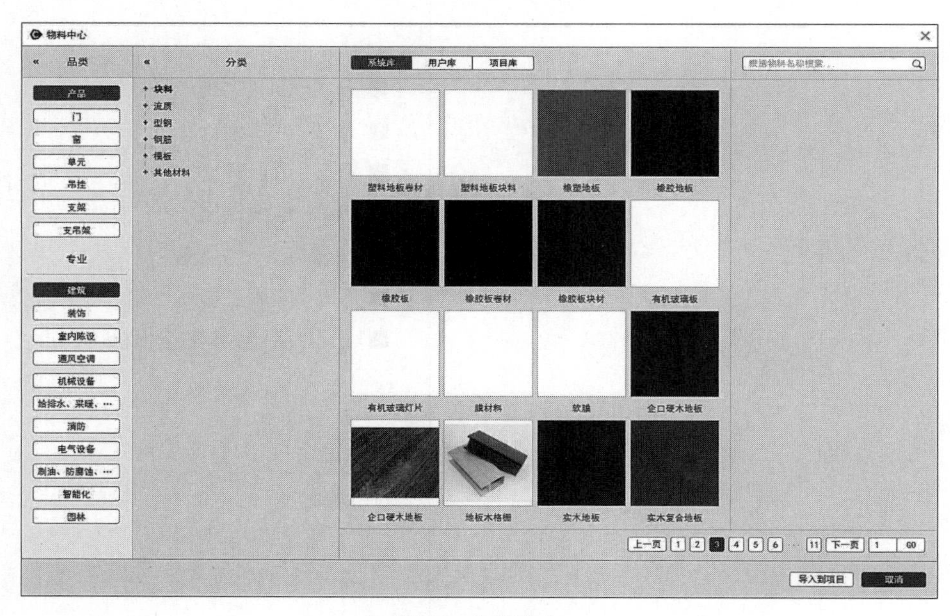


图5.1　物料中心

认存储在项目库中。随项目模型导出使用。项目库的模型如设计师觉得可以重复使用，可以收藏在用户库中，随账户一起使用。

2.材质中心

【材质中心】存储材质（图5.2）

材质中心
« 分类
系统库 用户库 项目库
根据材质名称搜索...
全部
木材
石材
陶瓷
金属
玻璃
镜子
塑料
织物
皮革
涂料
混凝土
其它

| ▢ | 缩略图 | 材质名称 | 类型 |
|---|---|---|---|
| ▢ | | DFC_ | 金属 |
| ▢ | | DFC_ | 木材 |
| ▢ | | DFC_ | 木材 |
| ▢ | | DFC_PVC | 塑料 |
| ▢ | | DFC_PVC地材 | 塑料 |
| ▢ | | DFC_PVC地材2 | 塑料 |
| ▢ | | DFC_不锈钢 | 金属 |
| ▢ | | DFC_亚麻布料 | 织物 |
| ▢ | | DFC_其他01 | 其它 |
| ▢ | | DFC_其他04 | 其它 |
| ▢ | | DFC_原木质 | 木材 |
| ▢ | | DFC_发泡材料 | 塑料 |
| ▢ | | DFC_吸音木板 | 木材 |
| ▢ | | DFC_啡网纹大理石 | 石材 |
| ▢ | | DFC_塑料01 | 塑料 |
| ▢ | | DFC_塑料02 | 塑料 |
| ▢ | | DFC_塑料03 | 塑料 |
| ▢ | | DFC_塑料04 | 塑料 |
| ▢ | | DFC_塑料薄膜 | 塑料 |
| ▢ | | DFC_复合轻集料 | 其它 |

上一页 1 2 3 4 5 6 ··· 10 下一页 1 GO
导入到项目 取消

**图5.2 材质中心**

## 5.1.2 图例中心

【图例中心】存储物料的二维模型，主要用于出图时的图例放置（图5.3）。

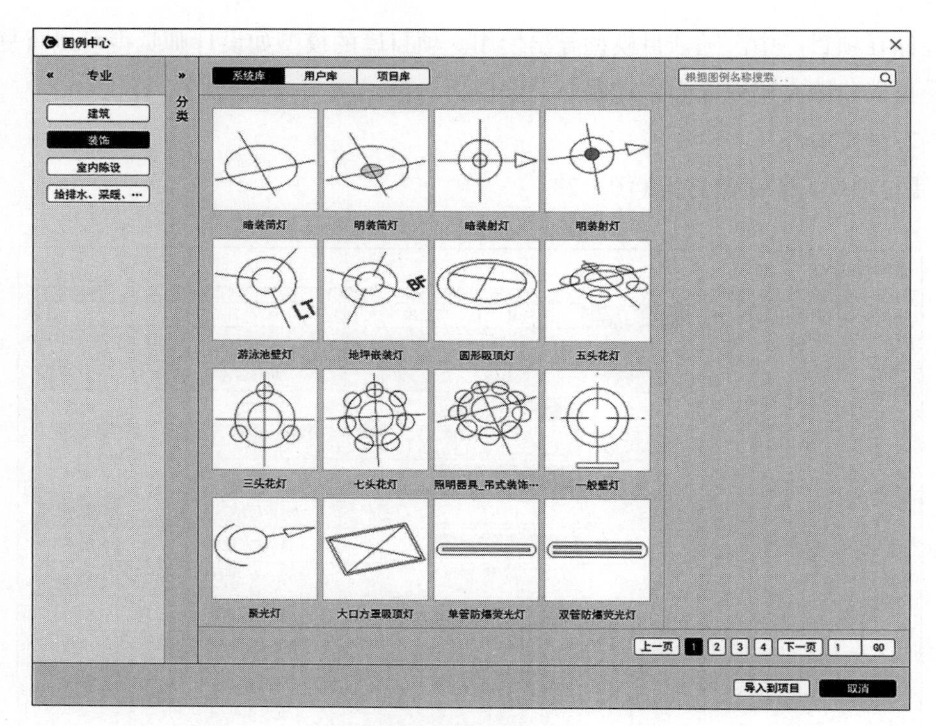


图5.3　图例中心

## 5.1.3 物料工厂

1.新建物料：可以在【项目库】下选择【新建】，选择对应的品类新建节点命名产品名称，新建产品型号(图5.4)。

新建产品型号见图5.5。

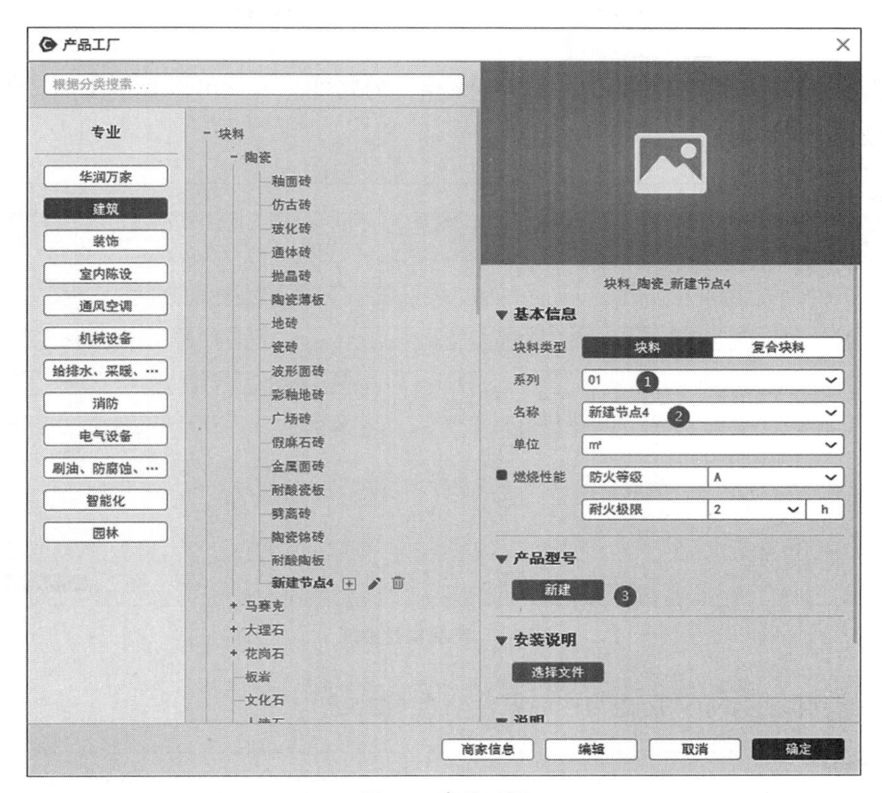

图5.4　产品工厂

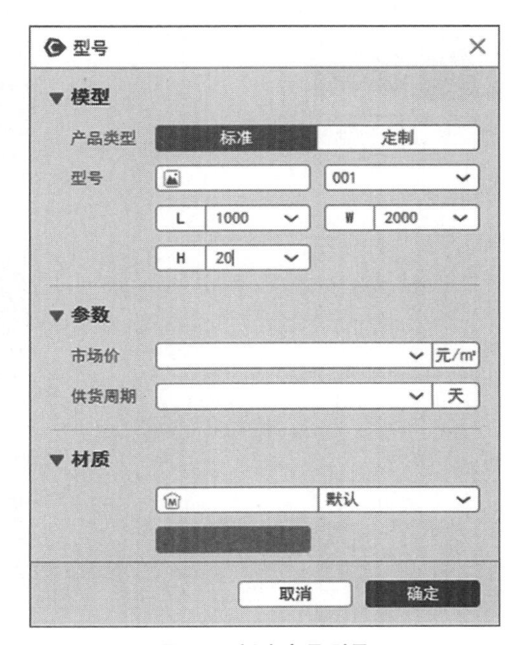

图5.5　新建产品型号

产品中的属性可以进行编辑，增加修改或删除属性。如普通灯具的属性编辑，点击【增加】新属性和参数，也可以移除相关的属性。属性可以直接添加，中间用"|"分隔符（图5.6）。

产品编辑

| 参数名 | 参数值 | 单位 | 操作 |
|---|---|---|---|
| 总固含量 | ≥85 | % | 移除 |
| 柔韧性 | ≤2 | mm | 移除 |
| 细度 | ≤50 | μM | 移除 |
| 耐冲击强度 | ≥50 | cm | 移除 |
| 表干时间 | 2 | h | 移除 |
| 干燥时间 | 24 | h | 移除 |
| 干膜厚度 | 55 | μM | 移除 |
| 溶剂类型 | 油性漆 | | 移除 |
| 颜色 | 各色 | | 移除 |
| 重量 | 20 | 桶/kg | 移除 |

增加

分隔符：|

取消 确定

**图5.6 产品属性编辑**

存储到项目库中，后边为产品属性信息（图5.7）。

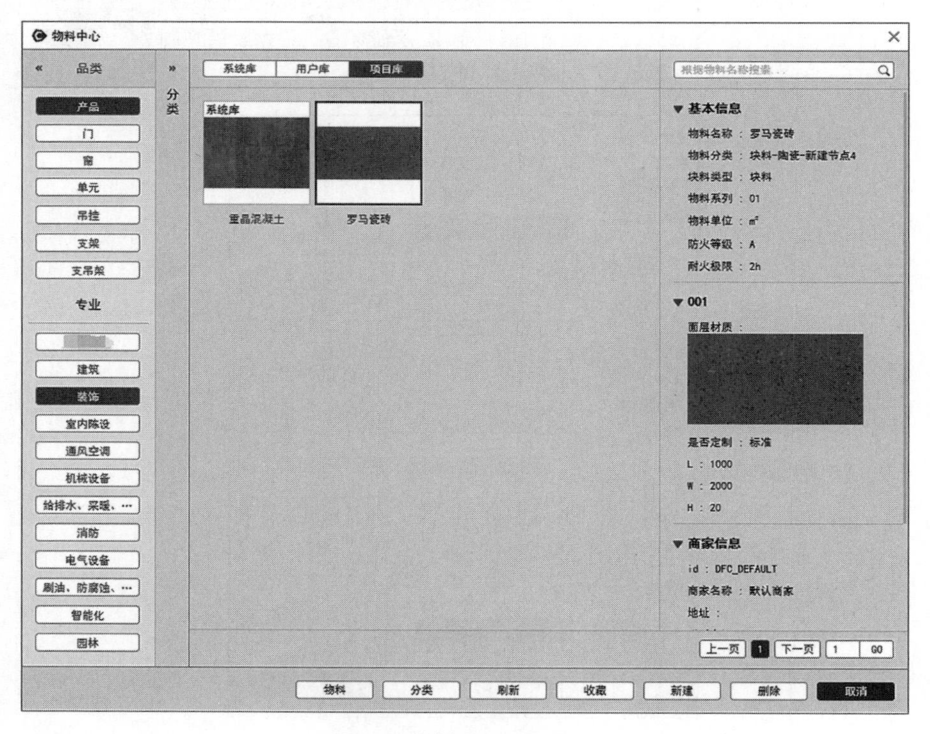


**图5.7 物料中心—项目库**

如没有的材质，可以在【材质工厂】创建，选择材质类型，创建材质名称，或选择颜色或者用贴图的形式。也可以直接用Sketchup软件中的贴图做产品定义（图5.8）。

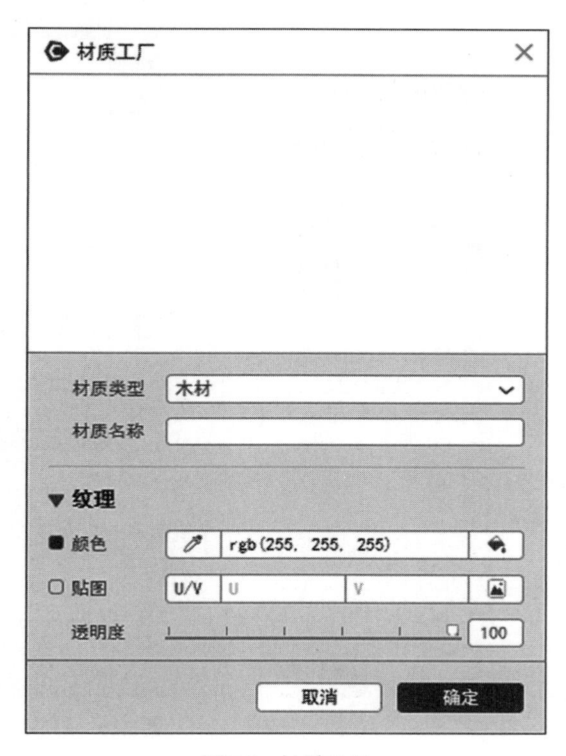


图5.8　材质工厂

如果需要创建门窗，就用门工厂或窗工厂，门和窗可以先建模型后再用门工厂和窗工厂定义。如门工厂，可以建完门模型后，定义属性信息。选择门类型，新建产品型号，拾取模型，拾取尺寸规则，选择材质，五金等，点击确定，门定义完成（图5.9、图5.10）。

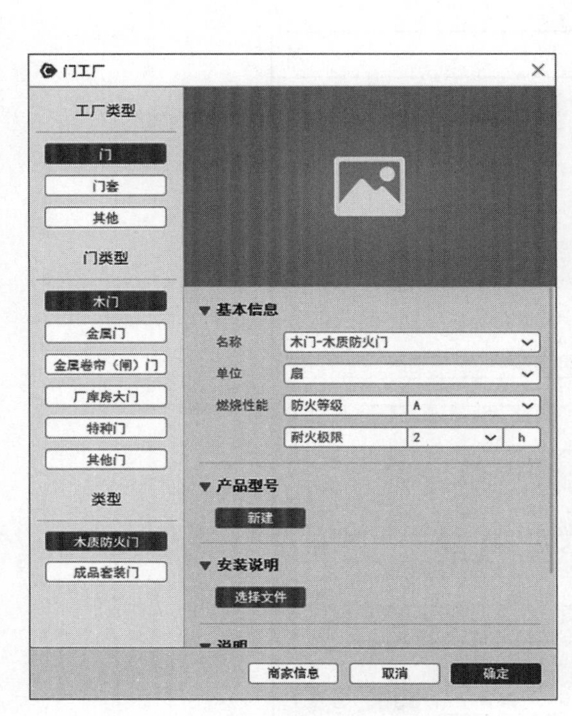


图5.9　门工厂

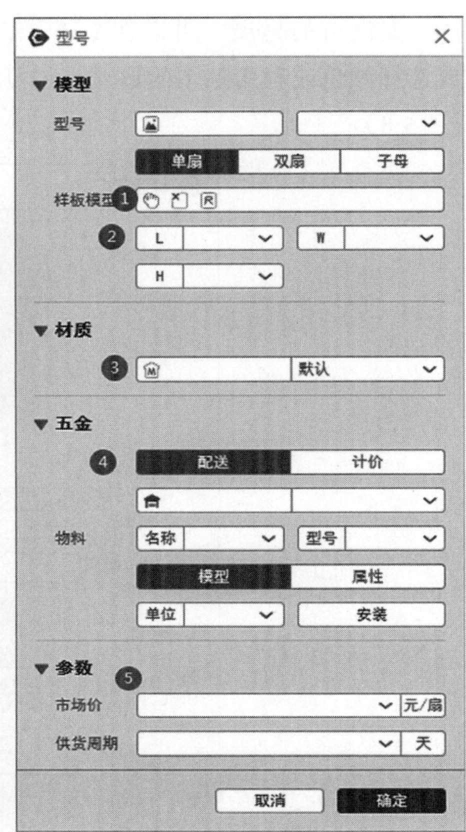


图5.10　门工厂—新建产品型号

其他工厂的操作流程跟【门工厂】类似，只是适用于不同的产品类型，支吊架工程和支架工程来创建支架，【单元工程】主要创建隔断、定制家具、扶手、栏杆、栏板、全屋定制、装配式厨房，装配式卫生间等；【吊挂工程】创建吊挂，其他类型在【产品工厂】模块创建。

如果是物料库中相同类别的产品创建，可以选择相应物料，点击右键——选择【以此新增】，进入产品工厂编辑界面，只修改有变化的参数即可。

2.物料存储：材质创建完存储到【材质中心】的【项目库】，各种工厂创建完的产品存储到【物料中心】的【项目库】，可以点击【收藏】存储到各自的用户库中。

### 5.1.4 物料安装

选择【项目库】中物料点击右键，选择【安装】到绘图区中。有模型的产品都可以【安装】到绘图区中三维展现。门、门套、窗和窗套分别点击【门安装】【门套安装】【窗安装】【窗套安装】来实现模型生成（图5.11、图5.12）。

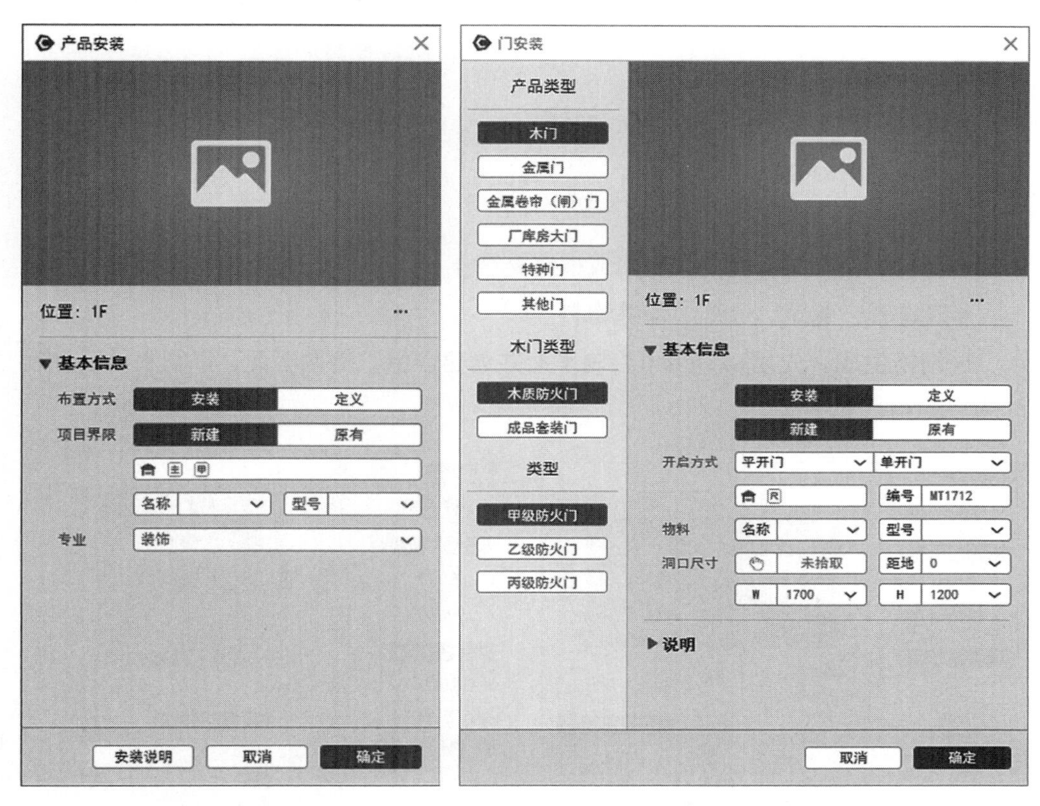


**图5.11　产品安装**　　　**图5.12　门安装**

线条、块料、流质、天棚龙骨主要组合排版，用独立模块来安装。

### 5.1.5 物料绘制

1.块料绘制

（1）块料绘制一般是将瓷砖、大理石等块料赋予模型表面，比如地面贴瓷砖。块料绘制基本步骤（图5.13、图5.14）：

①选择块料类型：块料、复合块料。

②选择绘制方式：

【产品绘制】：不依赖于其他平面或者路径，直接点击绘制；

【路径绘制】：用Sketchup直线工具绘制路径；

【面绘制】：用Sketchup平面工具绘制平面并创建群组；

【模型定义】：创建模型并拾取。

③基本信息：

a. 设计尺寸；

• 选择物料；

• 物料的基本单元尺寸：横向和竖向；

• 产品绘制的高度；

• 阳角样式选择；

• 物料纹理方向：横向、竖向或横竖交替；

• 缝设置：缝宽、错缝、勾缝物料。

b. 网格生成：先用Sketchup绘制平面并创建群组，拾取平面，以物料的设计尺寸为单元格填充平面。

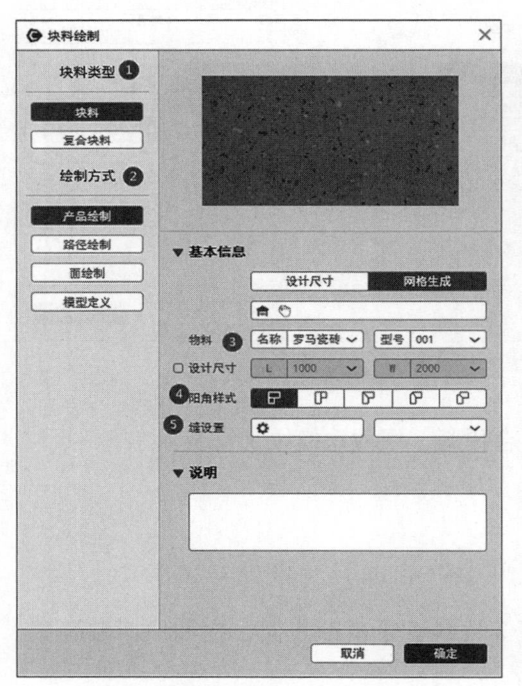


图5.13　块料绘制—产品绘制

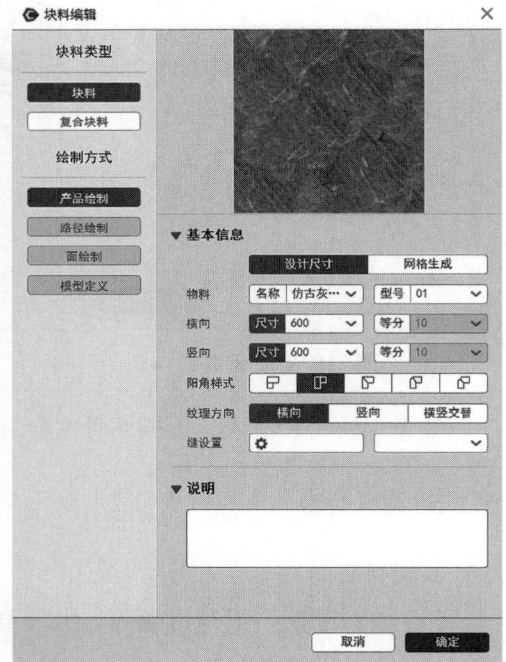


图5.14　块料编辑

点击【确定】，拖动鼠标绘制截面形状（图5.15）。

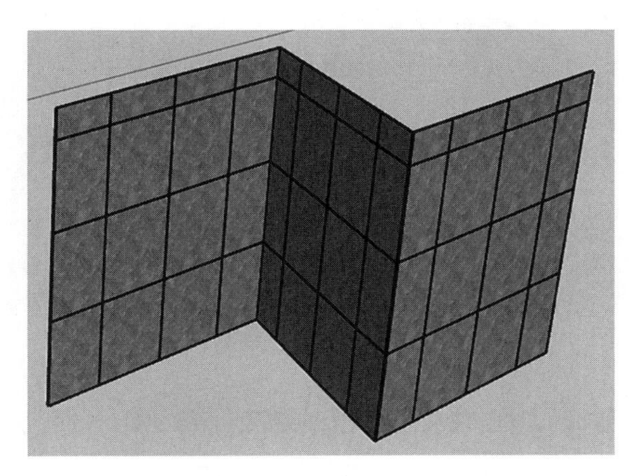

**图5.15　块料生成模型1**

选择【面绘制】见图5.16、图5.17。

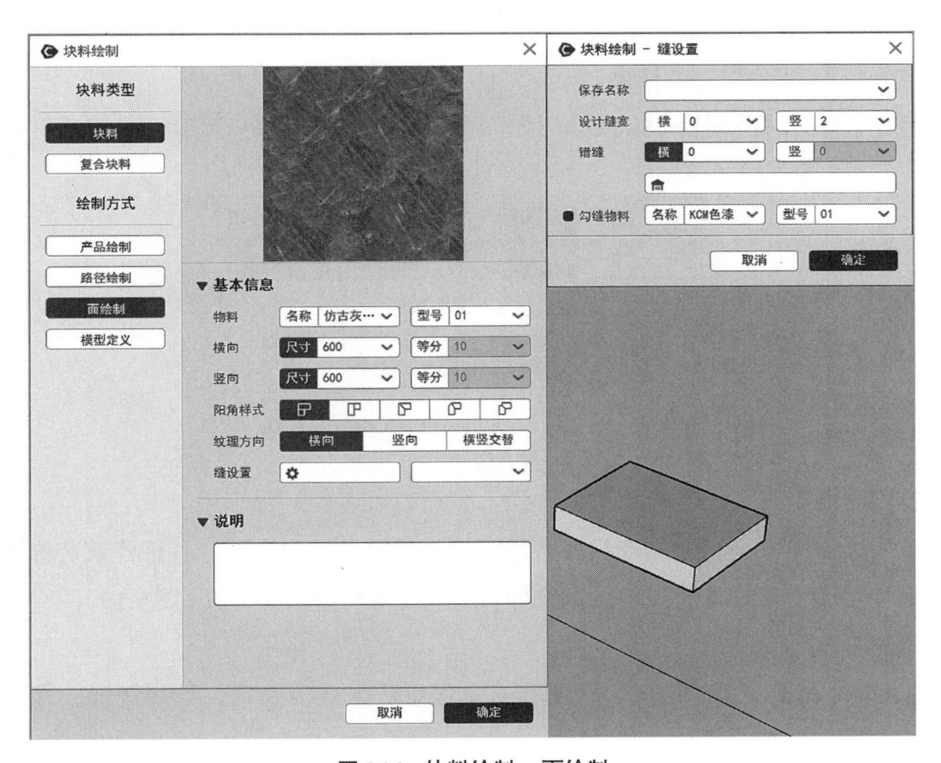


**图5.16　块料绘制—面绘制**

图5.17　块料生成模型2

（2）块料模型编辑：双击块料绘制模型编辑（图5.18-1）。

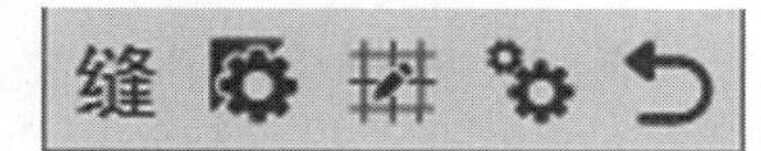


图5.18-1　块料编辑工具条

点击缝：修改缝宽和填缝材料；

点击：阳角样式的修改；

点击：网格编辑（Sketchup原生画线工具），出现【缝宽编辑】和【材料编辑】工具条（图5.18-2）；

图5.18-2　网格编辑

点击：缝宽编辑：框选需要编辑的缝；

点击：修改缝宽和填缝材料；

点击：块料绘制界面编辑属性信息。

2.流质绘制

流质绘制一般是将流质产品如砂浆、涂料等赋予模型表面、各种建筑装饰完成面，比如墙面上涂抹乳胶漆等。其操作流程与【块料绘制】类似（图5.19）。

绘制方式：

【矩形绘制】：选择物料、厚度和遍数信息后，点击确定，绘制矩形，即可出流质绘制面。

【描边绘制】：选择物料、厚度和遍数信息后，点击确定，绘制直线或根据完成面形状描边，点击完成即可出流质绘制面。

【面绘制】：用Sketchup工具绘制平面并创建群组，选择物料、厚度和遍数信息后，点击确定，拾取面完成。

【模型定义】：点击模型，完成模型表面流质材质赋予。

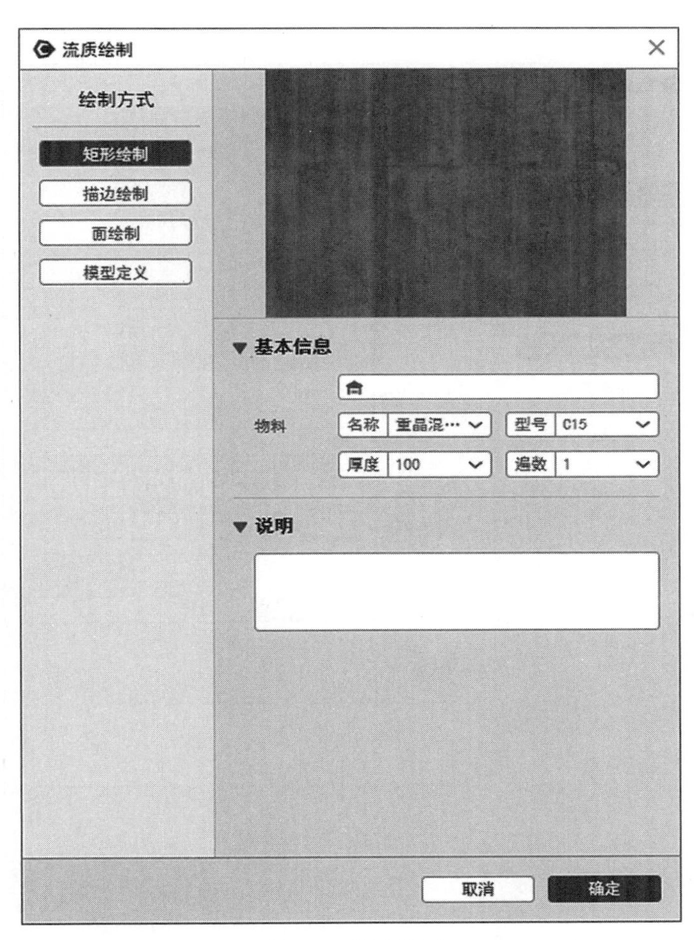


图5.19　流质绘制

3.线条绘制

线条绘制一般是将装饰线条等赋予模型表面，比如墙面铺贴踢脚线等。其操作流程与【块料绘制】类似。基本步骤（图5.20）：

（1）选择线条类型：线条、复合线条；

（2）选择绘制方式：

【产品绘制】：不依赖于其他平面或者路径，直接点击绘制；

【路径绘制】：用Sketchup直线工具绘制路径；

【模型定义】：创建模型并拾取。

（3）基本信息：

①选择物料（产品规格）；

②阳角样式选择。

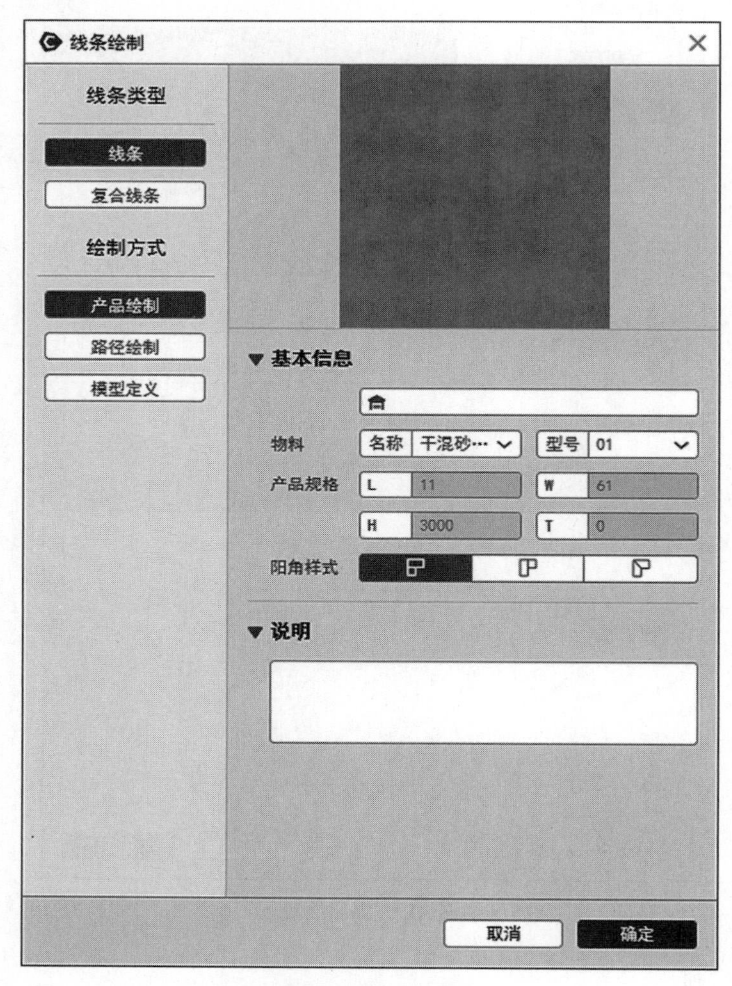


图5.20　线条绘制

4.天棚龙骨

（1）龙骨组合。

基本步骤：首先绘制一个平面并创建群组，选择【龙骨组合】并选择龙骨物料信息，点击【确定】后，点击平面即可完成天棚龙骨绘制（图5.21-1、图5.21-2）。

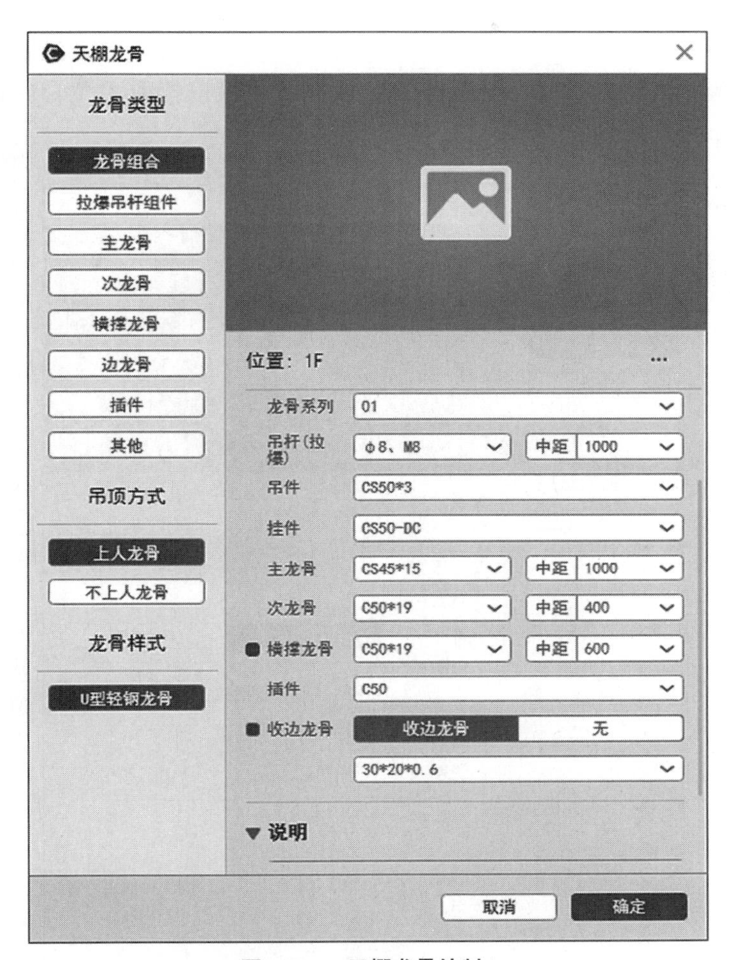


图5.21-1　天棚龙骨绘制1

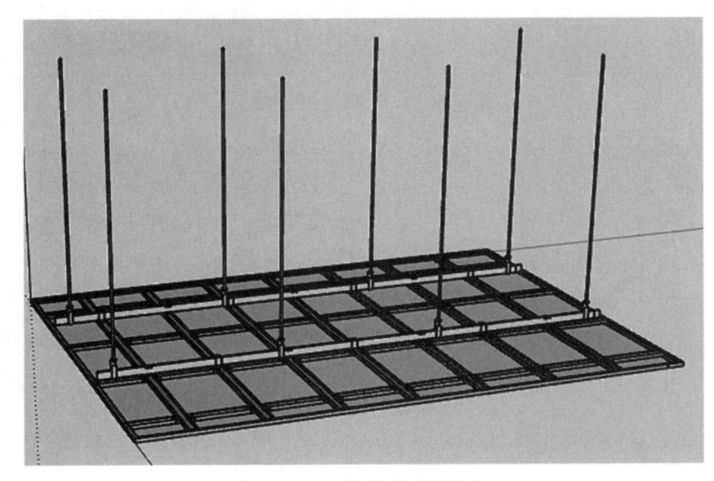

图5.21-2　天棚龙骨绘制2

（2）拉爆吊杆组件。

基本步骤：既可以选择吊杆规格直接绘制，也可以拾取主龙骨后自动在主龙骨上生成吊杆（图5.21-3～图5.21-6）。

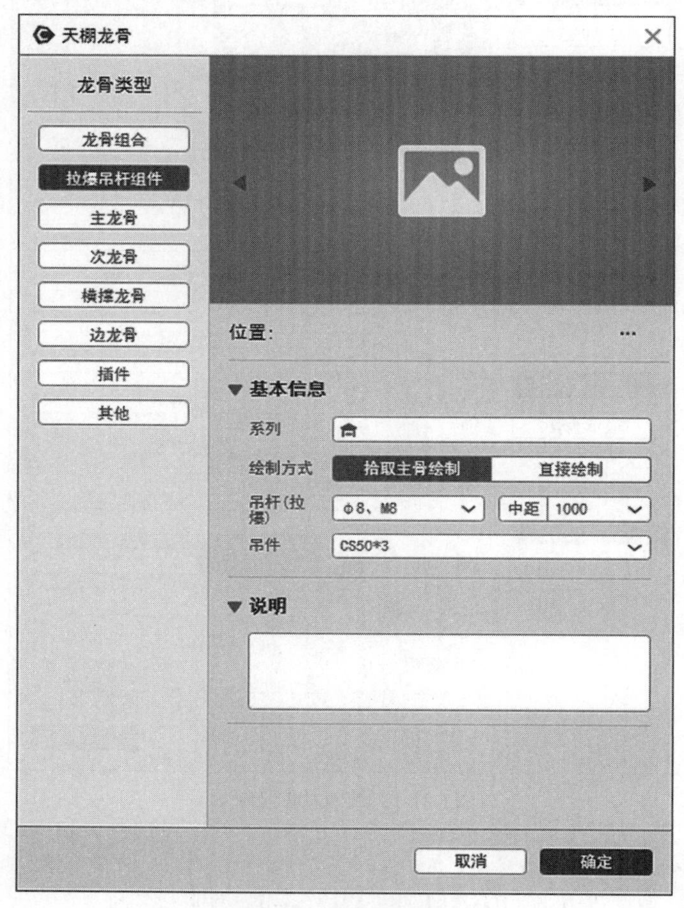


**图5.21-3　天棚龙骨绘制3**

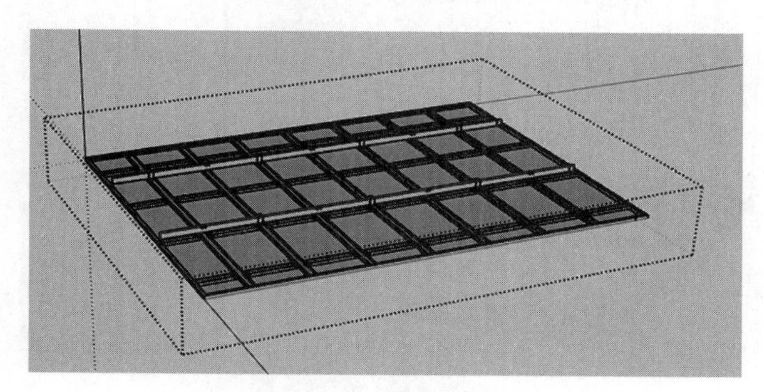

**图5.21-4　天棚龙骨绘制4**

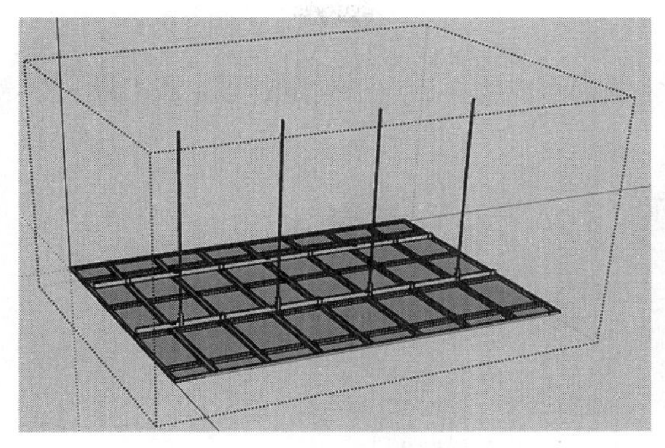

图5.21-5　天棚龙骨绘制5

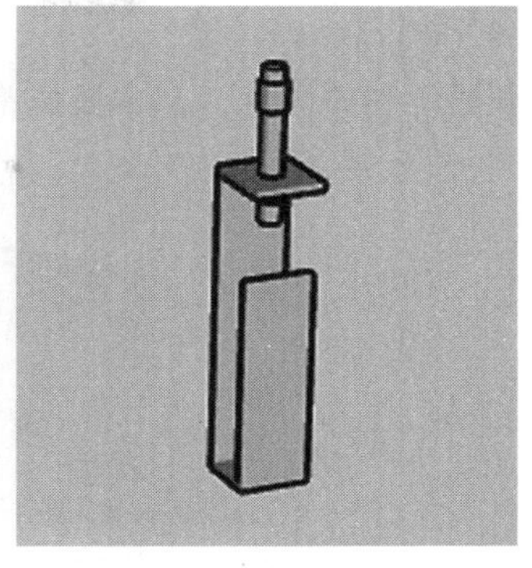

图5.21-6　天棚龙骨绘制6

（3）龙骨绘制。

其他如主龙骨、次龙骨、横撑龙骨、边龙骨，可以选择完龙骨物料点击确定后，直接绘制（图5.21-7）。

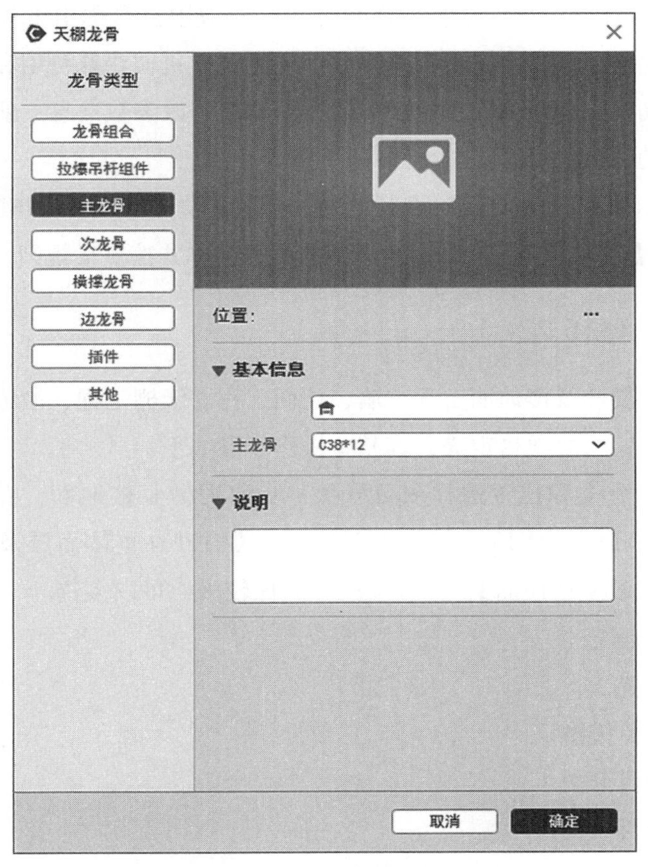


图5.21-7　天棚龙骨绘制7

（4）插件。

卡插件和挂插件，基本操作都是选择相应物料后点击确定直接生成（图5.21-8）。

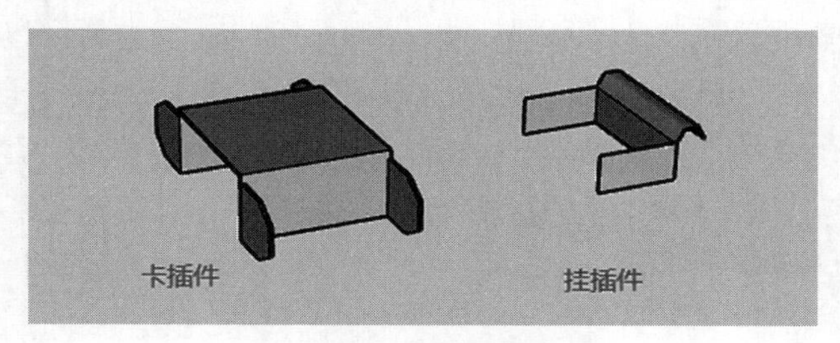


**图5.21-8　天棚龙骨绘制8**

## 5.2 成本设计

【成本设计】模块植入国家建筑装饰、机电、园林专业的工程量算量规范，用DFC-BIM软件创建或定义的模型，会自动对应相应项目名称出工程量清单，如要出综合单价，只需在填写人工费、主材费、辅材费、机械费等费用和费用调整参数即可。对于自动出工程量的模型也可以进行编辑，修改参数信息，或者添加项目特征，或更明细的物料信息等。

涉及流质、块料、线条需要绘制铺贴和白模（没有用DFC-BIM属性定义的模型），需要应用【项目定义】工具定义模型的项目名称并按算量规则，拾取工程量。

### 5.2.1 项目定义（图5.22）

装饰专业主要涉及楼地面工程、墙、柱面工程、天棚工程、油漆、涂料、裱糊工程、其他工程，需要项目定义，其基本操作步骤如下：

1.根据项目分类和位置选择项目分项：如水泥砂浆楼地面，在【房屋建筑与装饰工程】——【0111楼地面装饰工程】——【011101整体面层及找平层】——【011101001水泥砂浆楼地面】。如涉及的分项比较多，可以多选。

2.填写基本信息。

（1）区域位置。

（2）拾取项目模型。

（3）选择项目分类。

（4）填写项目名称。

（5）选择清单项（可多选）。

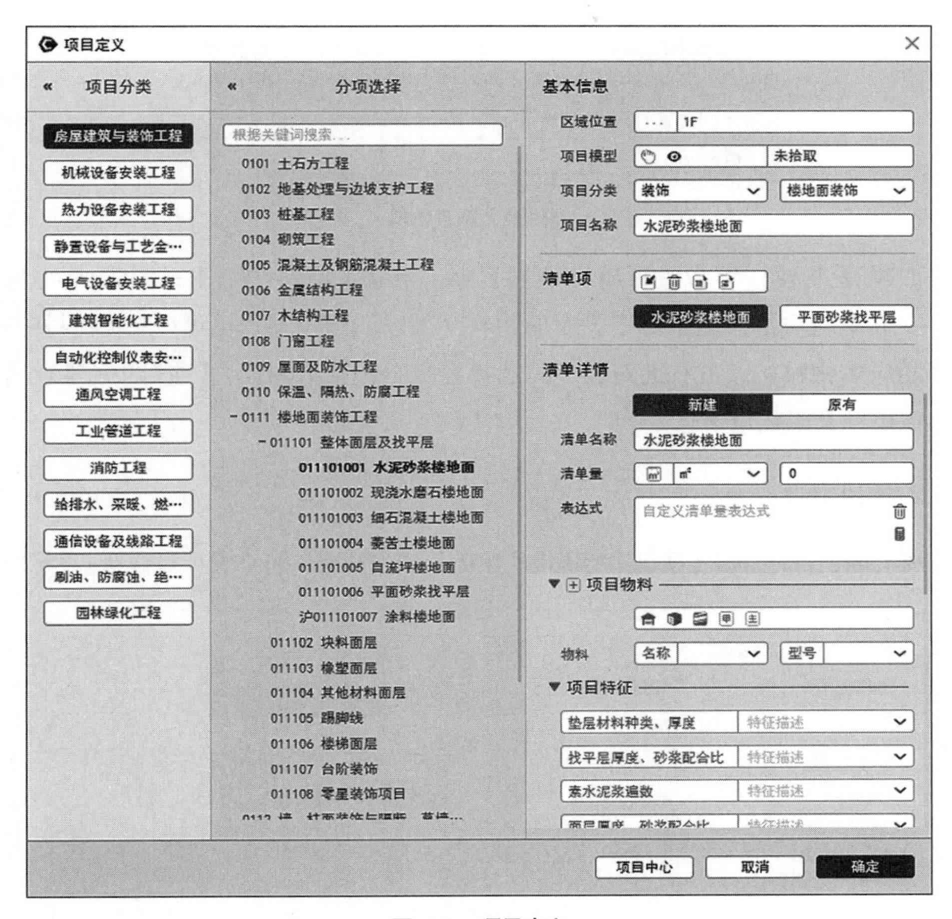


图5.22　项目定义

（6）清单详情：

① 清单名称；

② 清单量，选择模型相应的面，也可自定义表达式；

③ 项目物料选择（可多选）；

④ 项目特征填写；

⑤ 单价填写（可不填）；

⑥ 查看工作内容、工程量计算规则。

如果是DFC-BIM绘制的模型，有项目物料信息，直接在【物料分配】工具中选择物料（图5.23）。

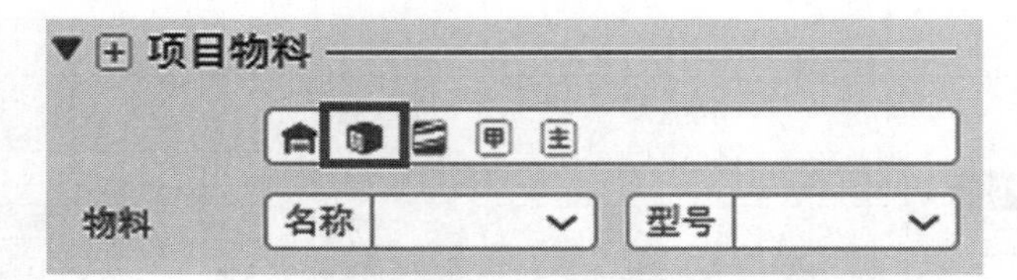


图5.23 项目物料

如果是白模，可以在【项目物料】中，点击【物料中心】——选择物料双击——并附材质给模型，对于没有的物料，可以新建物料。也可以在【物料中心】选择相应的物料，点击右键安装——选择定义——拾取白模，【项目中心】就自动统计该模型及工程量信息。

## 5.2.2 项目中心

所有的项目存储在【项目中心】模块里面，点击项目，可查看项目详情（图5.24）。

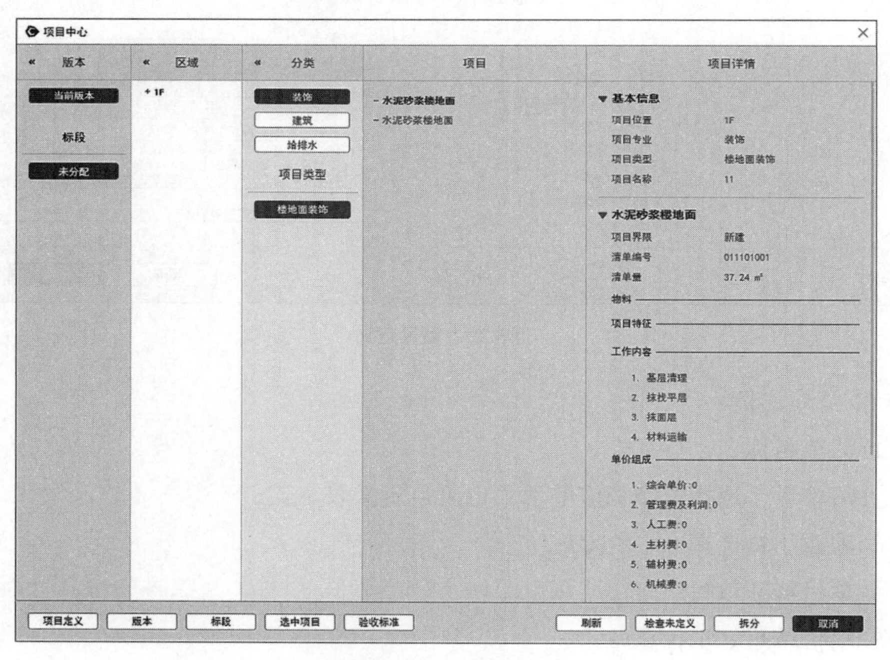


图5.24 项目中心

选中项目，点击右键，可以查找对应的模型，编辑项目信息，分配标段等操作（图5.25）。

也可以检查未定义的模型，对项目进行拆分和合并。对项目或清单设定验收标准。

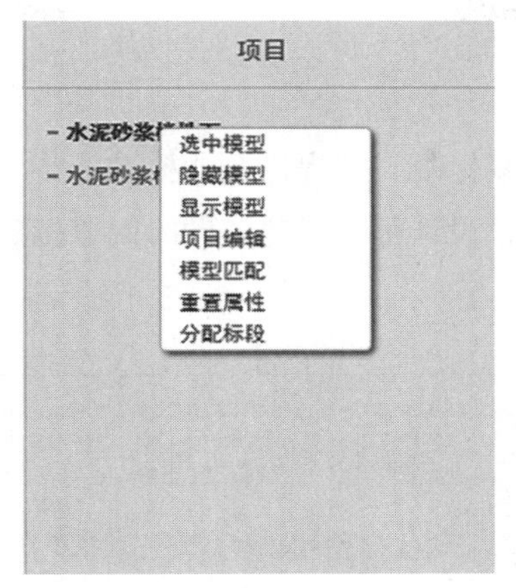


图5.25　项目模型编辑

## 5.2.3 企业定额

企业定额存储企业所需物料信息和模型，供特定企业建模、出清单和出图使用，为企业节省了建模和入库时间和成本。需要模型时候可以随时调用和存储。格式类似于物料中心。

## 5.2.4 进度计划

按专业项目编制进度计划，将模型项目信息汇总，填写开始时间、停留时间、结束时间等，并形成甘特图，对项目进行进度分析，为施工管理提供信息支持（图5.26）。

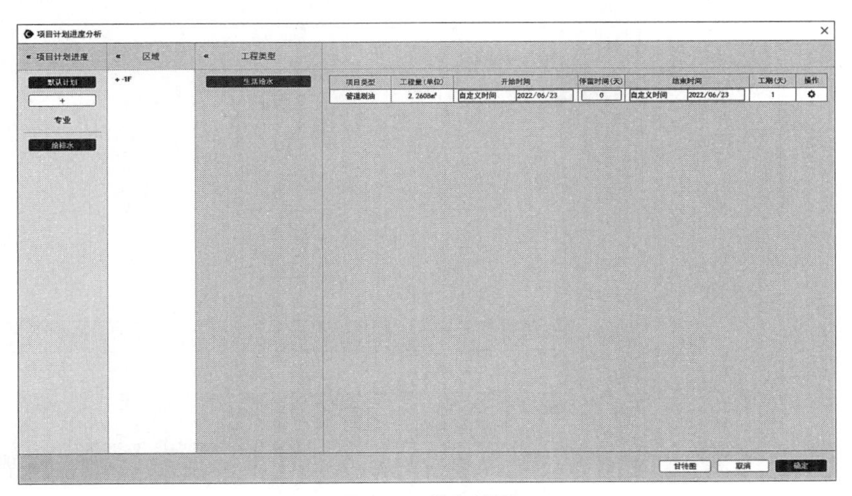


图5.26　进度计划

### 5.2.5 验收标准

展现各专业相关的国家标准，并提供企业标准上传入口，企业可以将自有相关专业规范上传企业标准库，设计师可以建模同时阅览国家和企业标准，提供验收指导作用（图5.27-1、图5.27-2）。

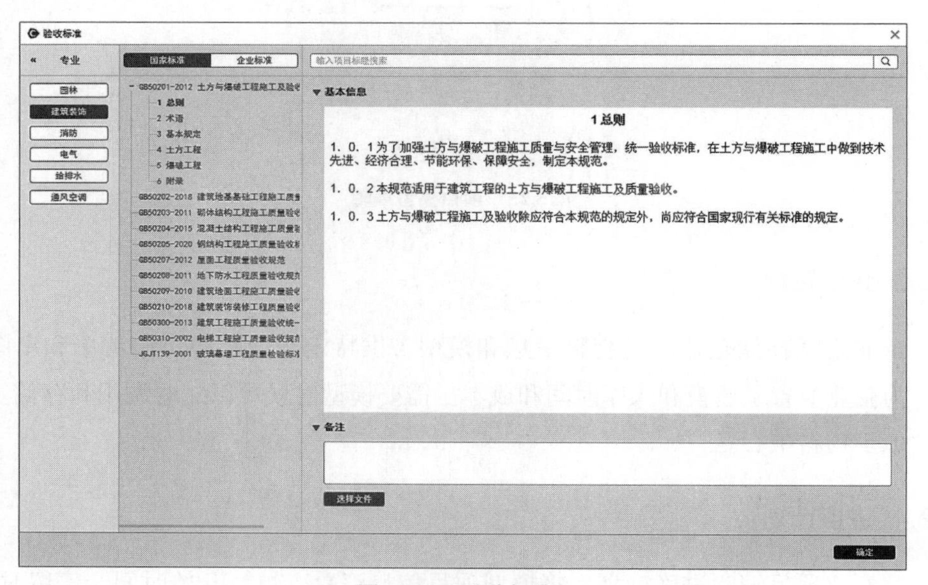


图5.27-1　验收标准1

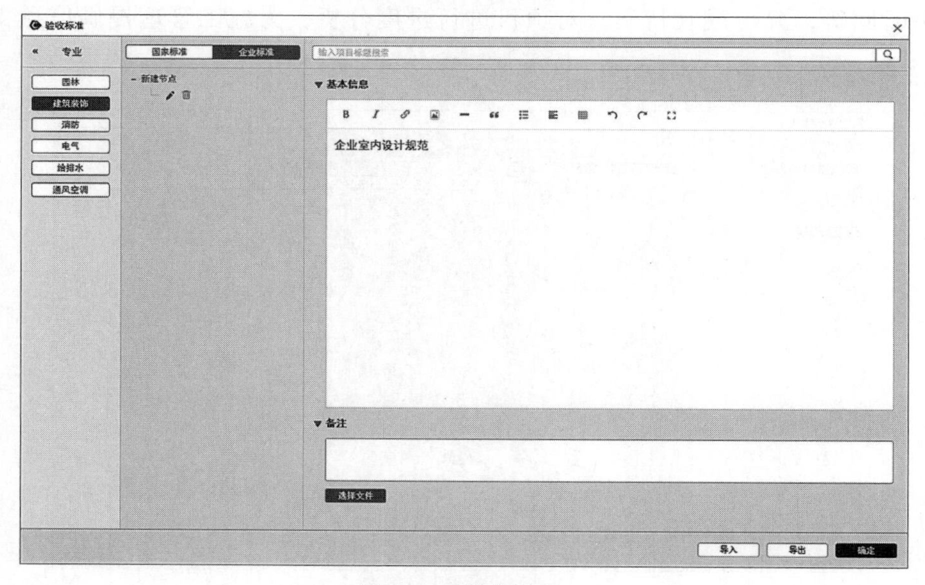


图5.27-2　验收标准2

## 5.3 项目环境

### 5.3.1 项目设置

对项目地址、建筑分类、使用功能、建筑编号、建筑层数、标高等进行设置（图5.28）。

### 5.3.2 当前位置

1.可将模型定义到当前位置，也可先选择当前区域再创建模型（图5.29）。

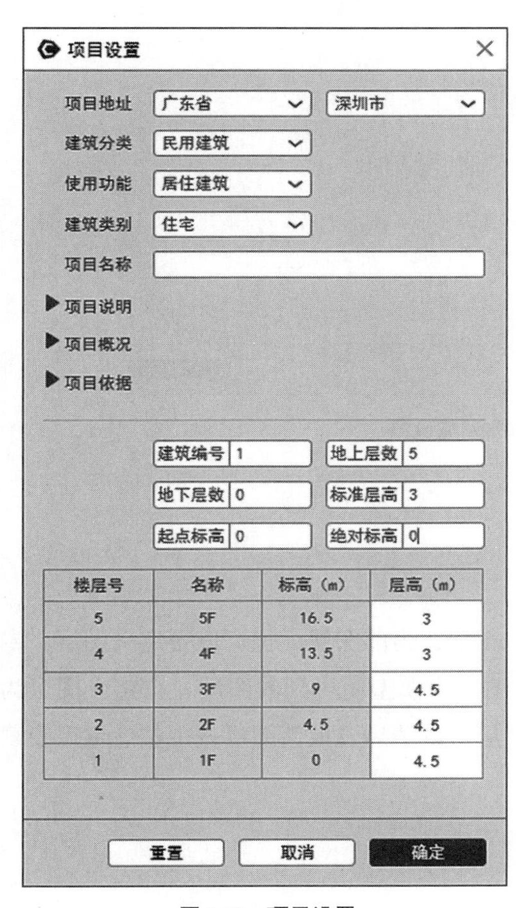


图5.28　项目设置

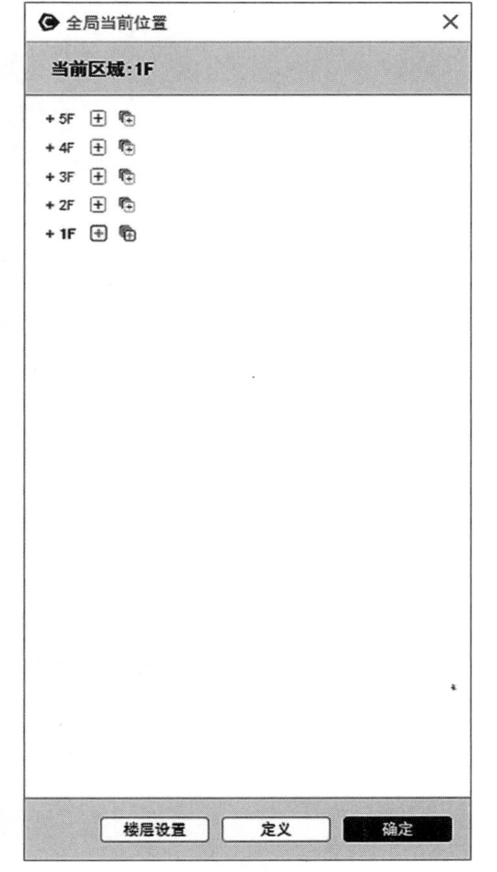


图5.29　楼层设置

2.添加、修改或删除细分区域(图5.30)。

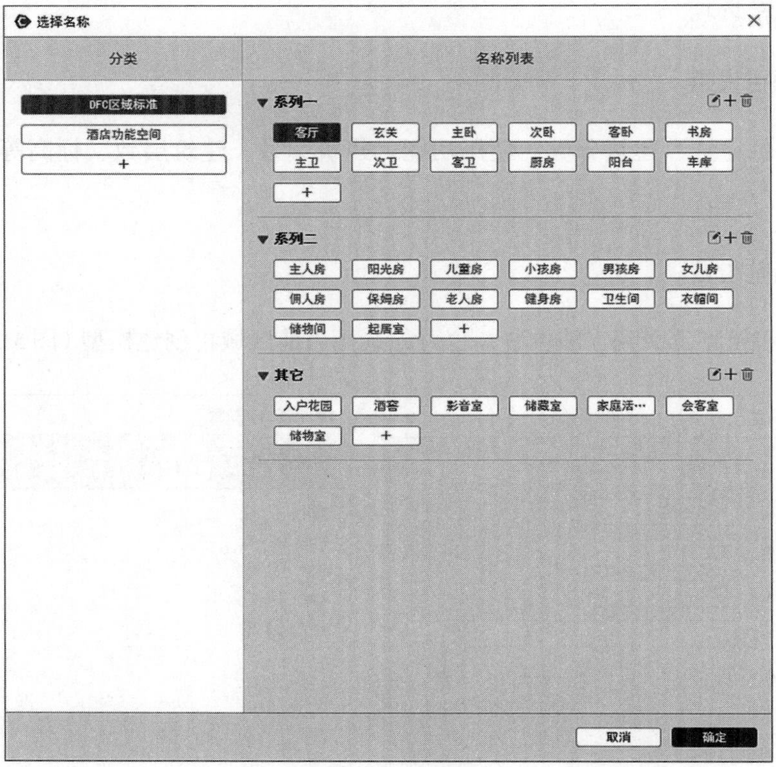

**图5.30　楼层区域设置**

支持批量添加见图5.31。

## 5.3.3 视图管理器

对当前模型的图层进行管理，专业总图层，当前图层，也可以自定义图层。专业总图层为DFC-BIM预设的图层，当前图层为模型使用到的图层，自定义图层为用户自己添加的图层。对于没有用到的图层可以清理。取消图层选中状态可以隐藏相关图层的模型(图5.32)。

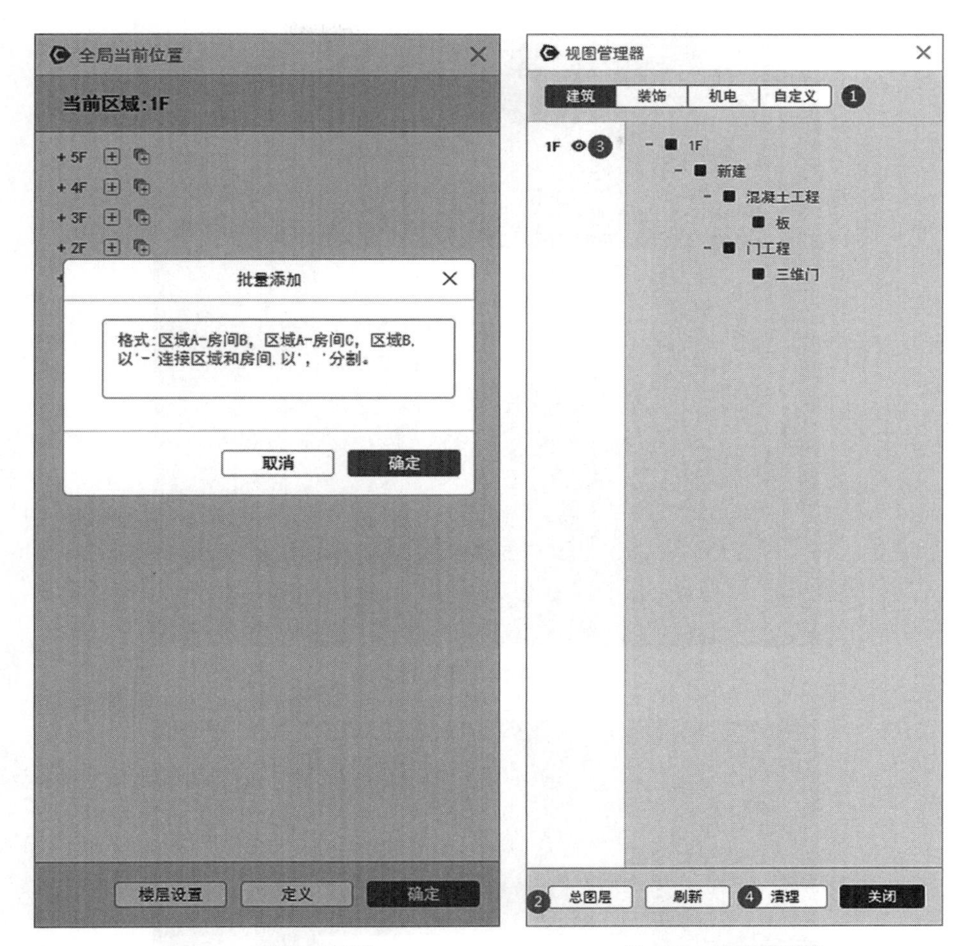


图 5.31　区域批量添加

图 5.32　视图管理器

## 5.3.4 项目协作

【项目协作】模块主要用于多人合作项目。分为项目管理、模型管理、合模管理和云批注。

1.项目管理

点击【项目中心】工具,点击【设置】,本地设置缓存目录(图5.33)。

点击【项目中心】工具,创建项目(图5.34)。

点击【项目设置】。

(1)【基本设置】:

可以拖拽上传项目缩略图或点击【获取当前模型视图缩略图】生成项目缩略

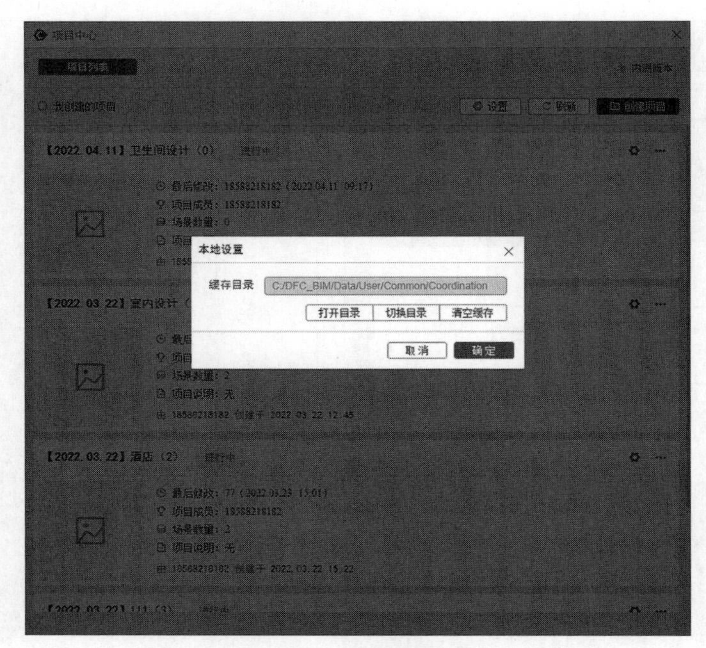


图5.33　本地设置缓存目录

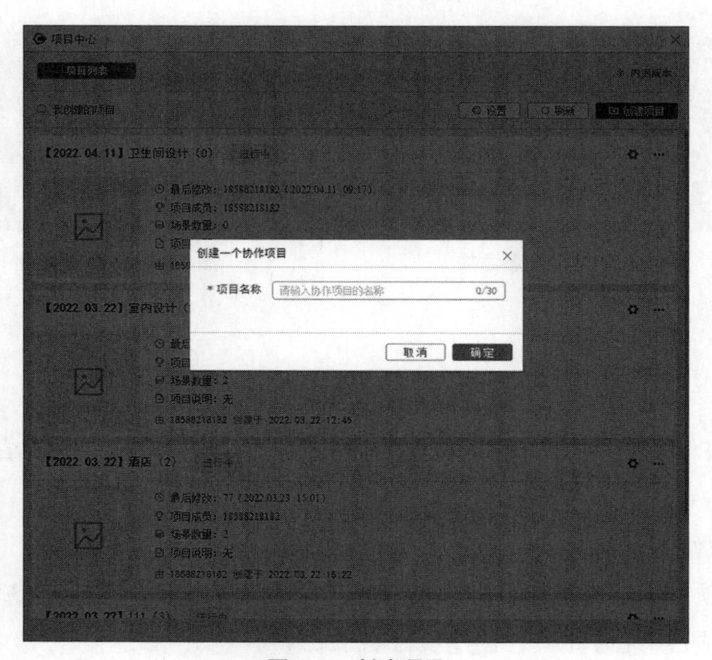


图5.34　创建项目

图。选择Sketchup推荐版本。上传项目模板，选择项目状态（进行中或已完结），填写项目说明（图5.35）。

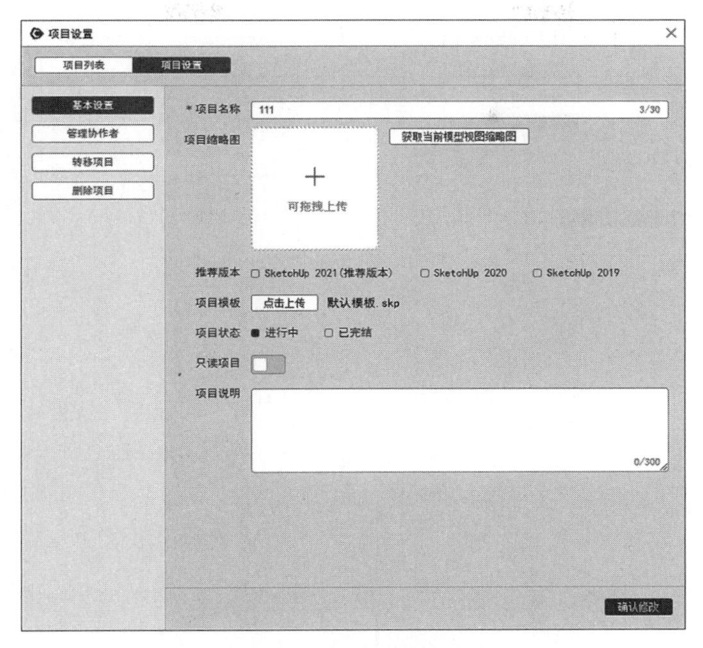


**图5.35 协作项目基本设置**

(2)【管理协作者】：邀请成员，成员会收到邀请信息。【邀请记录】会显示邀请时间、邀请人、被邀请人和邀请状态(图5.36)。

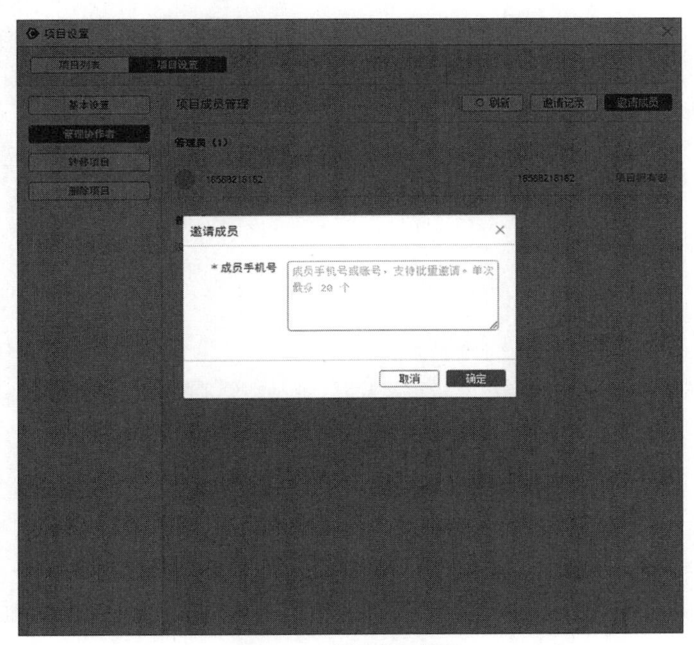


**图5.36 项目成员管理**

（3）【转移项目】：填写转移目标用户（图5.37）。

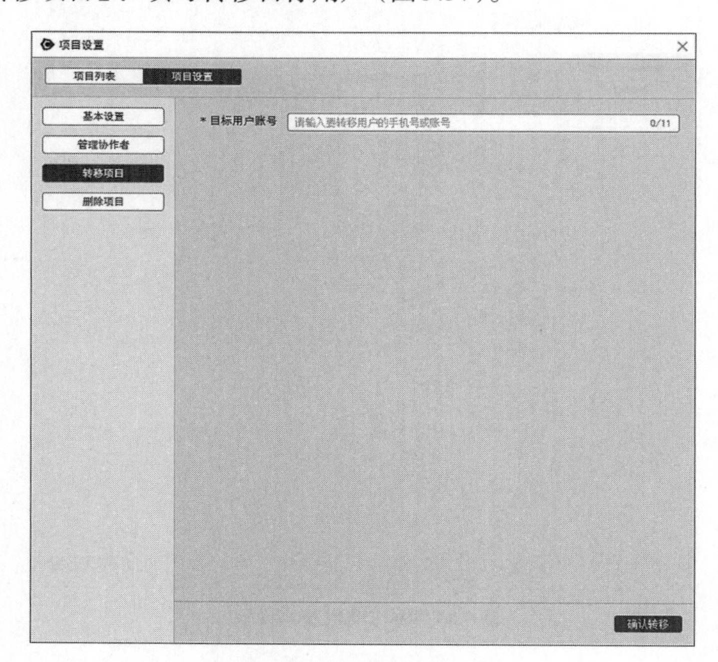


**图5.37　项目转移**

（4）【删除项目】见图5.38。

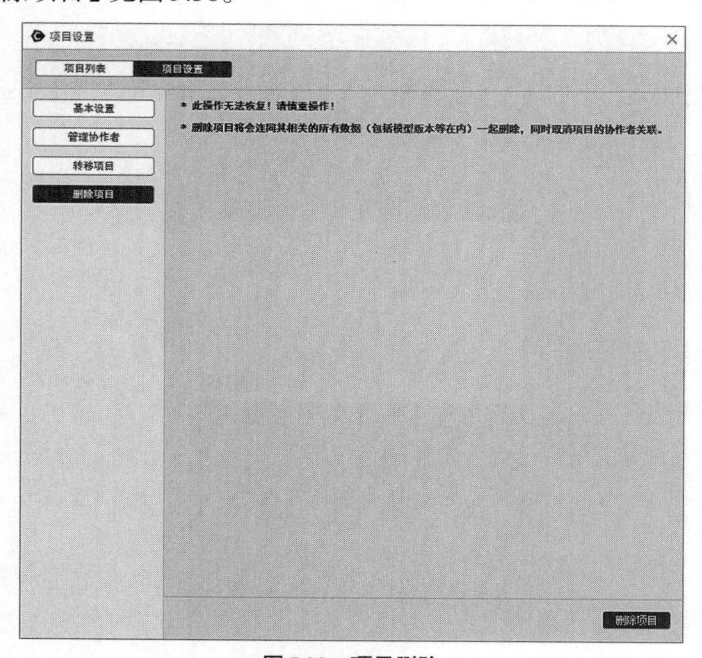


**图5.38　项目删除**

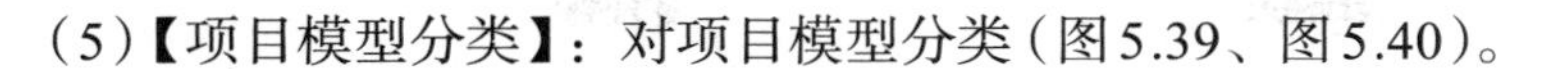

（5）【项目模型分类】：对项目模型分类（图5.39、图5.40）。

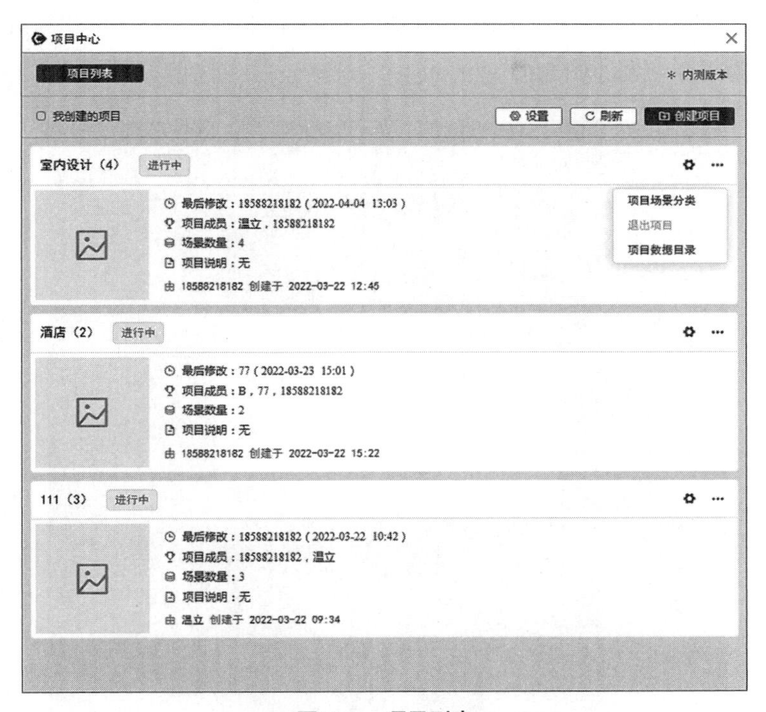


**图5.39　项目列表**

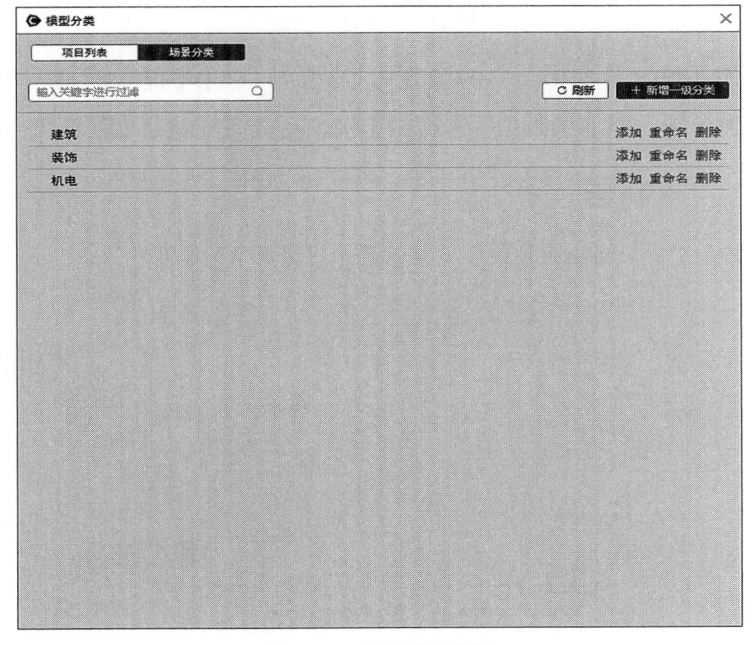


**图5.40　项目场景分类**

2.模型管理

（1）创建场景：填写场景名称，分类，选择【当前场景】，点击确定，当前文件自动命名为场景名称（图5.41）。

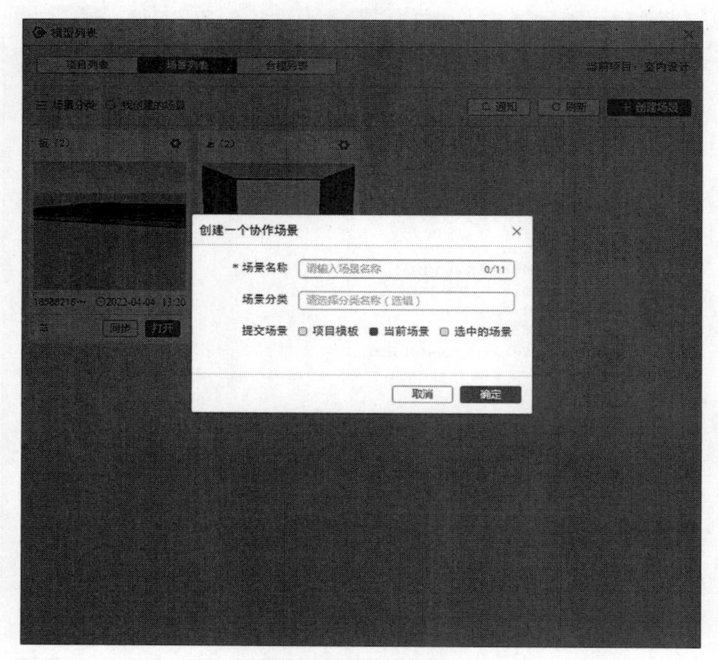


**图5.41　项目场景创建**

（2）提交模型：当前文件中的场景做好之后，点击【提交模型到项目仓库】，该场景上传到云端。当前场景由【进行中】状态变成完成状态（图5.42、图5.43）。

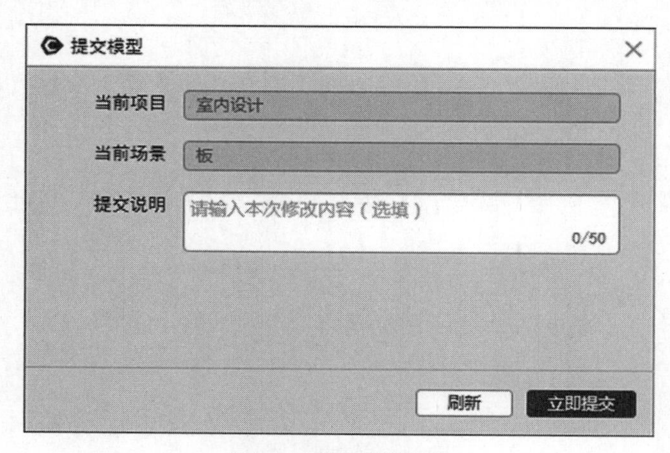


**图5.42　项目模型提交**

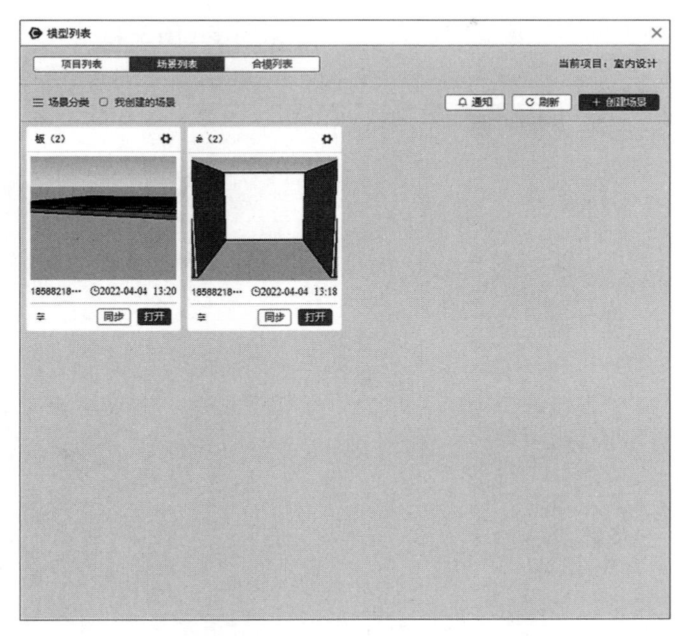


图 5.43　项目模型列表

3.合模管理

（1）打开【合模列表】，点击【合并场景】，手动刷新，合模完成，点击【打开合模】，可以看到所有项目成员提交的模型合并一起。其他成员的模型是红色显示，锁定状态（图5.44）。

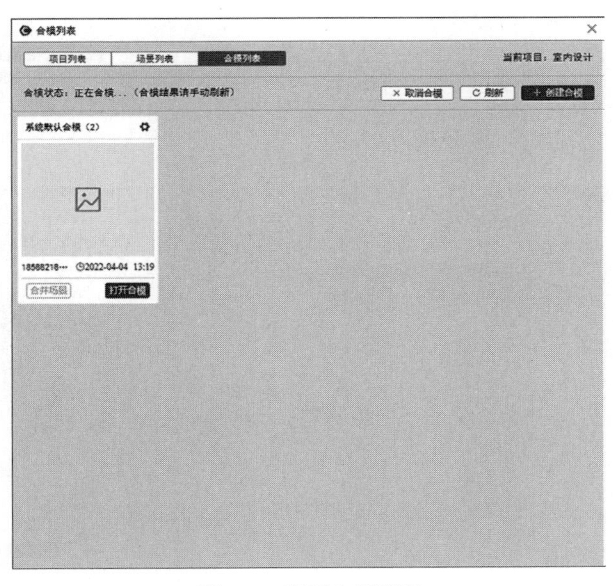


图 5.44　项目合模列表

（2）点击【模型同步、数据同步】，查看数据同步（图5.45）。

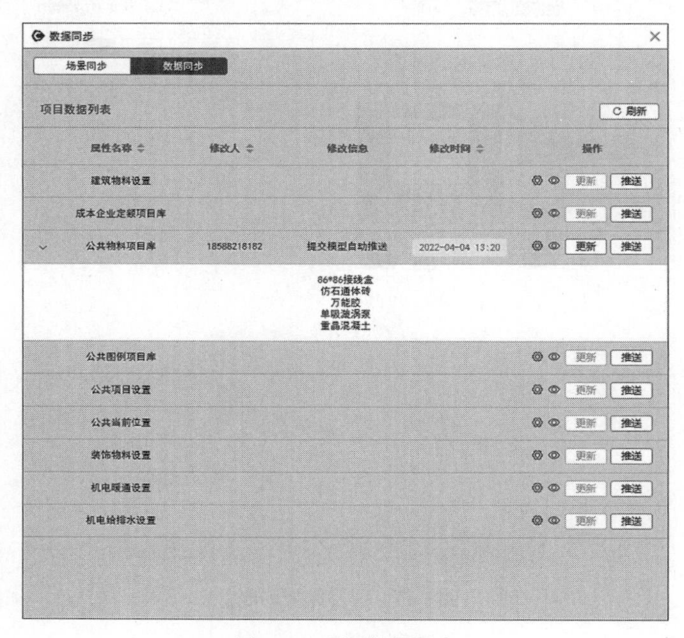


图5.45　项目数据同步

4.云批注

（1）新增批注：获取当前场景视角，对当前场景进行批注（图5.46）。

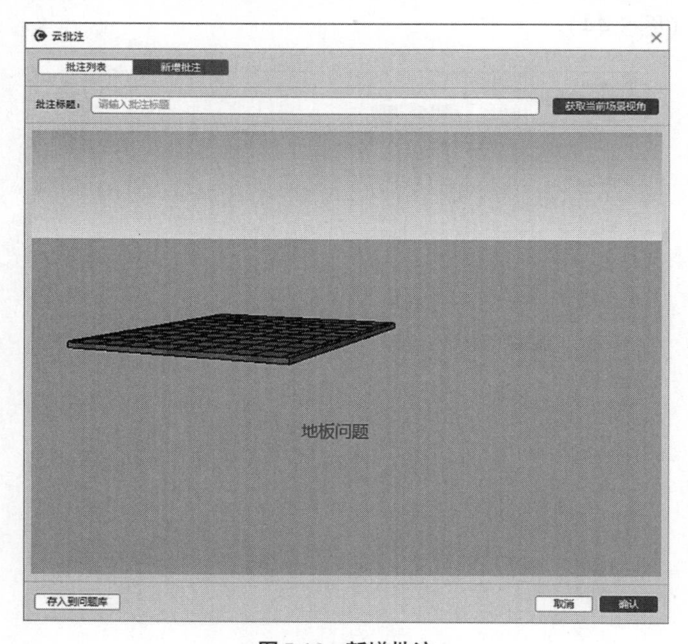


图5.46　新增批注

（2）查看批注，通过@指派项目成员完成，并可以添加到问题库（图5.47）。

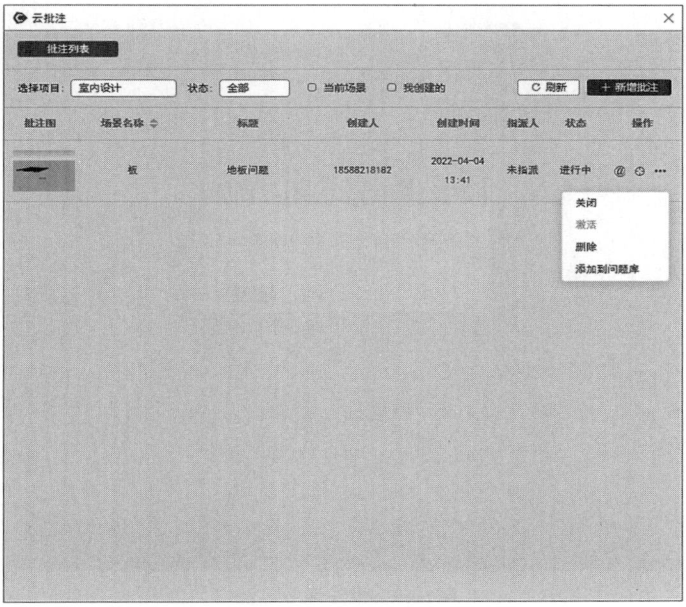

**图5.47　批注列表**

（3）收到指派任务（图5.48、图5.49）。

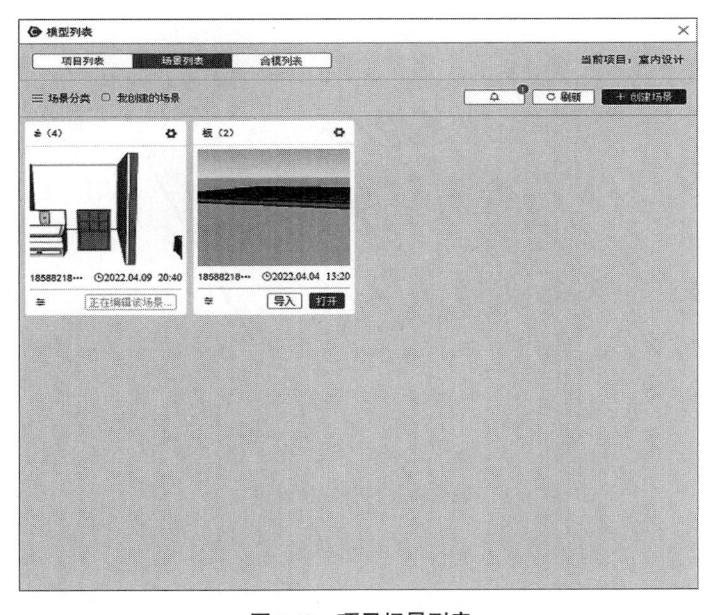


**图5.48　项目场景列表**

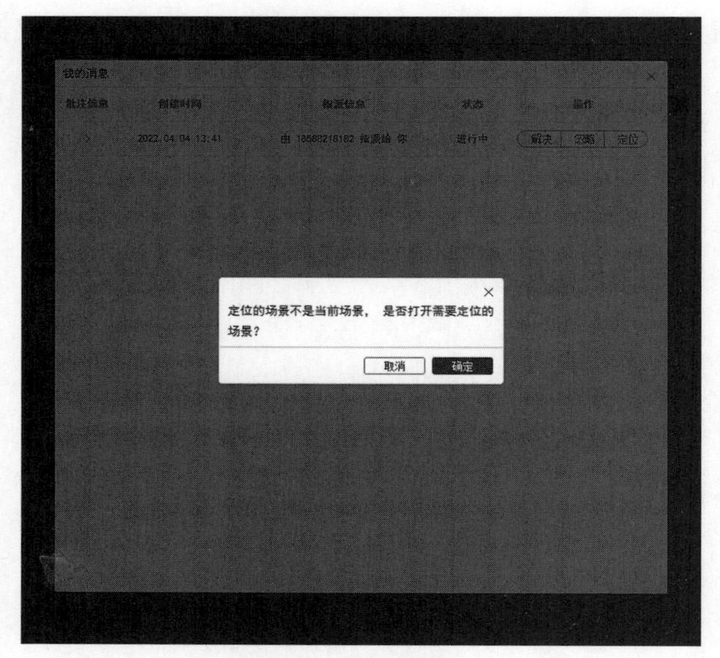


图5.49　批注场景定位

打开地板场景（图5.50）。

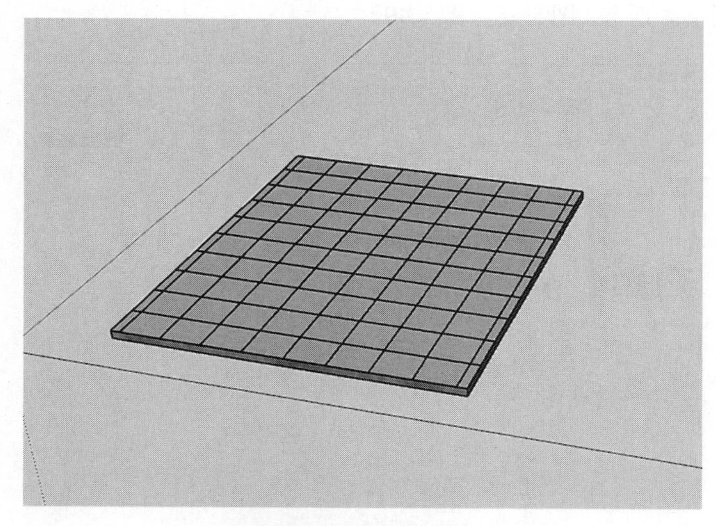

图5.50　打开定位场景

(4)查看问题库(图5.51、图5.52)。

图5.51　添加问题库

图5.52　问题库列表

## 5.4 成果输出

### 5.4.1 物料统计

根据物料中心的类别输出模型中所使用的物料列表。输出包含产品图片的物料表（图5.53）。

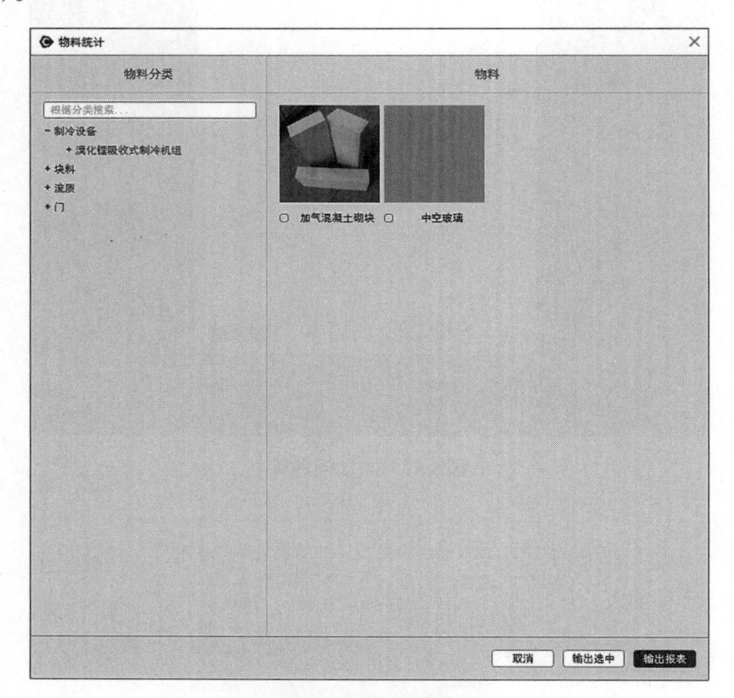


图5.53　物料统计

## 5.4.2 物料分专业统计

1.建筑物料（图5.54）

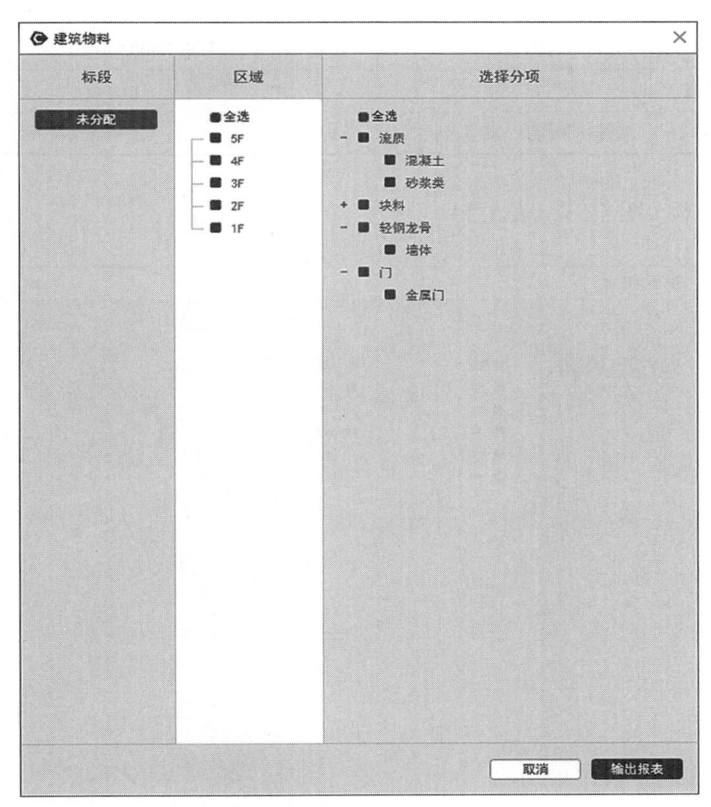


**图5.54 建筑物料**

输出word物料表见表5.1。

建筑物料表　　表5.1

| 编号 | 名称 | 使用位置 | 规格（mm） | 施工要点 |
|---|---|---|---|---|
| **流质—混凝土** | | | | |
| 流质—混凝土— | 重晶混凝土 | 1F | | |
| **块料—砌块** | | | | |
| 块料—砌块— | 加气混凝土砌块 | 1F | 600*100*300 | |
| **流质—砂浆类** | | | | |
| 流质—砂浆类— | 干混砌筑砂浆 | 1F | | |
| **块料—罩面板** | | | | |

续表

| 编号 | 名称 | 使用位置 | 规格(mm) | 施工要点 |
|---|---|---|---|---|
| 块料—罩面板— | 石膏板 | 1F | 2440*1200*9.5 | |
| **块料—保温板** | | | | |
| 块料—保温板— | 岩棉板 | 1F | 1200*600*50 | |
| **轻钢龙骨—墙体** | | | | |
| 轻钢龙骨—墙体— | 墙体—隔墙—50系列 | 1F | | |

2.装饰物料(图5.55,表5.2)

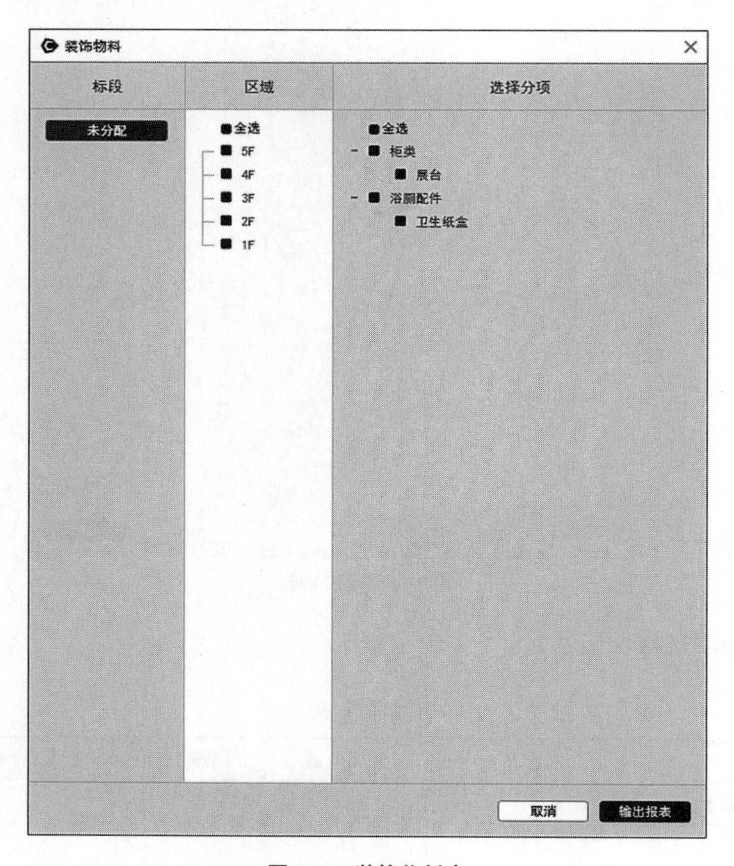


**图5.55　装饰物料表**

装饰物料表　　表5.2

| 编号 | 名称 | 使用位置 | 规格 | 施工要点 |
| --- | --- | --- | --- | --- |
| **柜类—展台** | | | | |
| 柜类—展台— | 展台 | 1F | | |
| **浴厕配件—卫生纸盒** | | | | |
| 浴厕配件—卫生纸盒— | 卫生纸盒 | 1F | | |

3.机电物料（图5.56）

选择相应专业，输出机电报表，物料名称、规格及工程量统计。

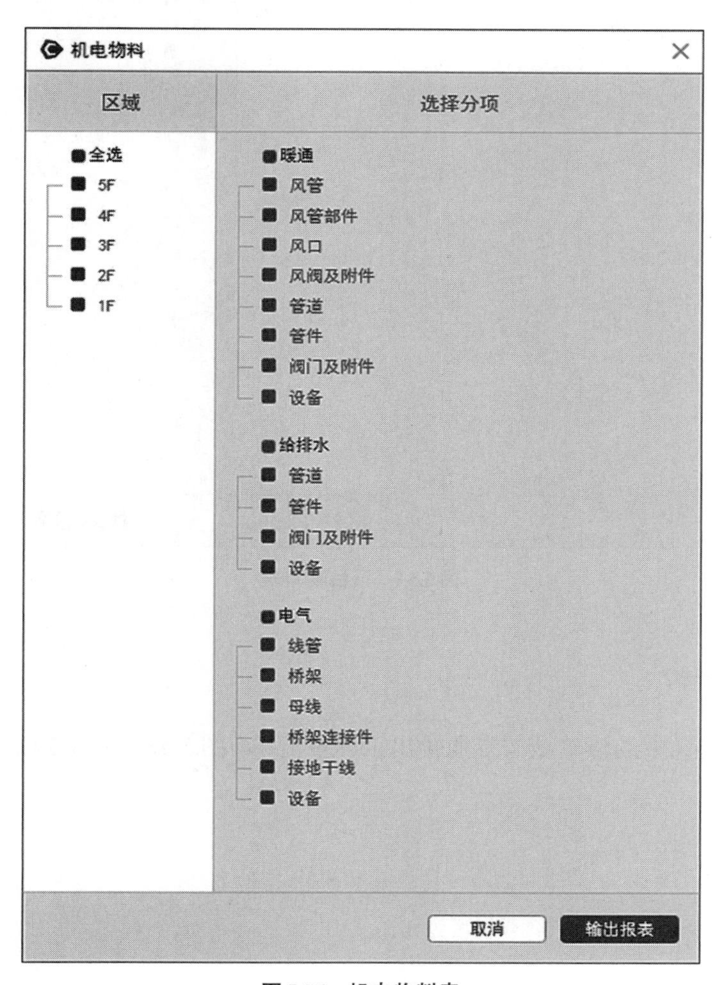


**图5.56　机电物料表**

### 5.4.3 项目物料

将项目模型中所需的物料根据分类输出（图5.57）。

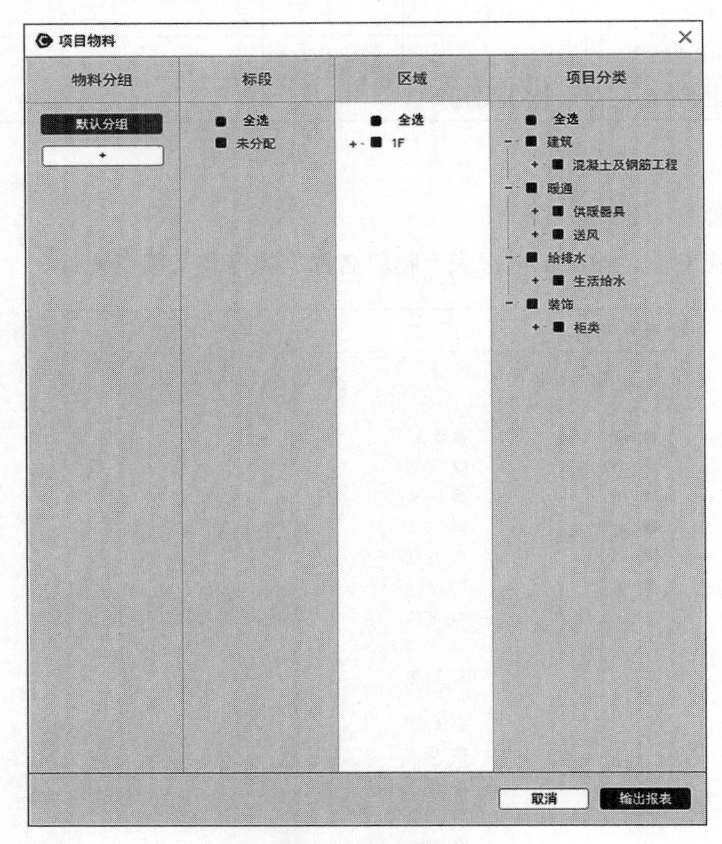


图5.57 项目物料表

### 5.4.4 清单计价

将项目定义中的清单项按专业输出工程量清单（图5.58、图5.59）。

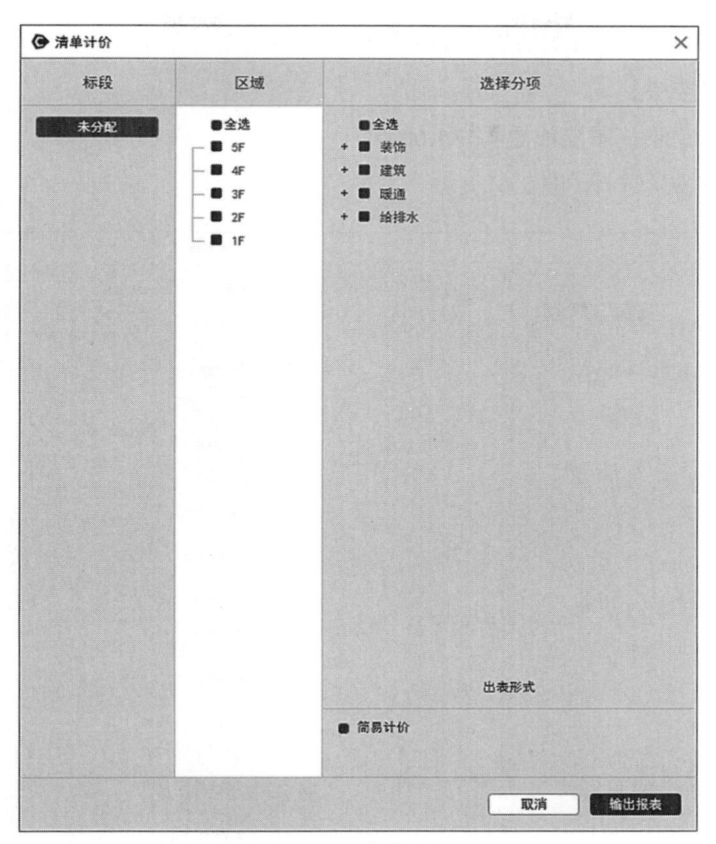


图 5.58　清单计价

分部分项工程量清单

| 序号 | 项目名称 | 清单编号 | 清单名称 | 项目特征描述 | 计量单位 | 工程量 | 综合单价 | 合价 | 综合单价分析 | | | | | 备注 |
|---|---|---|---|---|---|---|---|---|---|---|---|---|---|---|
| | | | | | | | | | 人工费 | 主材费 | 辅材费 | 机械费 | 管理费及利润 | |
| | 1F | | | | | | | | | | | | | |
| | 供暖器具 | | | | | | | | | | | | | |
| 1 | A型光排管散热器-A型 | 031005004001 | A型光排管散热器 | 1、型号：A型<br>2、规格：310*30*560 | 组 | 1 | 0.00 | 0.00 | 0.00 | 0.00 | 0.00 | 0.00 | 0.00 | |
| | 送风 | | | | | | | | | | | | | |
| 1 | 送风 | 030703007001 | 单层百叶风口_116_116_10_11.6_11.6_1_false | 1、名称：单层百叶风口<br>2、型号：120X120<br>3、规格：120X120 | 个 | 1 | 0.00 | 0.00 | 0.00 | 0.00 | 0.00 | 0.00 | 0.00 | |
| 2 | | 030702001001 | 120*120矩形镀锌薄钢板送风 | 1、名称：金属矩形管<br>2、材质：镀锌薄钢板风管<br>3、板材厚度：0.5<br>4、接口形式：内平单咬口 | $m^2$ | 0.49 | 0.00 | 0.00 | 0.00 | 0.00 | 0.00 | 0.00 | 0.00 | |
| | 1F小计 | | | | | | | 0.00 | | | | | | |
| | 合计 | | | | | | | 0.00 | | | | | | |

图 5.59　工程量清单

## 5.4.5 CAD机电建筑出图

1.环境搭建：需安装AutoCAD2014，直接启动AutoCAD2014。如CAD菜单栏未出现【DFC三维出图】，可在CAD命令行输入命令【MENUBAR】，将值设为1。

2. DFC-BIM创建出图场景（最好管道先整体刷新一下）

（1）出图楼层。

（2）出图专业：图层设置（图5.60）。

（3）出图场景选择（图5.61）。

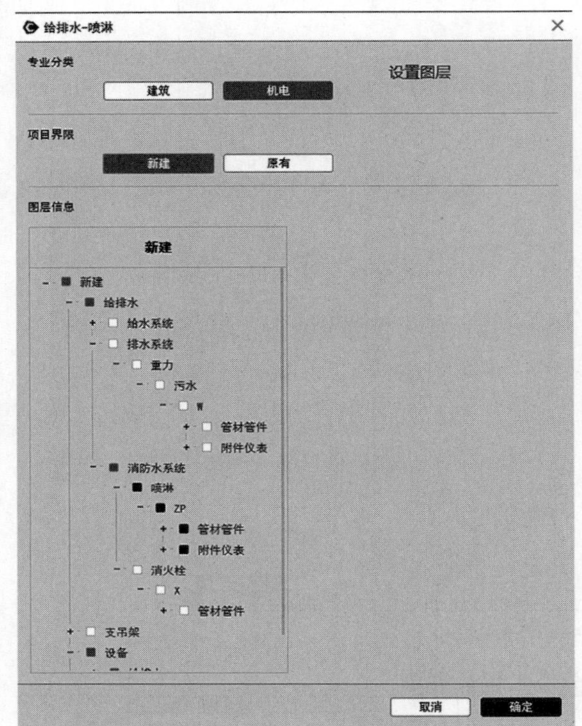


图5.60　出图图层设置

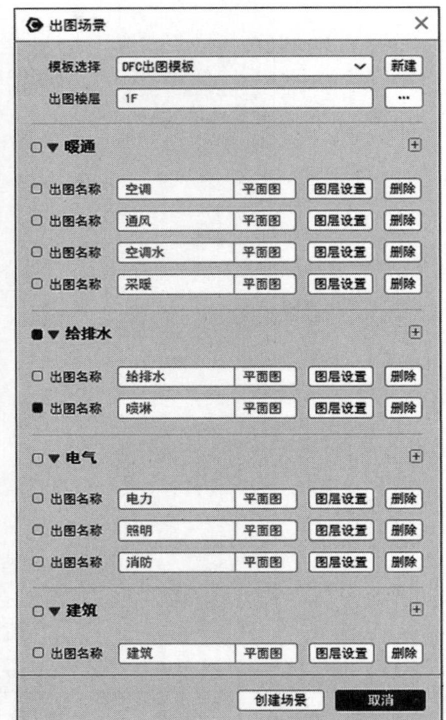


图5.61　出图场景

3. DFC-BIM出图

（1）出图设置：标高方式、线宽设置（图5.62、图5.63）。

（2）输出XML文件。

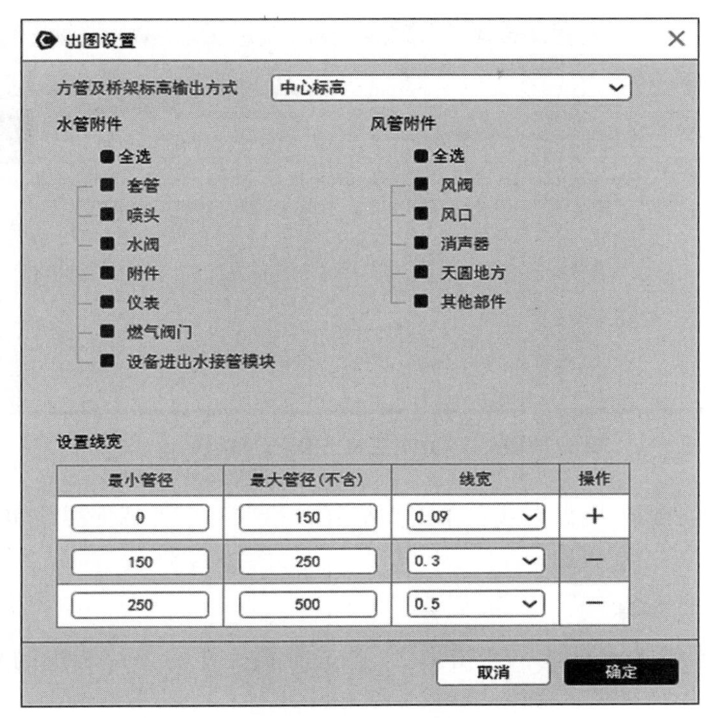


图5.62 出图设置

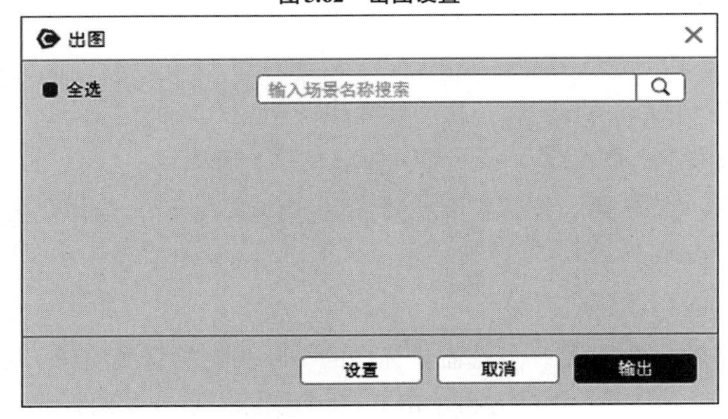


图5.63 出图场景选择

4. CAD出图

(1)打开CAD2014，点击【DFC三维出图】(图5.64)。

(2)选择导出的xml文件，生成CAD图纸。

5. CAD二维图纸处理

(1)建筑 建筑

①替换图层的窗户样式：单击，拾取一个当前窗图块即可；

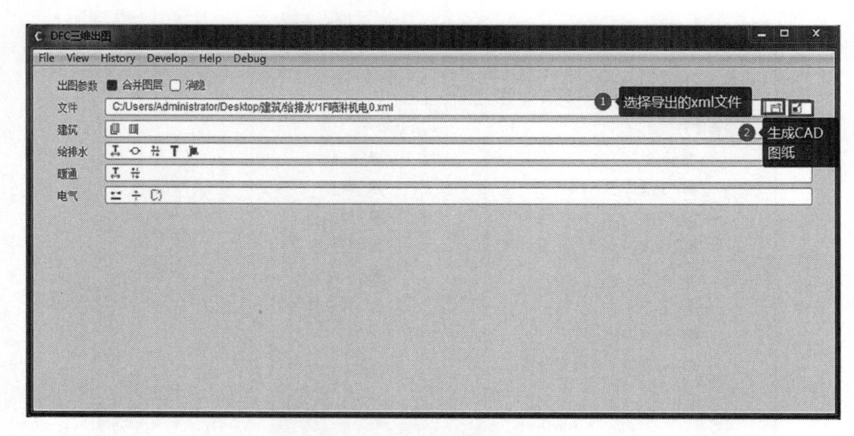


**图5.64 DFC三维出图—CAD**

②扩大窗户到外墙保温线：单击图标，拾取一个外墙保温线实体，拾取一个窗图块。

（2）给排水 给排水

①管线寻径文本标注：点击，点选需要标注的一片相连的管线的任一端点；

②消隐线&重线计算：点击，自动处理（消隐线存于Water_hide图层，处理后消失）；

③管线交叉截断：点击，自动处理；

④单管线文本：点击T，点选需要标注的单个管线；

⑤轴侧图：点击，框选需要投影图的实体输入45°，选择要生成轴侧图的位置。

（3）暖通 暖通

①起点寻径：单击，点选需要标注的一片相连的管线的任一端点（最好点击管线中间，管线呈现选中状态再单击）。若非实际端点或者两管线重叠，则需要再选一下此前选择管线的与大部分管线相连方向的端点，由于转角需要一定的角度生成轮廓线，在夹角特别小的地方，可以先手动断开，然后手动处理；

②管线交叉截断：点击，自动处理。

（4）电气 电气

①偏移管线：单击，自由选择含特定拓展数据的图块，单击鼠标右键完成选择，程序自动处理；

②裁剪管线：单击，自由选择含特定拓展数据的图块，单击鼠标右键完成

选择，程序自动处理；

③删除中线：单击[icon]，选中需要处理的桥架的任一中心线即可。

## 5.5 Layout出图

通过【出图工具】，在Sketchup快速尺寸文本标注，出图排版，导出到Layout完成二维图纸出图（图5.65）。出图基本流程为：

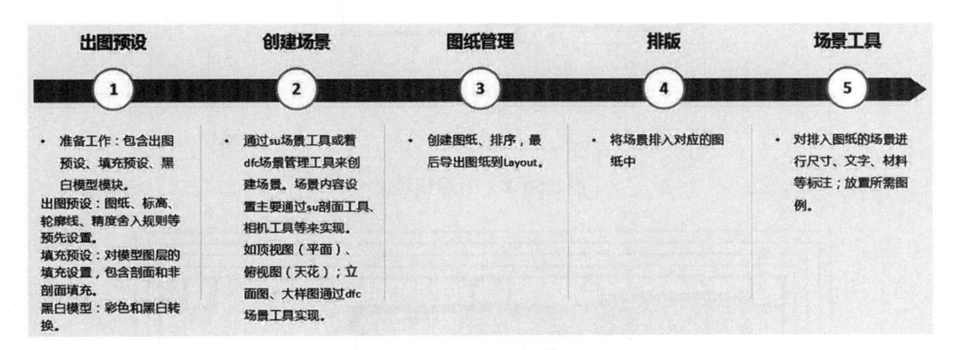


图5.65　DFC-BIM出图流程

### 5.5.1 出图预设（图5.66-1~图5.66-7）

1.图纸大小。

2.模板文件（Layout）。

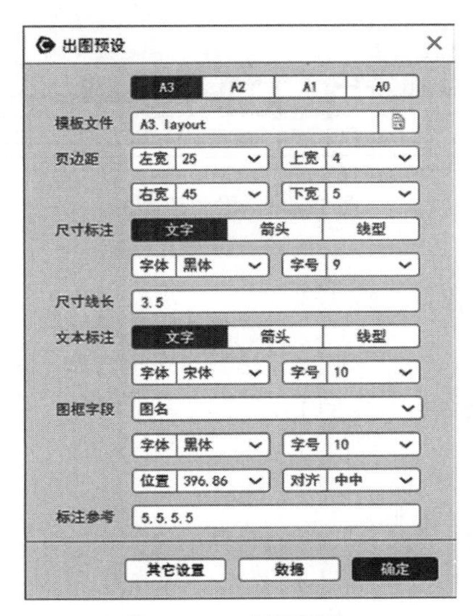


图5.66-1　出图预设1

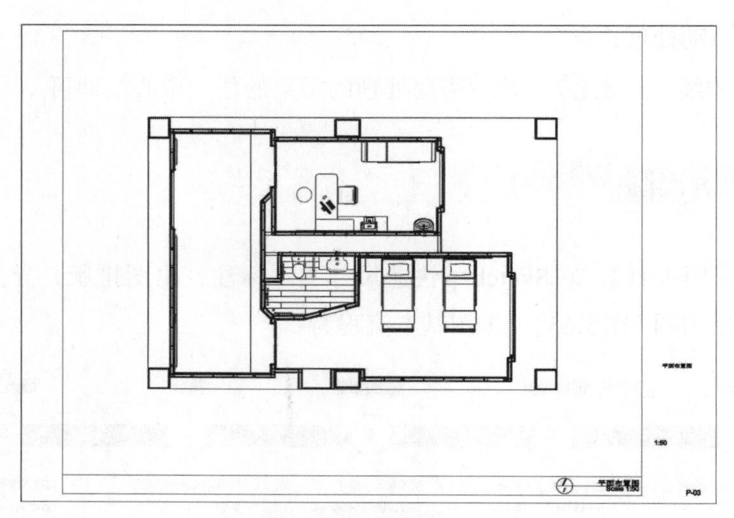

图5.66-2　出图预设2

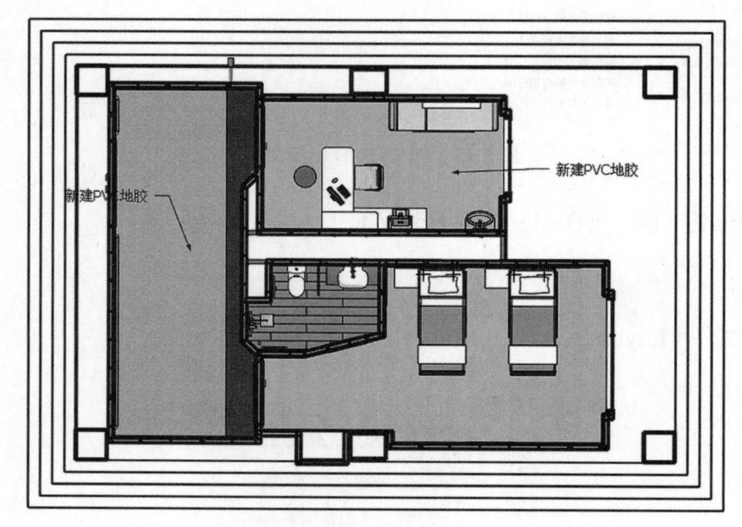


图5.66-3　出图预设3

3.尺寸标注（文字、箭头、线型）。

4.尺寸线长。

5.文本标注（文字、箭头、线型）。

6.其他设置。

（1）标高设置：设置基准标高。

（2）轮廓线：设置图层轮廓线。

（3）舍入规则：精度要求小数点保留几位，舍入值为5时，尾数非0即5。

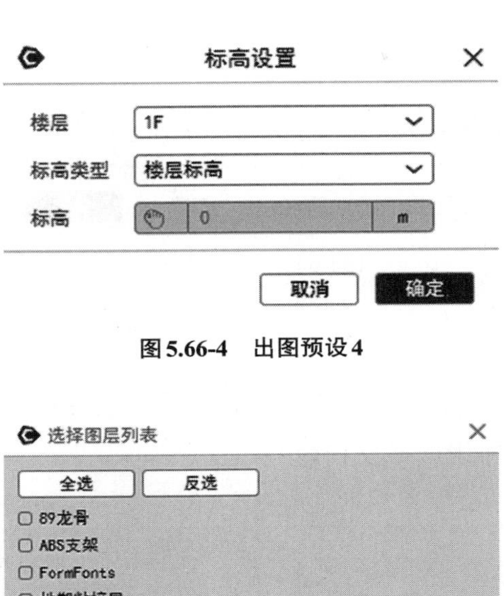


图 5.66-4　出图预设 4



图 5.66-5　出图预设 5

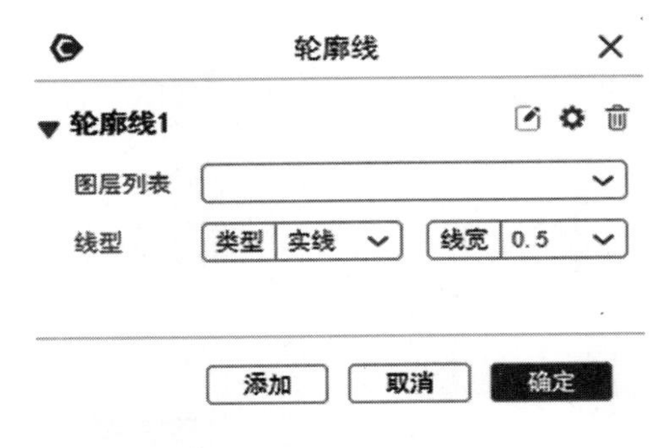


图 5.66-6　出图预设 6

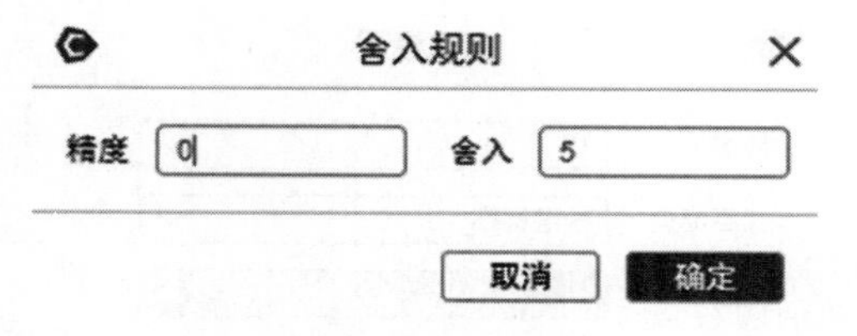


图5.66-7　出图预设7

## 5.5.2 填充预设

1.剖面填充：各种剖面的显示图示（图5.67-1、图5.67-2）。

2.非剖面填充：立面图（默认白色）。

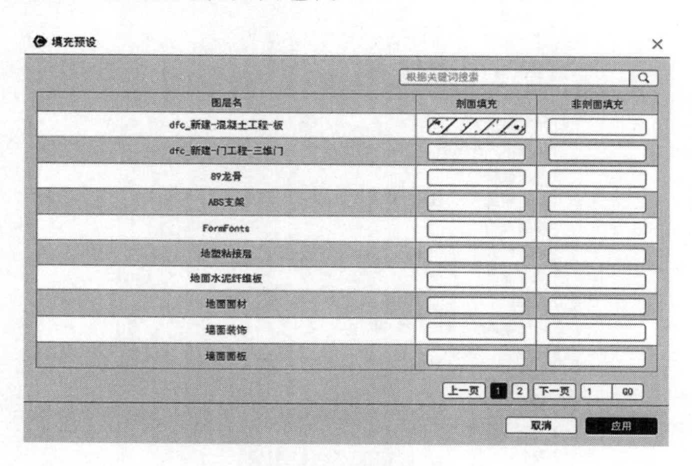


图5.67-1　填充预设1

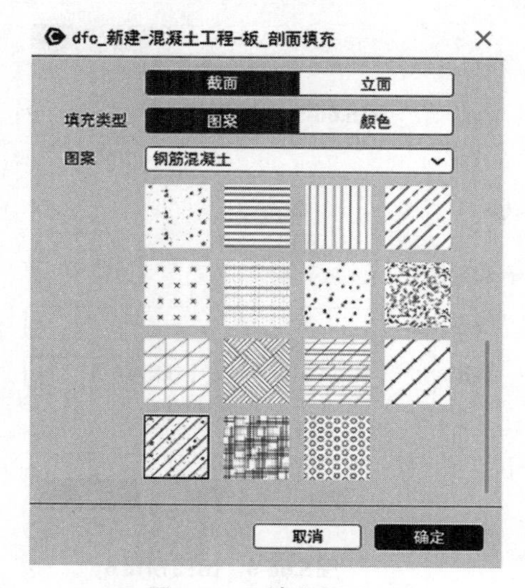


图5.67-2　填充预设2

### 5.5.3 黑白模型

模型彩色和黑白模型的相互转换（图5.68、图5.69）。

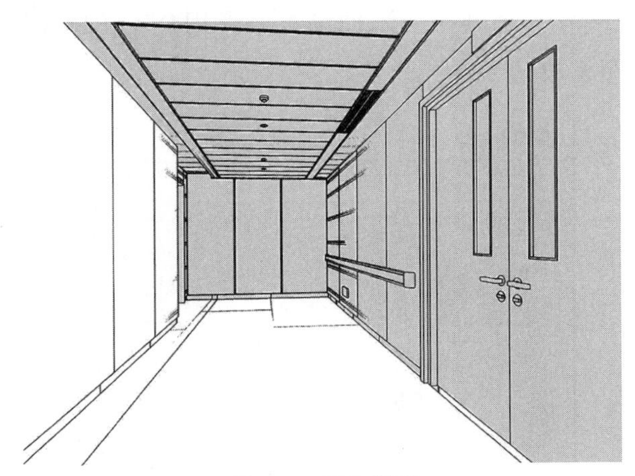

图5.68 黑白模型

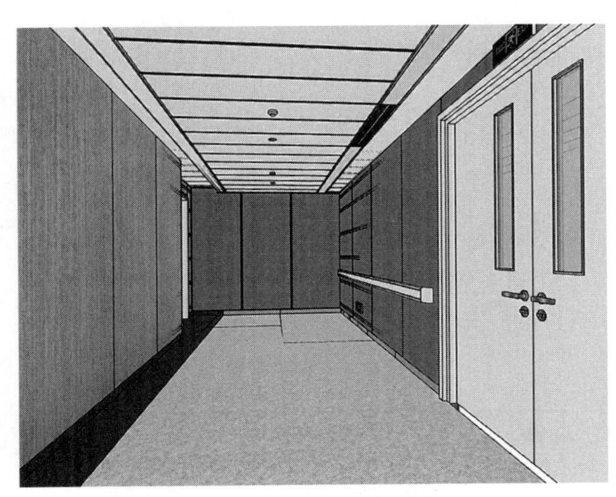

图5.69 彩色模型

### 5.5.4 创建场景

1.用剖切面工具创建截面（图5.70）。

图5.70 截面工具

平面布置图地面用（菜单栏——相机——标准视图——顶视图），天花布置图用（菜单栏——相机——标准视图——顶视图）。

2.应用Sketchup工具添加场景。

菜单栏——视图——动画——添加场景或者用DFC-BIM【场景管理】工具添加场景（图5.71、图5.72）。

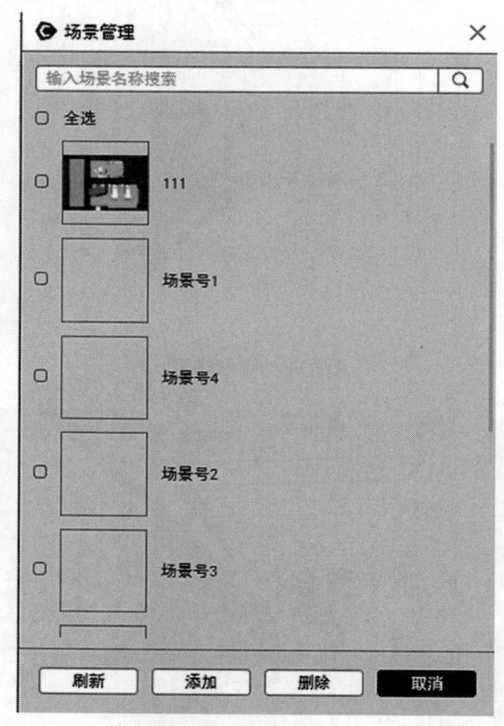


图5.71　场景管理

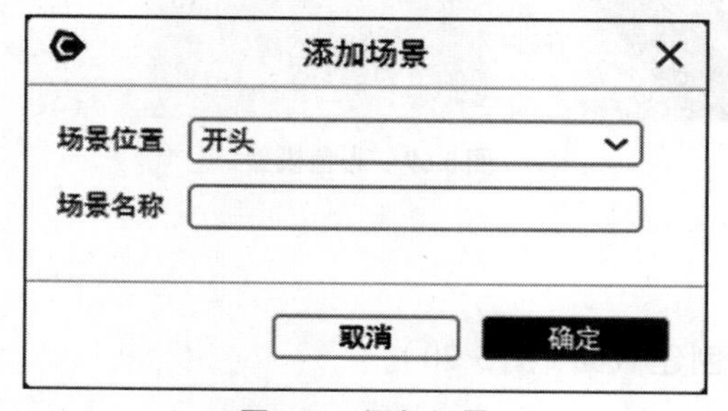


图5.72　添加场景

## 5.5.5 场景工具

1.创建完场景后，点击【场景工具】，出现如下工具栏（图5.73）。

图5.73　场景工具栏

点击，修改场景名称和场景比例（场景比例按算法默认匹配）（图5.74）。

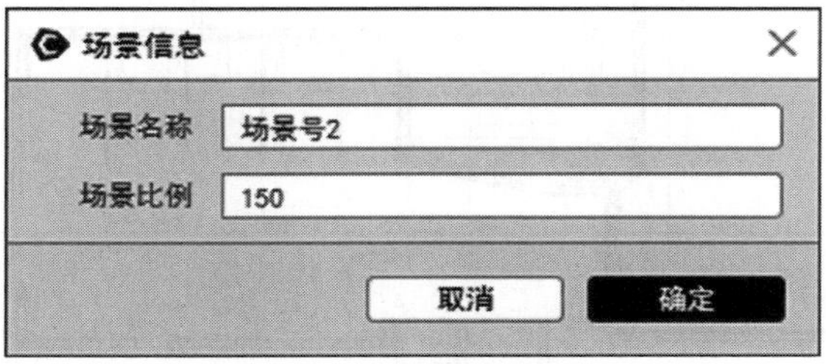

场景信息
场景名称　场景号2
场景比例　150
取消　确定

图5.74　场景信息

点击视口调整：框选当前场景更新视口。这个步骤一定要做，相当于写入DFC-BIM场景，点击右键（图5.75）。

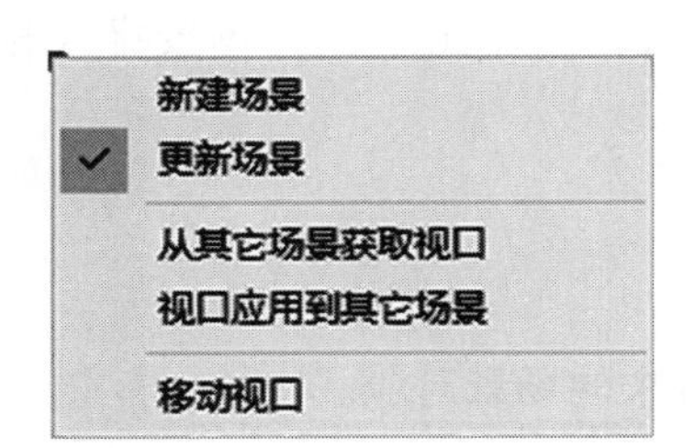


图5.75　更新场景

（1）从其他场景获取视口：保证多个出图场景定位一致。

（2）视口应用到其他场景。

（3）新建场景：通过现有视口新建，可截取全部或部分。

2.创建立面图创建。

应用【场景工具】在平面布置图场景中创建立面图，点击增加场景，分别在需要的位置做两个截面，完成选择立面，自动生成立面图A、立面图B，做截面时候，可以按住左右键锁定横向，按上下键锁定竖向，保证截面平齐（图5.76）。如图红线所示为截面：

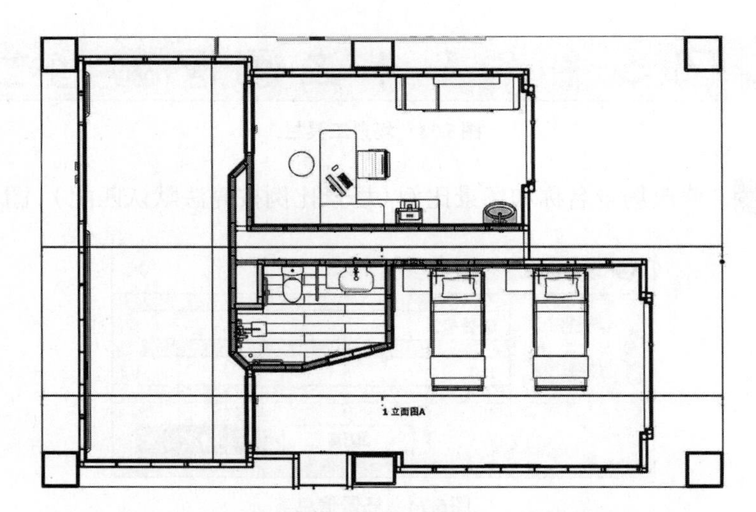


**图5.76　立面图场景（扫描第4章首页二维码见彩图）**

### 5.5.6 图纸管理

所有的场景创建完之后，创建图纸，将场景排入相应的图纸中（图5.77-1和图5.77-2）。

（1）选择图纸类型。

（2）选择图纸尺寸。

（3）图名会自动跟排进来的场景对应。

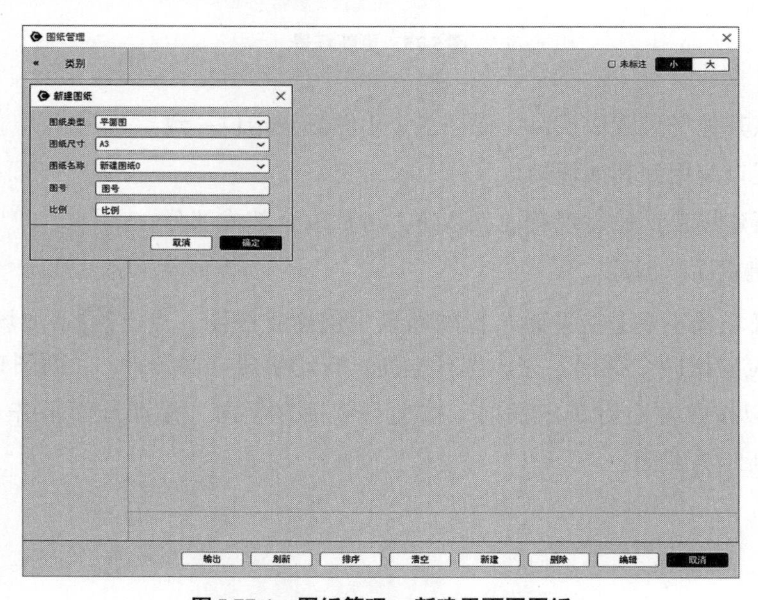


**图5.77-1　图纸管理—新建平面图图纸**

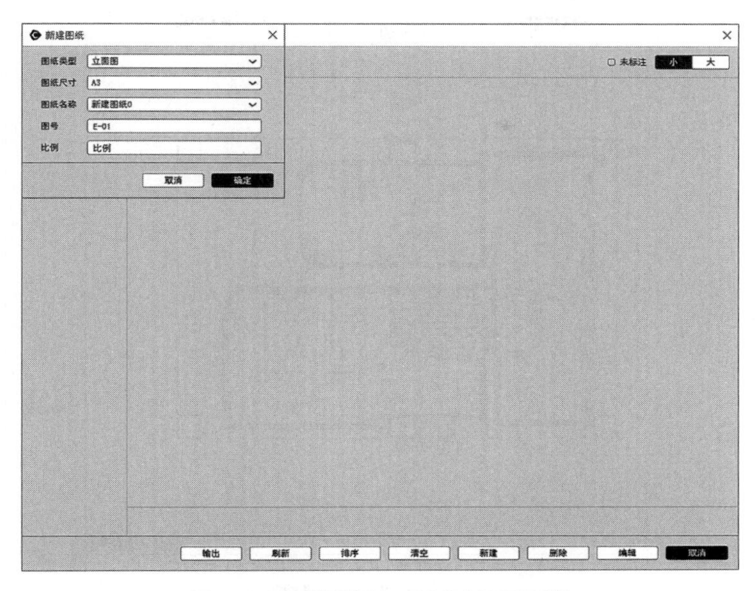


图 5.77-2　图纸管理—新建立面图图纸

## 5.5.7 排版

将场景排入图纸中后，点击【排版工具】或双击图纸，其次点击选中面放置场景，点击保存，完成排版（图 5.78、图 5.79）。

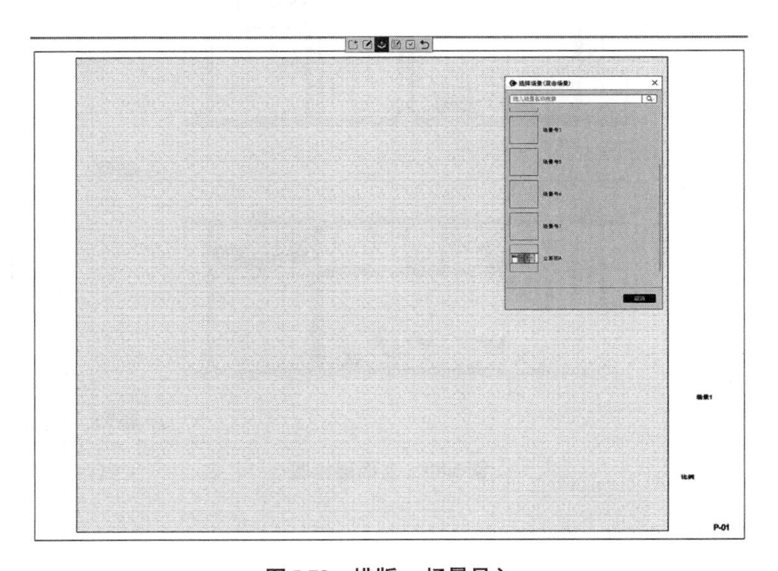


图 5.78　排版—场景导入

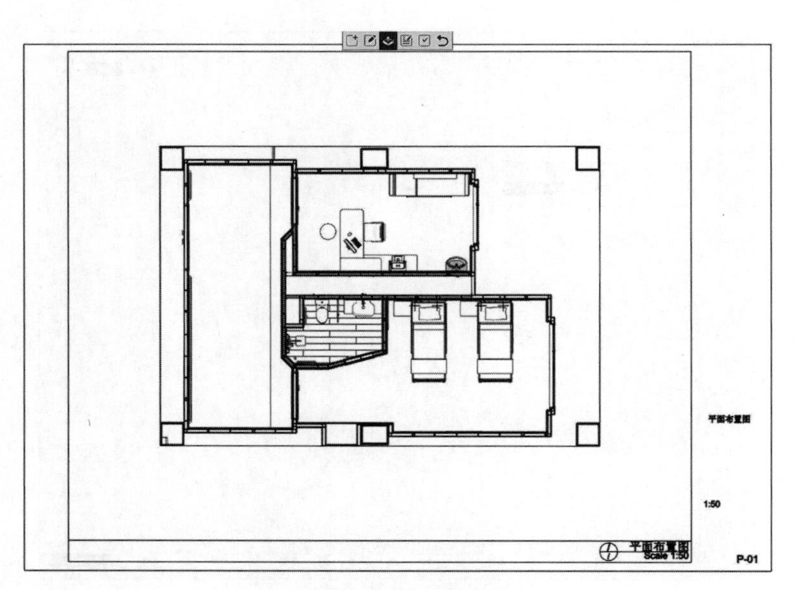


**图5.79　排版—场景预览**

立面图排图，新建立面图图纸，排版（场景有变化时候，点击场景管理更新），如图5.80所示。

**图5.80　立面图排版**

## 5.5.8 场景标注

（应用【场景工具】）

1.点击，尺寸标注：点击尺寸标注在所需要标注的地方逐次点选（图5.81）。

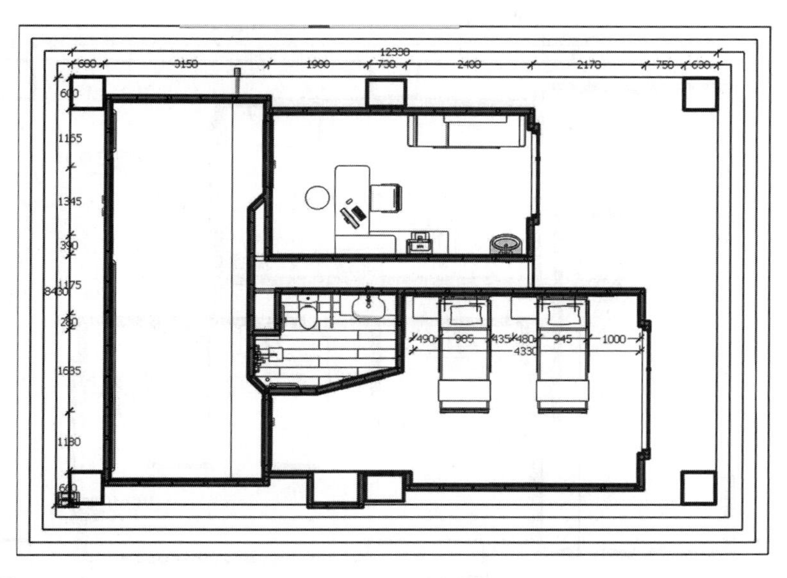


图5.81　尺寸标注

2.点击 文 ，说明文字。

3.点击 ，材料标注、家私标注、空间名称等标注（图5.82、图5.83）。

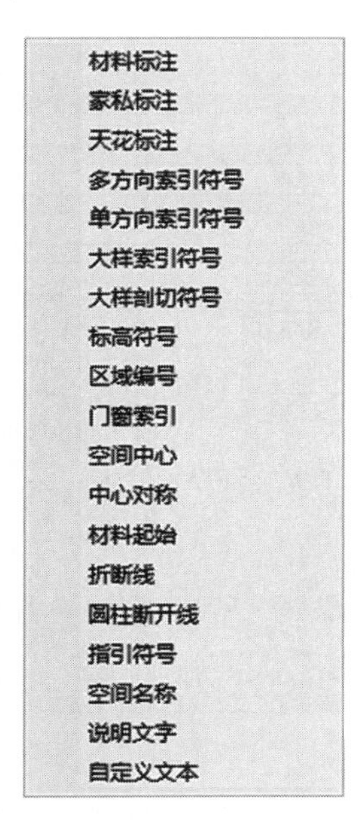


图5.82　其他标注

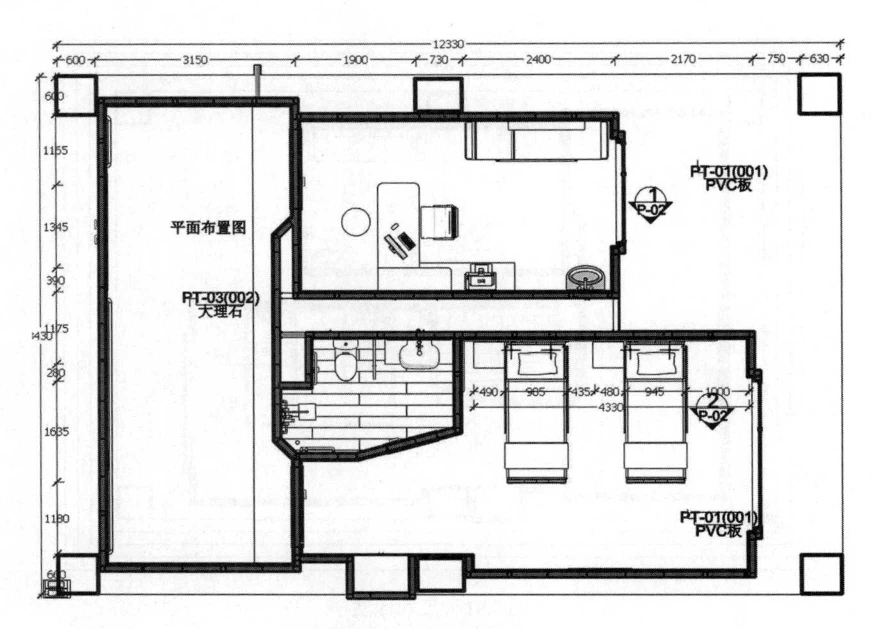


图5.83 材料标注

4.图例标注：点击[icon]，放置图例（图5.84）。

图5.84 图例管理

5.放置图例表：点击，放置的图例点击图例表，自动生成图例表。

| 图例 | 名称 | 备注 |
|---|---|---|

## 5.5.9 Layout出图

点击【图纸管理】，输出图纸，完成Layout出图（图5.85）。

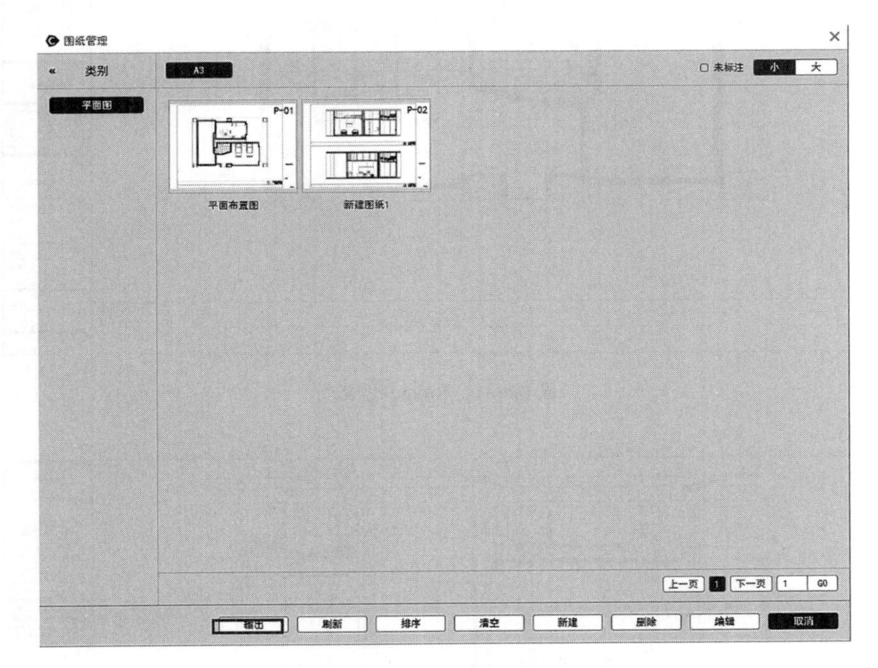


**图5.85　图纸输出至Layout**

打开Layout出图，查看图纸，修改图纸时自动跟Sketchup模型联动修改（图5.86-1、图5.86-2）。

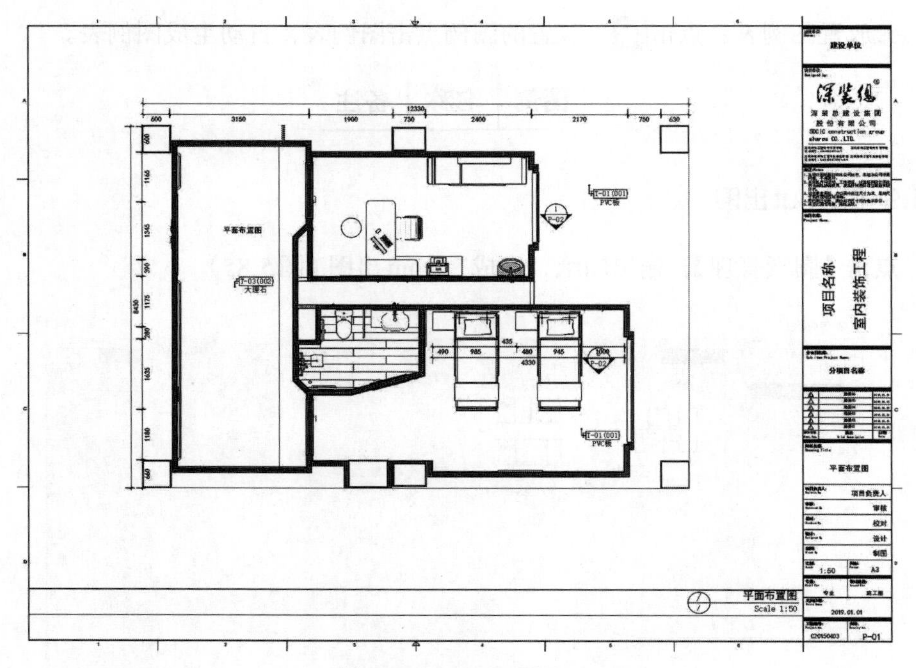


图 5.86-1　Layout 图纸 1

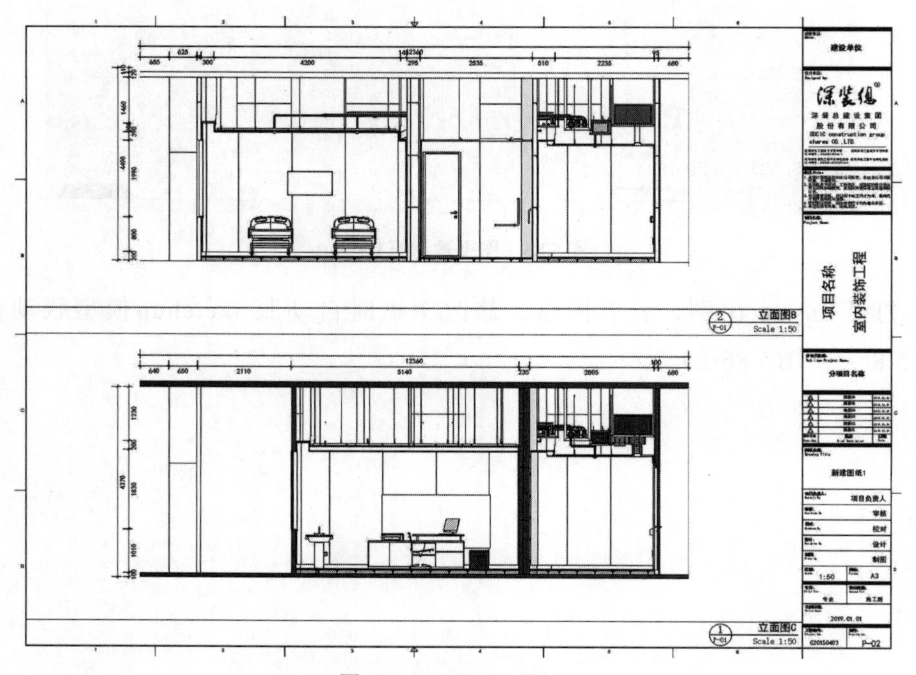


图 5.86-2　Layout 图纸 2

点击右键，可以编辑3D视图（图5.86-3）。

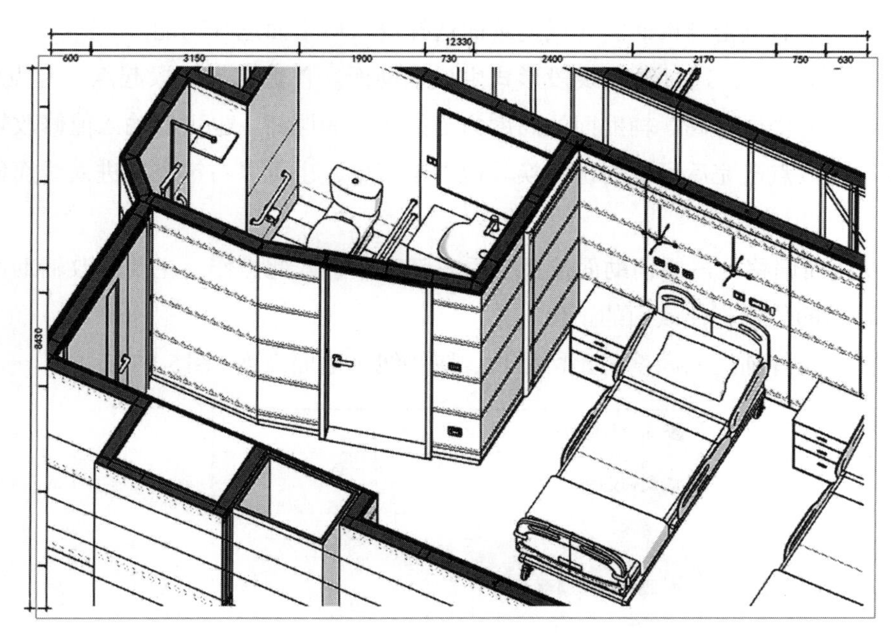

图5.86-3 Layout图纸3

也可以在Layout上添加图表、设置页面和图层。

## 5.6 实用工具

【实用工具】模块主要是一些小工具，对模型的一些排列、对齐、属性快速处理工具。

### 5.6.1 装饰辅助面

用于拾取建筑墙、柱、梁、板模型组生成其他工具需要的辅助面组，会自动扣除重叠部分。

（1）单个面：用户点击了哪个面就选中哪个面。

（2）单个实体：针对项目组选择，用户点击了哪个项目组就选中项目组中的面。

（3）空间面—墙面、空间面—柱面、空间面—墙柱面：针对封闭空间区域，如封闭房间、楼层。选择空间面菜单后通过鼠标点击对角点来选中空间面的墙面、柱面或者墙柱面。完成空间面选择进入单个面选择功能。

（4）连续面：选择相连的墙柱面。首先点击起始面，然后点击与起始面组相邻的组的面，最后点击结束面。完成连续面选择进入单个面选择功能。

（5）拽线绘面：通过绘制线段形式生成辅助面。首选点击线段起点，起点的Z轴高度为当前楼层标高，辅助面的高度为当前楼层的层高，也可以输入值修改辅助面高度。线段点击完后可以右键切换其他右键菜单，也可以右键完成进入线面偏移操作。

（6）线面偏移：需要辅助面选择完后右键完成进入此操作。主要修改辅助面高度、偏移面的位置、修改面的正反。

提前预设好辅助面高度，预留吊顶、踢脚线、地面高度（图5.87）。

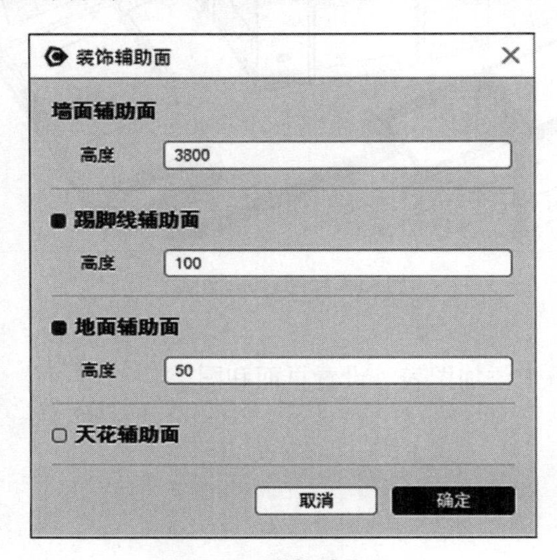


**图5.87 装饰辅助面**

## 5.6.2 快速分割面

打开分割面工具，调整好参数，点击确定，选择要分割的面，选择好起铺点和铺贴方向（图5.88-1、图5.88-2）。

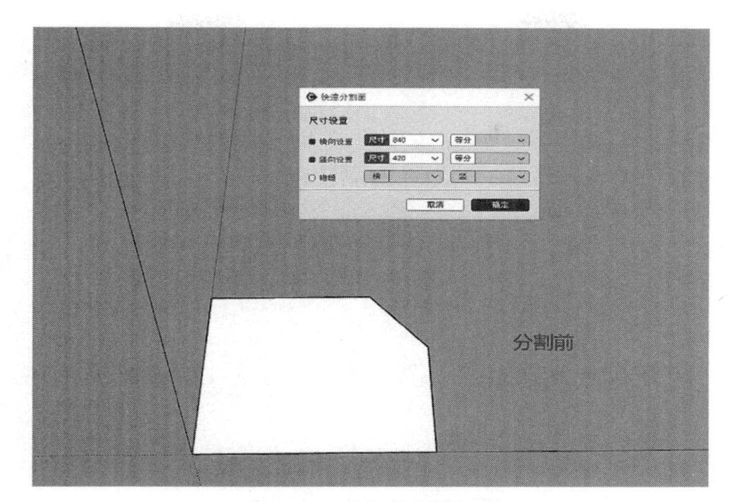


**图 5.88-1　快速分割面—前**

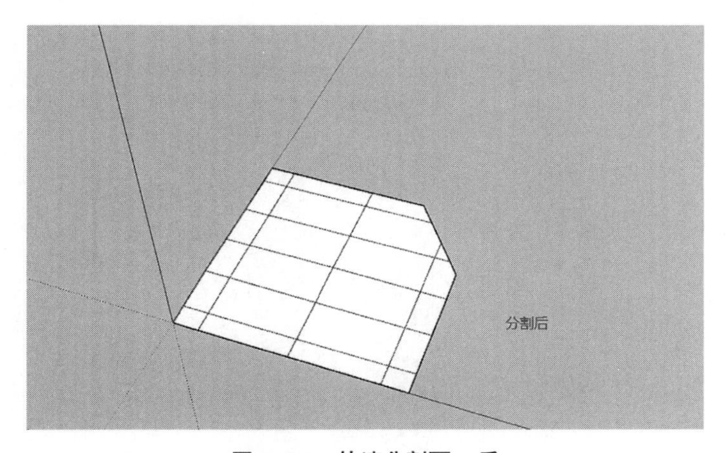


**图 5.88-2　快速分割面—后**

## 5.6.3 隐藏拼缝

隐藏边线，使得分割面看上去没有缝，可以点击隐藏单根边线，也可以按住鼠标左键移动所有碰到的边线（图 5.89-1、图 5.89-2）。

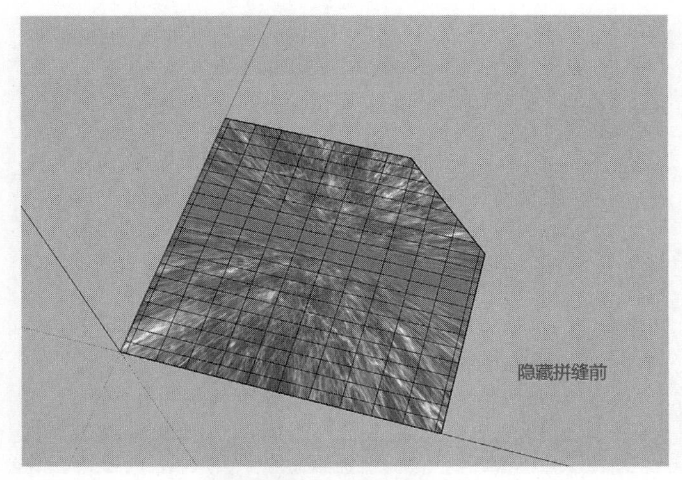


图5.89-1　隐藏拼缝—前

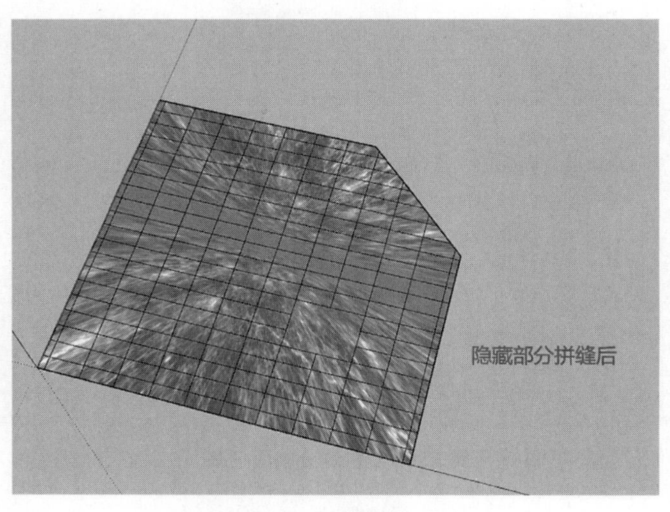


图5.89-2　隐藏拼缝—后

### 5.6.4 属性查看

用于查看DFC工具生成组的属性，分为模型信息和成本信息，也可以对模型右键点击属性查看菜单，此时会激活工具，鼠标悬浮在模型上也会展示其信息（图5.90）。

**注：**红色为页面展示模型，绿色为悬浮展示模型。

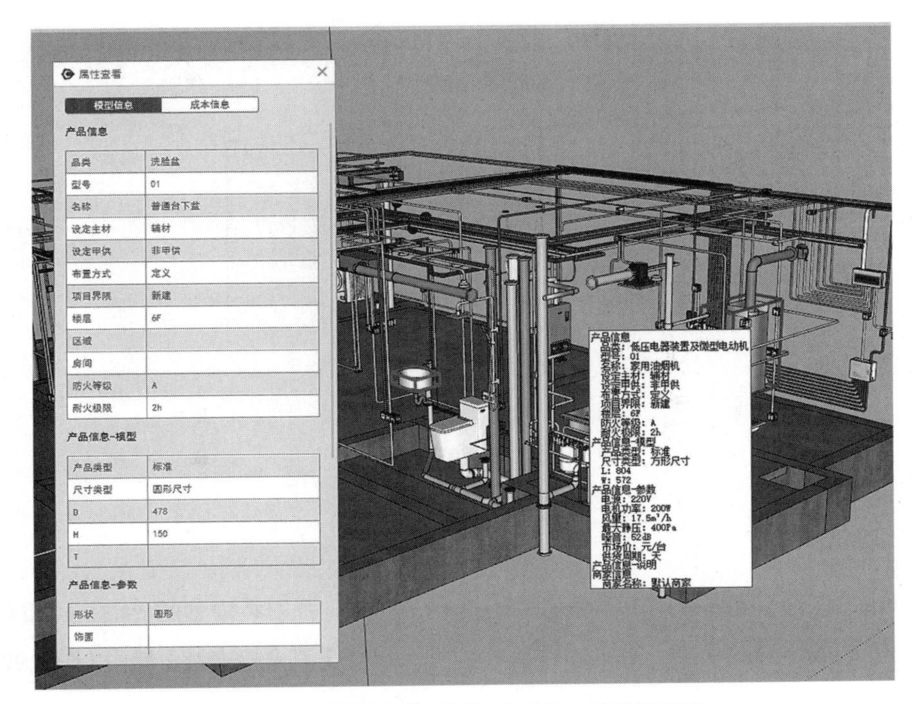


**图5.90　属性查看（扫描第4章首页二维码见彩图）**

## 5.6.5 模型匹配

用于同类模型进行属性同步，可以将两个模型属性保持一致。激活工具，先点击属性来源模型，然后再点击需要修改的模型（图5.91-1、图5.91-2）。

**图5.91-1　模型匹配一前**

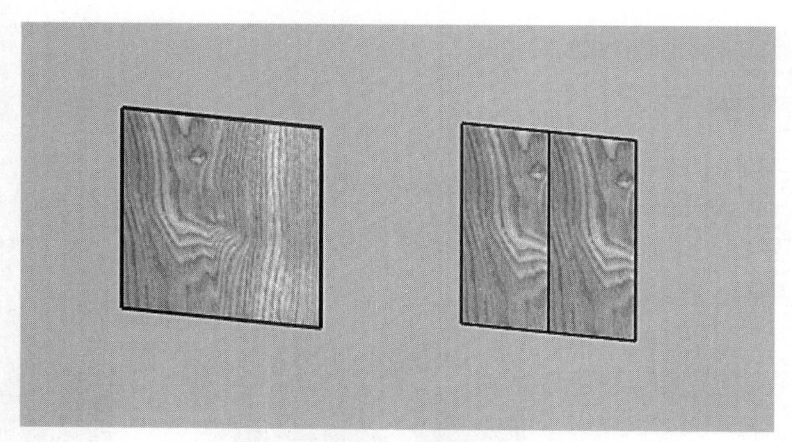

图5.91-2　模型匹配一后

## 5.6.6 吸管

点击【吸管】工具，点击需要修改的模型，自动打开安装模型的界面，可重新选择需要安装或定义的模型。如点击消火栓模型，出现【消火栓安装】界面（图5.92）。

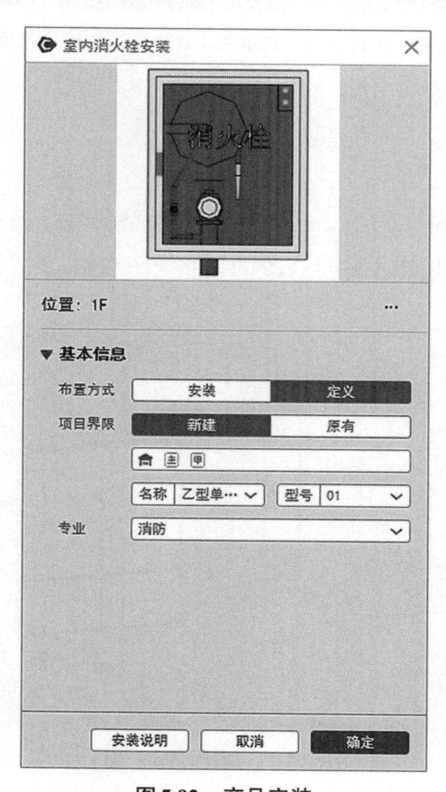


图5.92　产品安装

## 5.6.7 阵列

1. 路径阵列

打开阵列页面，点击路径阵列，设置好阵列参数，然后选择需要被阵列的组和阵列路径（边线），点击确定（图5.93-1、图5.93-2）。

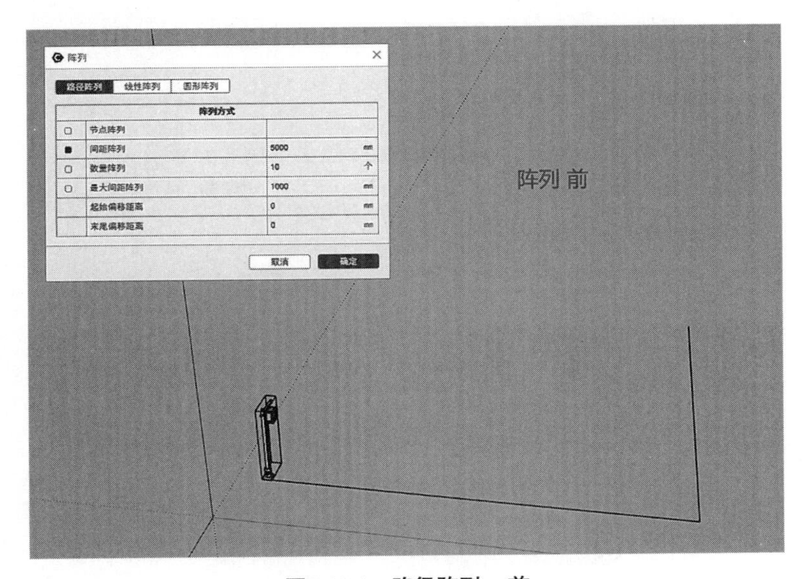


**图5.93-1　路径阵列一前**

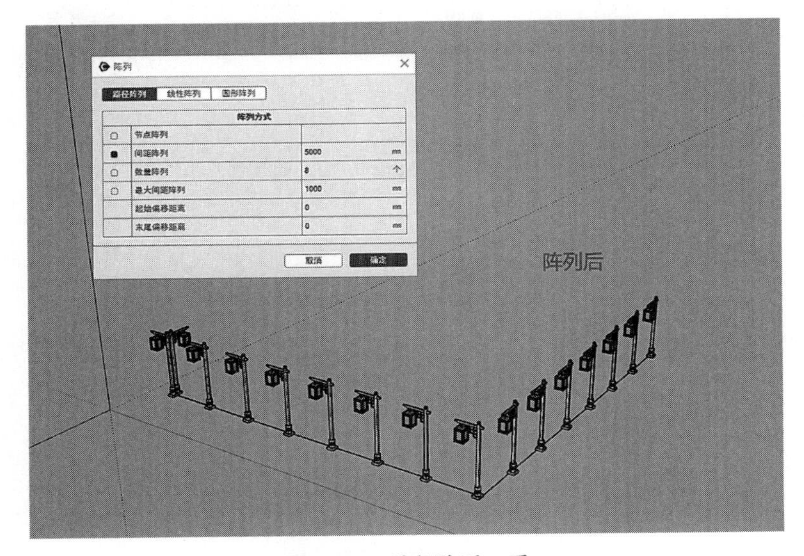


**图5.93-2　路径阵列一后**

2.线性阵列

打开阵列页面，点击线性阵列，设置好阵列参数，然后拾取阵列物体，点击确定（图5.94-1、图5.94-2）。

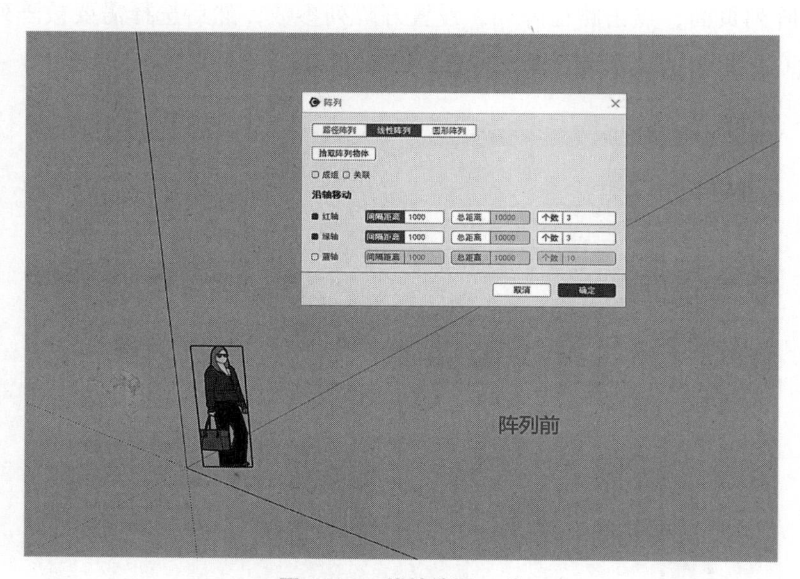


图5.94-1　线性阵列一前

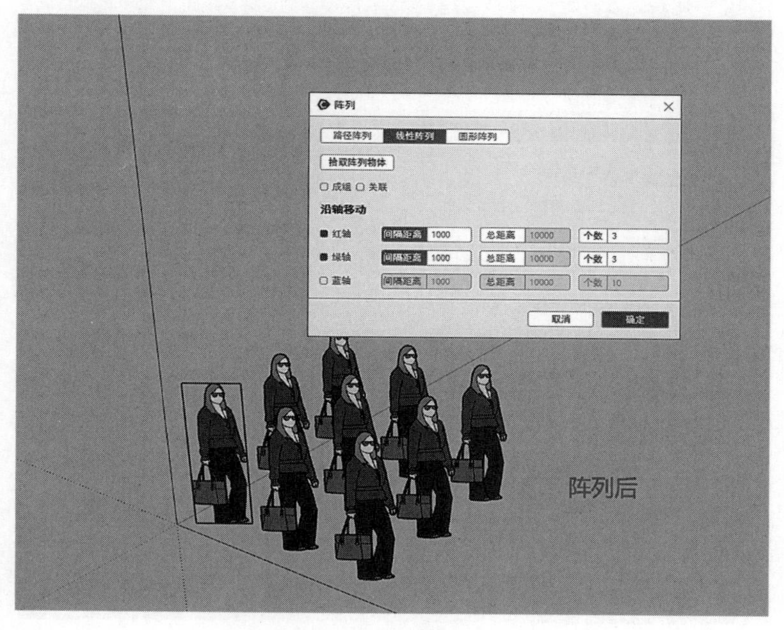


图5.94-2　线性阵列一后

打开阵列页面，点击圆形阵列，设置好阵列参数，然后拾取阵列物体，拾取圆心及法线，点击确定（图5.95-1、图5.95-2）。

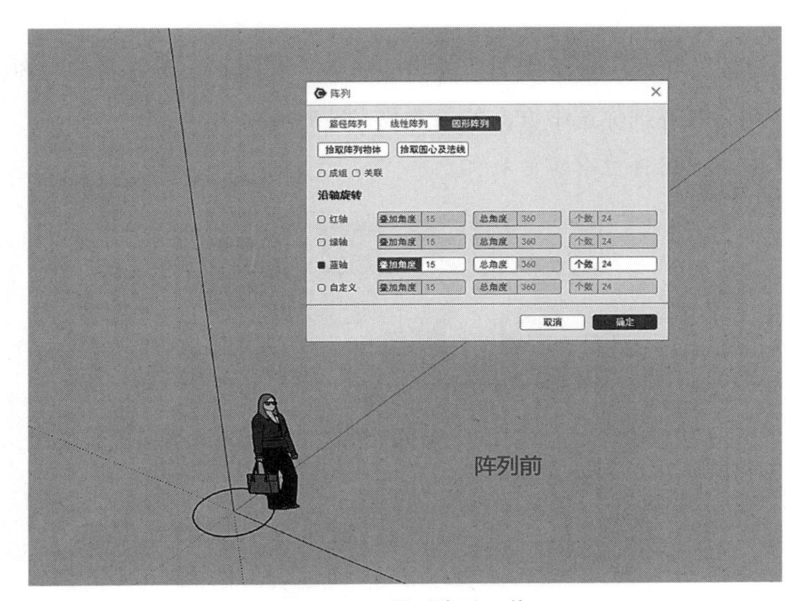


图5.95-1　圆形阵列一前

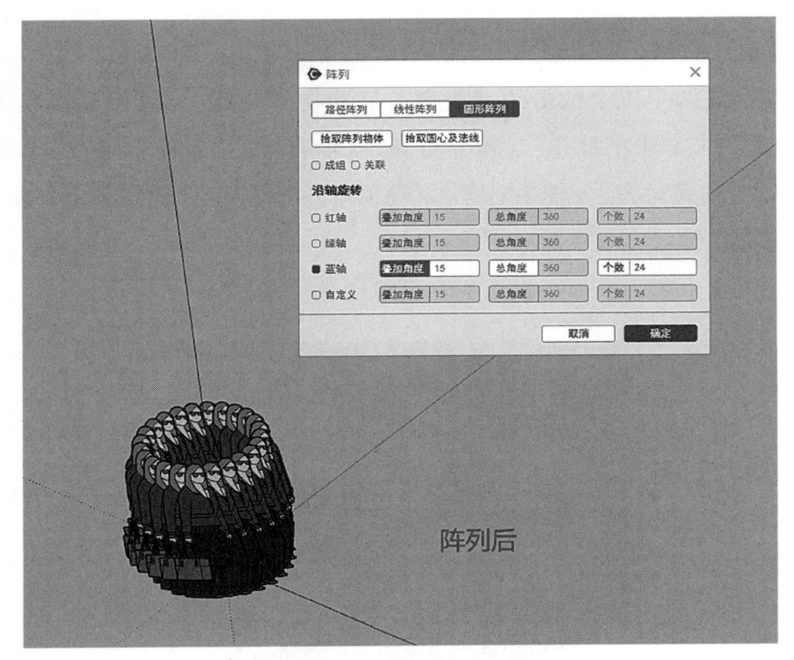


图5.95-2　圆形阵列一后

### 5.6.8 对齐工具

1.射线对齐

鼠标启动射线工具，选中需要对齐组或组件，如图有六个方向可对齐，选中某个方向物体就会对齐到你选中方向的参考物（图5.96）。

**注**：选中组或组件且有参考物体。

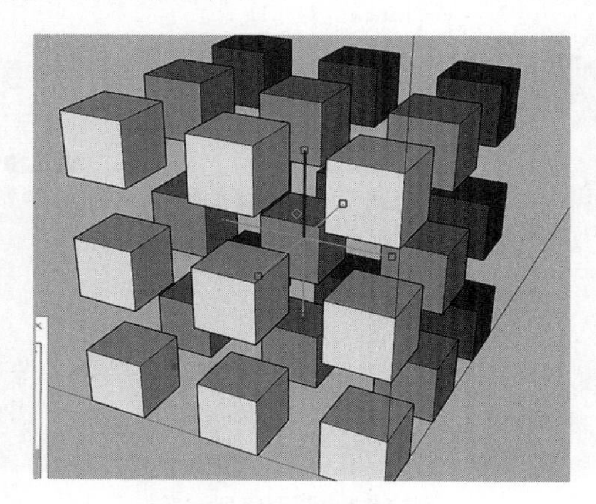

图5.96 射线对齐

2.物体对齐

选中两个或两个以上的群组或组件，启动物体对齐工具（图5.97），该工具包括了（中心对齐、x轴左对齐、x轴中对齐、x轴右对齐、y轴左对齐、y轴中对齐、y轴右对齐、z轴底对齐、z轴中对齐、z轴顶对齐），鼠标移动到某个方向，方向高亮后点击鼠标左键就完成了对齐。

**注**：必须选中两个或两个以上的群组或组件。

图5.97 物体对齐

3.对齐到面线

选中一个或多个群组或组件，启动工具，鼠标拾取参考面或线（图5.98），点击鼠标左键，物体就会对齐到该面或线。

**注**：启动工具前先选中一个或多个群组或组件。

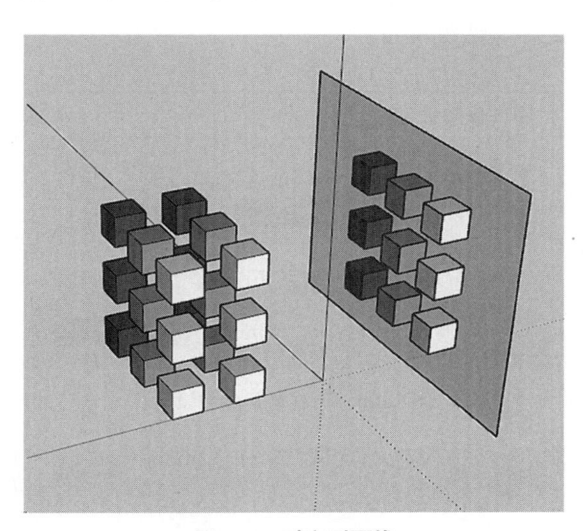

**图5.98　对齐到面线**

4.竖直落置

选中需要落置的组或组件，启动竖直落置工具（图5.99），鼠标拾取落置高度或右键选择竖直落置功能。

**注**：启动工具前至少选中一个群组或组件。

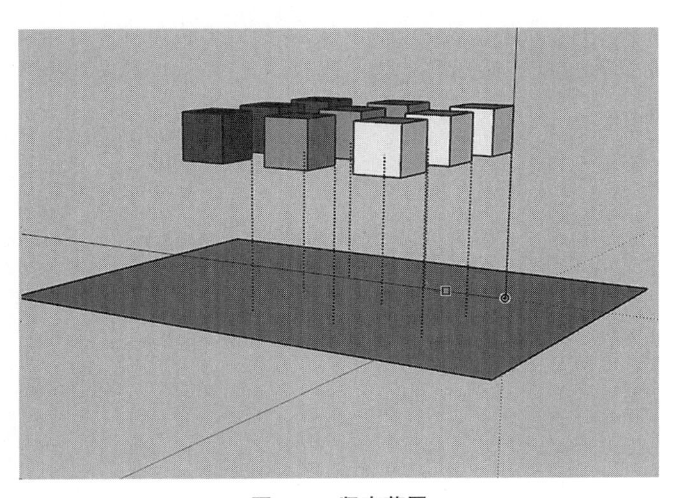

**图5.99　竖直落置**

### 5.6.9 三维倒角

选择两个不平行的面，在两个面交汇处进行倒角。先打开参数界面设置倒角参数，然后再选择两个不平行的面进行倒角（图5.100、图5.101）。

**注**：如果面在组内请进组倒角。

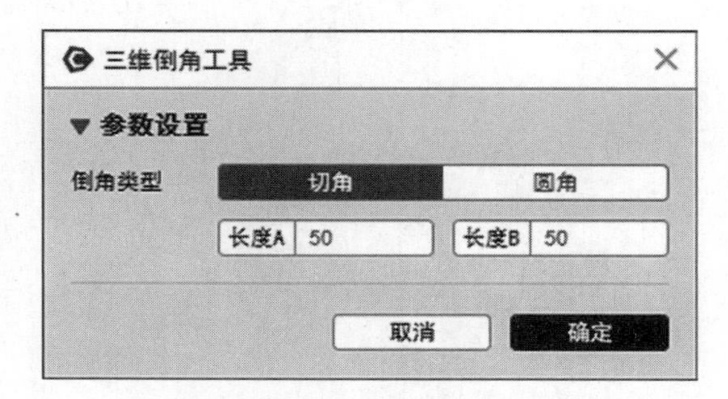


图5.100　三维倒角参数设置

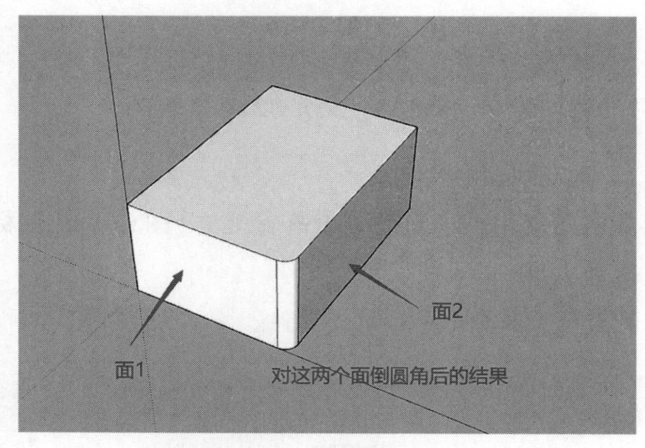


图5.101　三维倒角模型

## 5.7 装修大样图案例操作

1.柱木饰面大样模型

(1)CAD大样图(图5.102)。

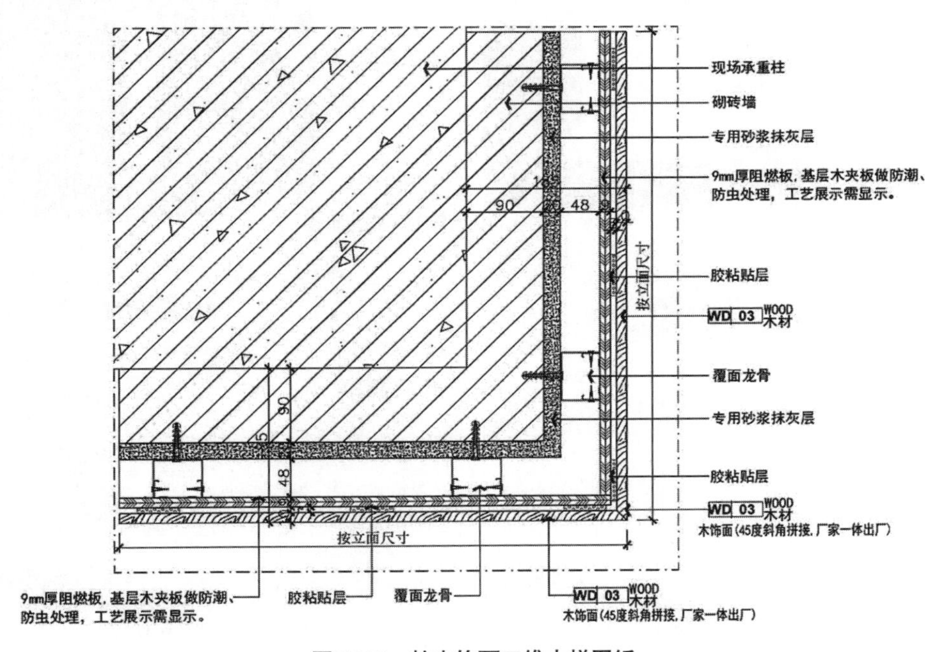


图5.102　柱木饰面二维大样图纸

(2)DFC-BIM模型(图5.103)。

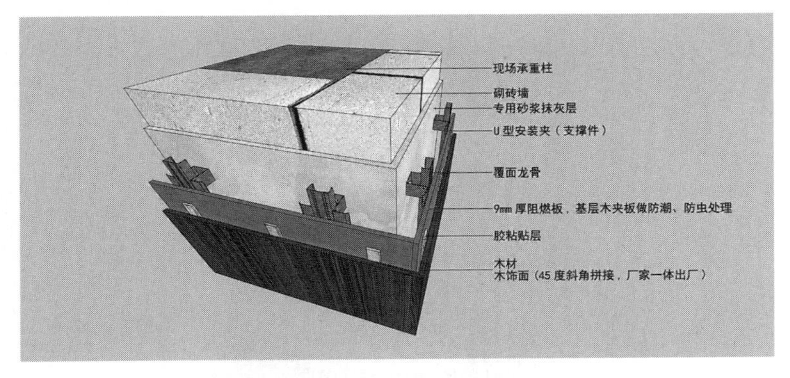


图5.103　柱木饰面三维大样模型

（3）建模具体步骤：

①绘制现场承重柱（图5.104）；

②绘制砌块墙（图5.105）；

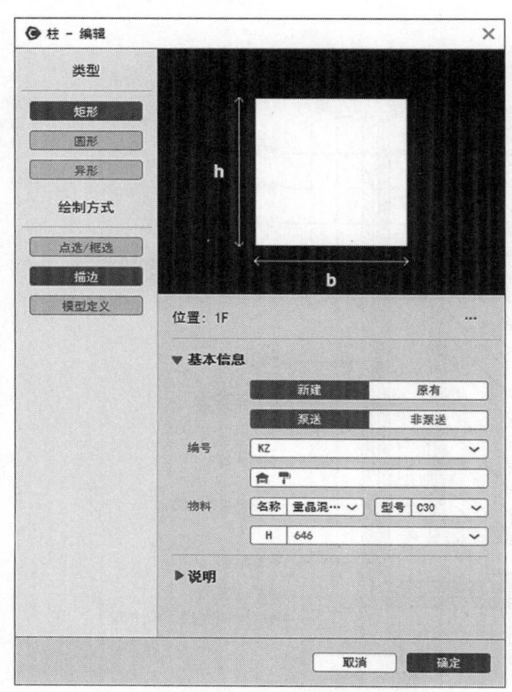


图5.104　绘制现场承重柱

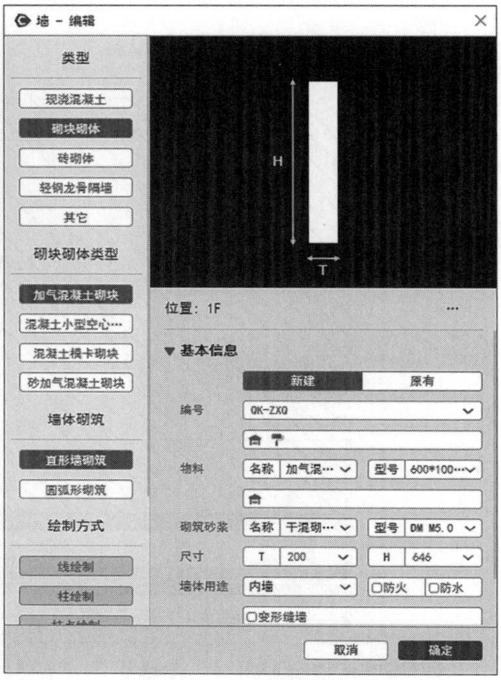

图5.105　绘制砌块墙

③同样方式绘制专用砂浆抹灰层（图5.106）；

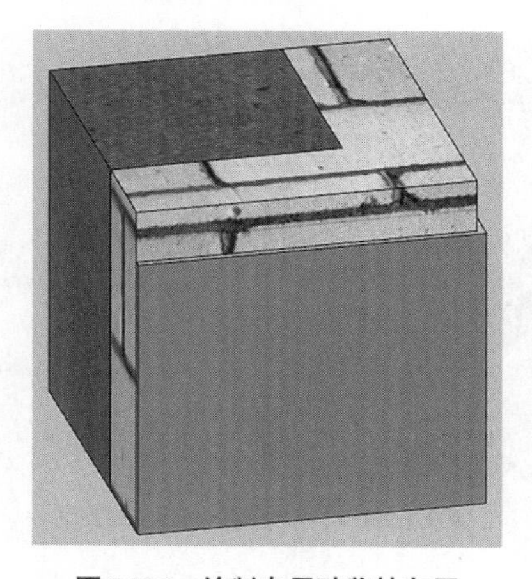

图5.106　绘制专用砂浆抹灰层

④绘制U形安装夹；

a.首先绘制U形夹路径（图5.107）；

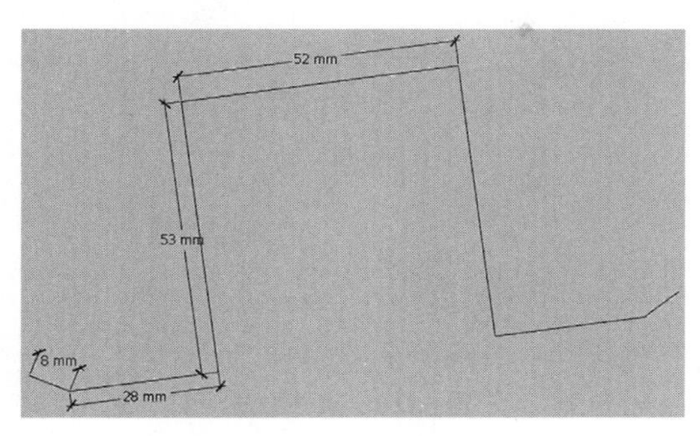


图5.107　绘制U形夹路径

b.绘制U形夹截面，激活矩形工具，输入数值【40,1】(图5.108)；

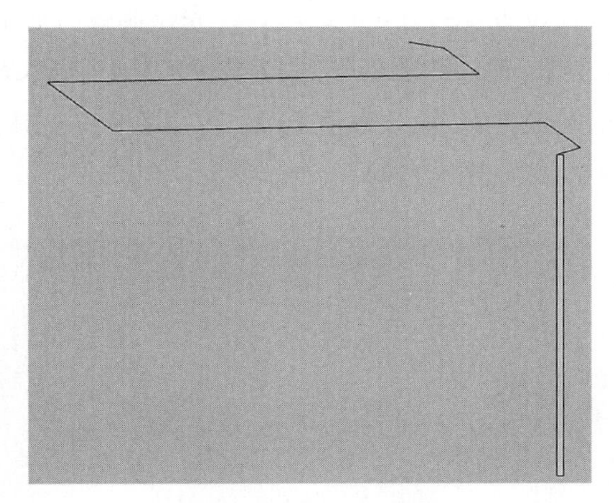

图5.108　绘制U形夹截面

c.激活【路径跟随工具】(图5.109)；

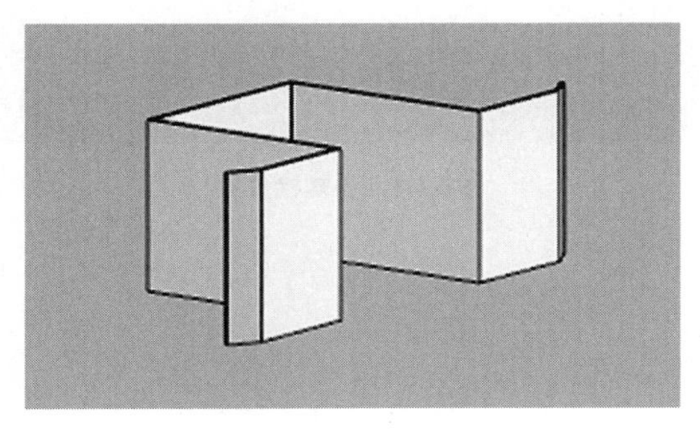

图5.109　路径跟随

d.赋予材质（图5.110）；

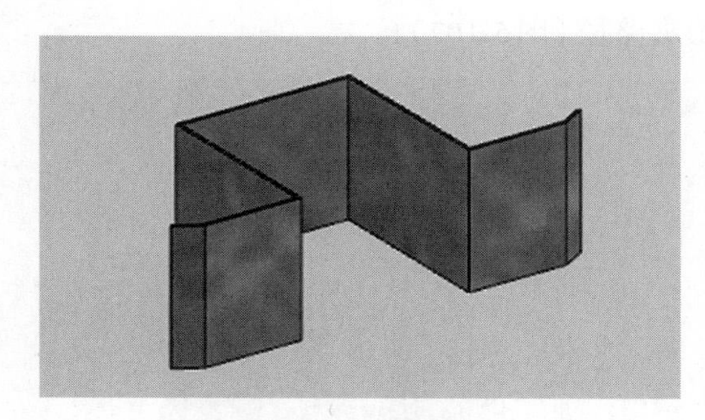

**图5.110　赋予材质**

e.六角螺栓；

选择【多边形绘制工具】，输入数值7，应用【推拉工具】，输入数值7，赋予材质，安装到U形夹合适位置。另外4个螺丝钉，先绘制螺钉底部，截面为六边形，选择【多边形绘制工具】，输入数值2，应用【推拉工具】，输入数值1。然后绘制螺身，选择【多边形绘制工具】，输入数值【1】，应用【推拉工具】，输入数值4。螺栓位置确定如下（图5.111～图5.113）。

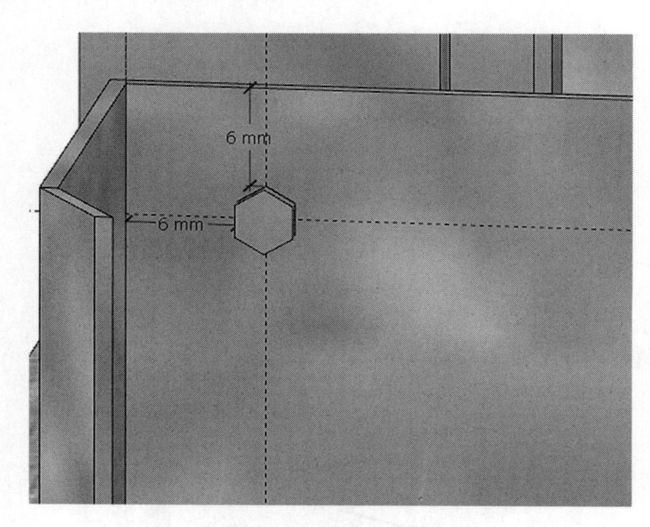


**图5.111　小螺栓位置**

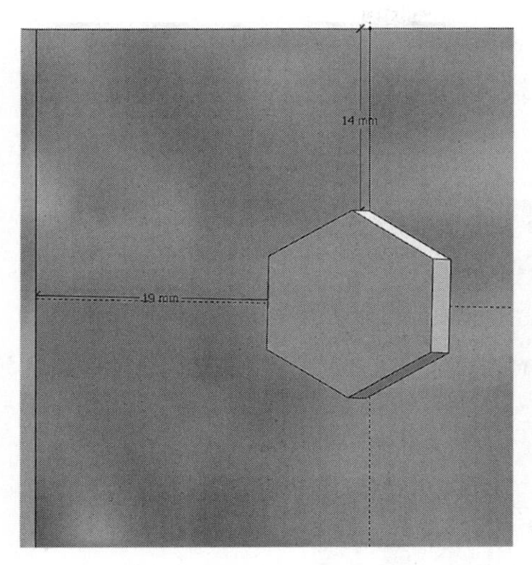


图 5.112　大螺栓在U形夹的位置

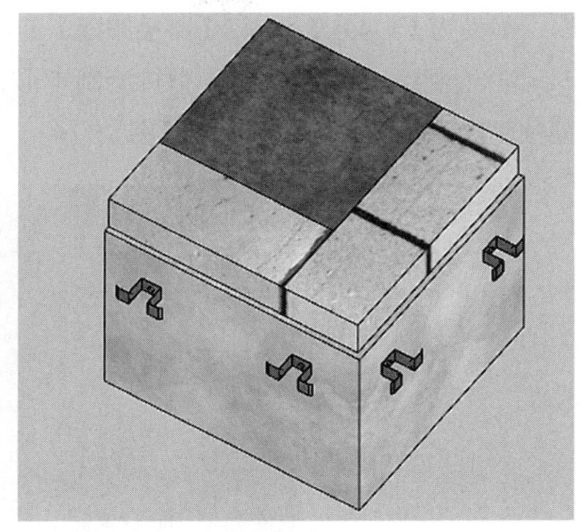

图 5.113　U形夹安装模型

f. 覆面龙骨建模——参考U形夹绘制方式（图5.114、图5.115）。

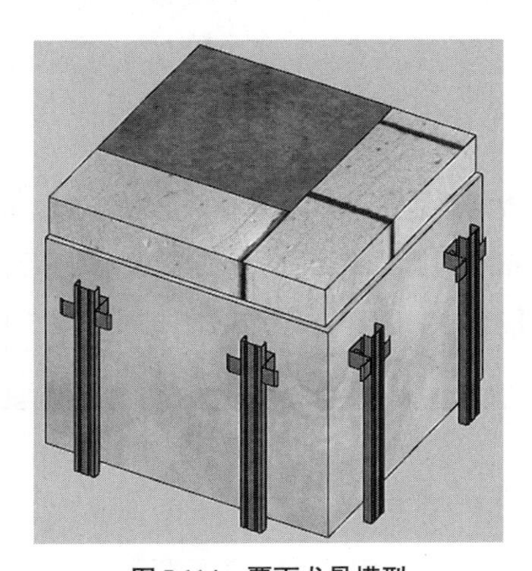

图 5.114　覆面龙骨模型

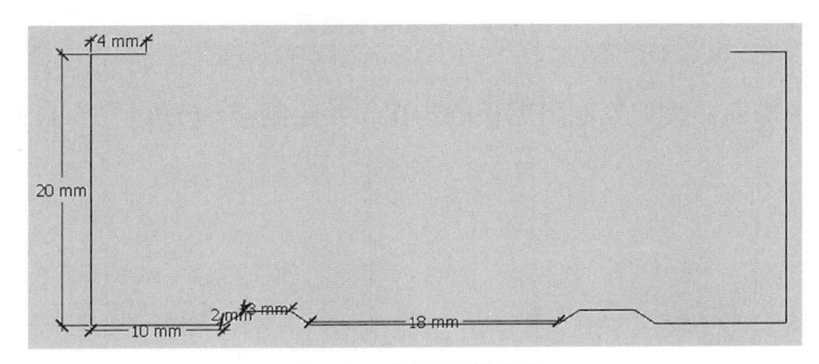


图 5.115　覆面龙骨截面

截面为【1,496】，激活【路径跟随】工具生成。

⑤绘制9mm厚阻燃板，直接绘制矩形，输入数值【426，734】后【推拉工具】推拉厚度，输入数值【9】即可（图5.116）。

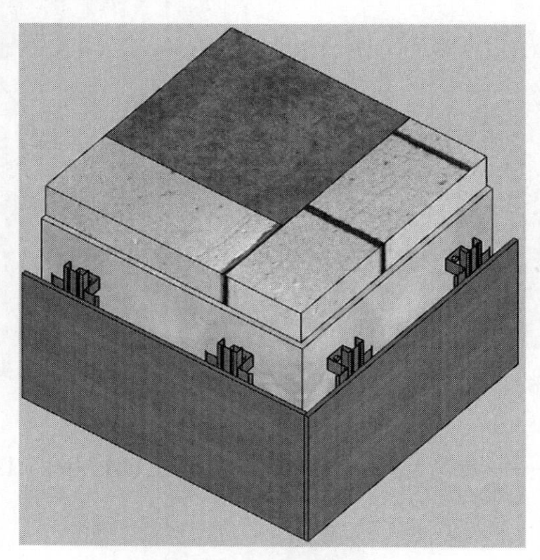

图5.116　阻燃板模型

⑥绘制胶粘贴层，激活【矩形工具】，输入数值【34，6】的矩形，然后用【圆形工具】，绘制半径为2mm的圆形做圆切角，形成截面后，删除多余的线，激活【推拉工具】，输入数值【359】。创建群组后赋予材质（图5.117、图5.118）。

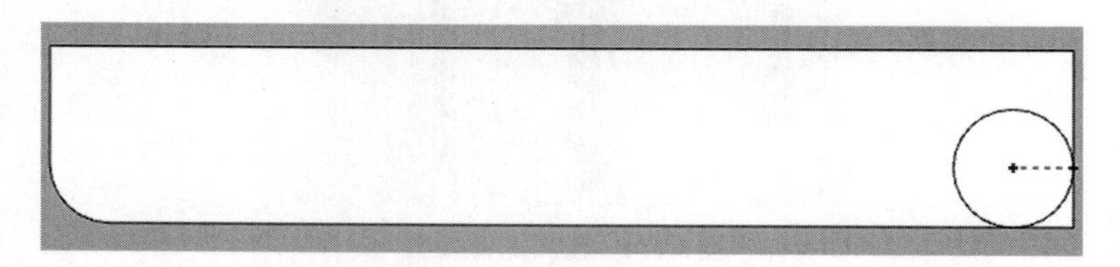

图5.117　胶粘贴层截面

⑦绘制木饰面：类似绘制阻燃板的步骤，并绘制45°切角（图5.119）。

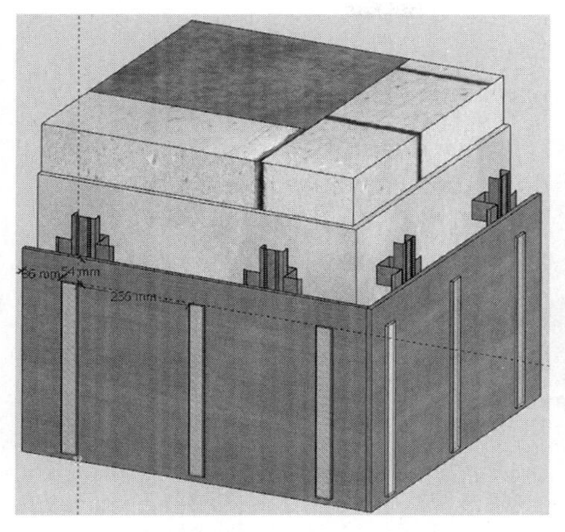


图5.118　胶粘贴层模型

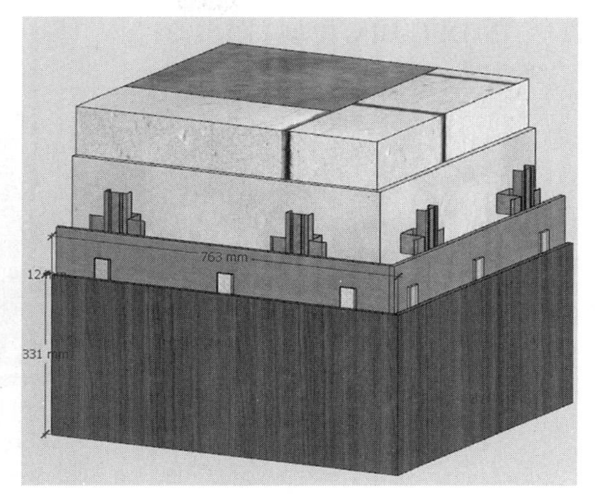


图5.119　木饰面模型

2.天花大样模型

（1）CAD大样图（图5.120）。

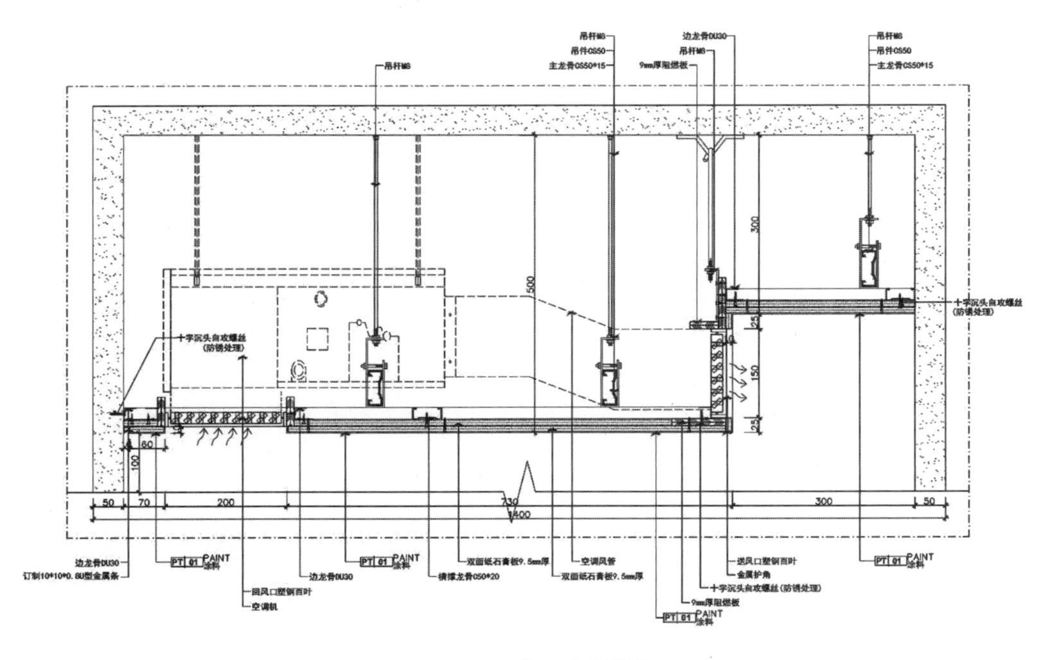


图5.120　天花平面大样图

（2）DFC-BIM模型（图5.121）。

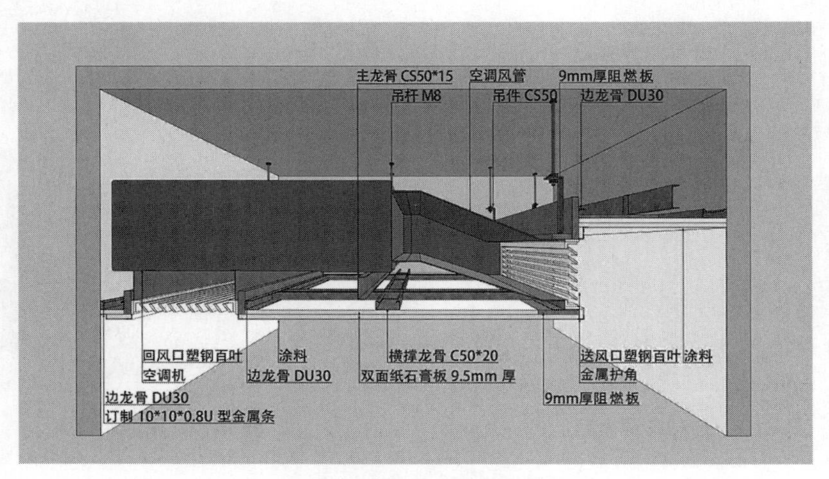


**图5.121　天花三维大样模型**

具体操作步骤略。

# 6

# DFC-BIM 项目应用案例

DFC-BIM技术在粤港澳大湾区的建筑业已广泛运用，成绩不菲。深受业主、施工单位和设计院的青睐。该技术可以从设计、招标投标、施工管理、竣工结算直至运营维护提供阶段性或者全过程服务咨询，实现对时间、人力、成本的最优化管控。以下是该技术运用在住宅、办公、商业、酒店、会所、会议中心、医院、体育场馆以及部分工业建筑项目案例。

## 6.1 业态类型——住宅

项目名称　成都华润二十四城　　　　项目地址　四川成都

建筑面积　251974m$^2$　　　　建设单位　华润置地

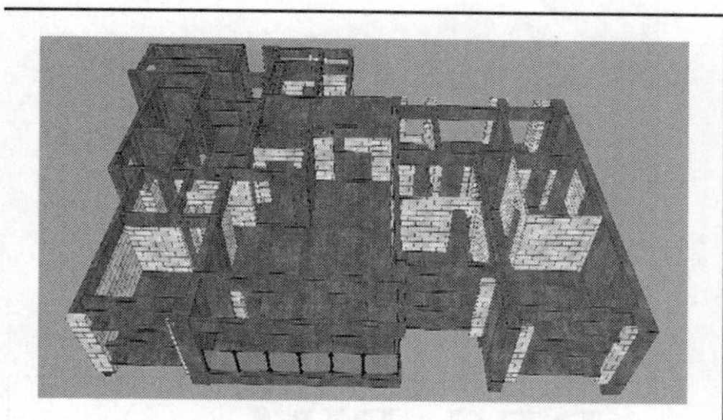

建筑模型

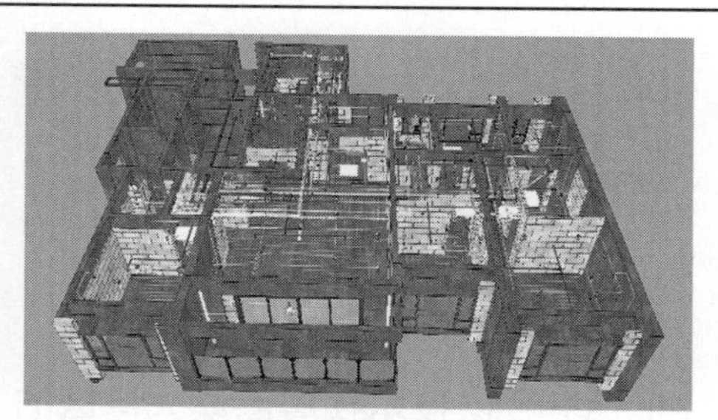

机电综合模型

客厅模型

厨房模型

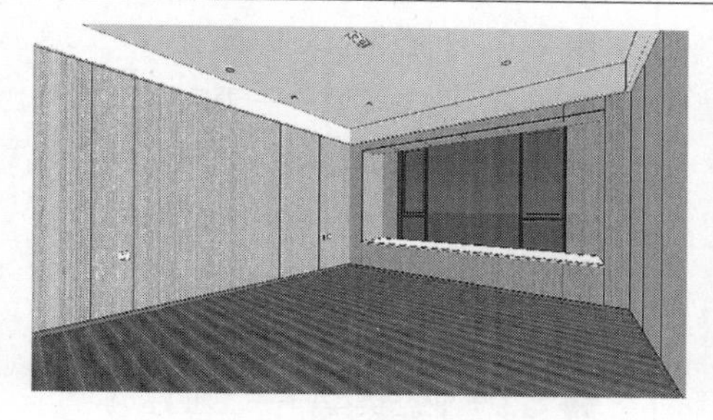

主卧模型

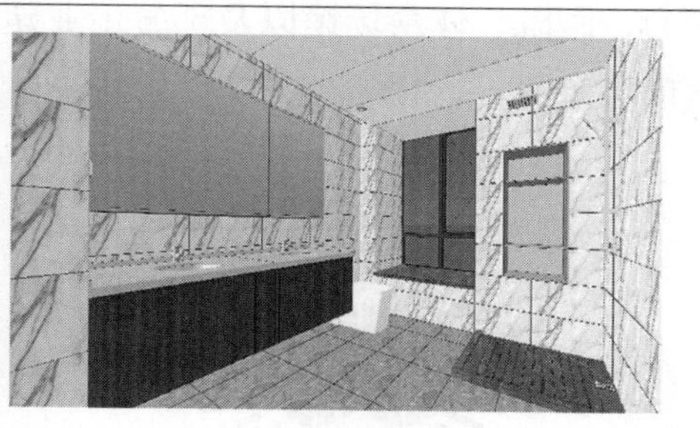

主卫模型

| 项目名称 | 保利青谷 | 项目地址 | 深圳市大鹏区 |
| --- | --- | --- | --- |
| 建筑面积 | 76105$m^2$ | 建设单位 | 深圳市裕和投资有限公司 |

大堂效果图

电梯间效果图

卫生间效果图

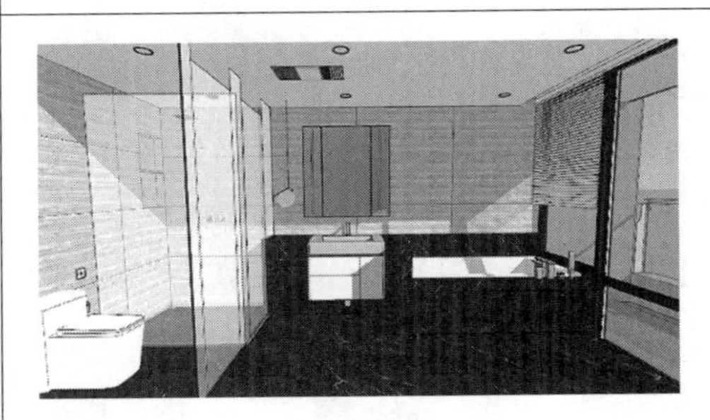
卫生间模型

餐厅模型

客房模型

项目名称　佛山保利和悦滨江　　项目地址　广东佛山

建筑面积　32000m²　　建设单位　佛山市正弘置业有限公司

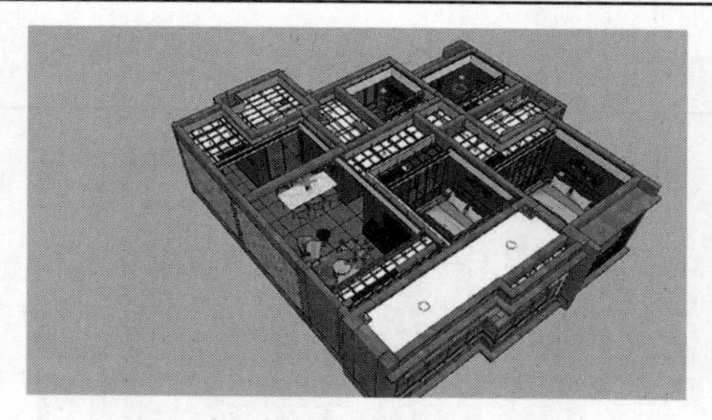

综合模型

客厅模型

玄关餐厅模型

主卧模型

厨房模型

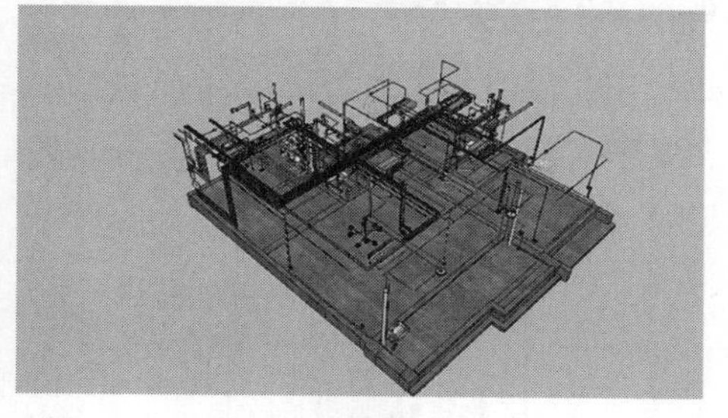

机电系统模型

## 6.2 业态类型——办公

项目名称　康泰集团大厦　　　　项目地址　深圳市南山区
建筑面积　17300.99m²　　　　建设单位　深圳鑫泰康生物科技有限公司

办公室效果图

大堂模型

大堂模型

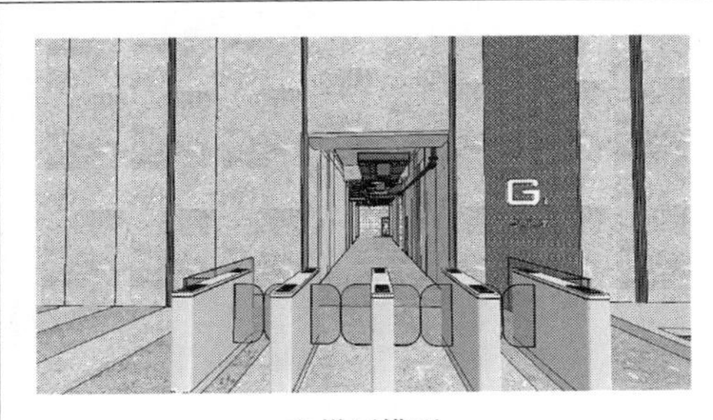


电梯厅模型

咖啡厅模型

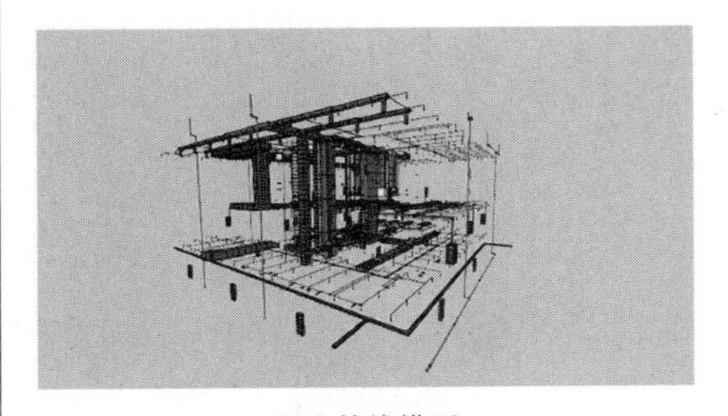

机电管线模型

| 项目名称 | 侨城坊2号楼 | 项目地址 | 深圳市南山区 |
| --- | --- | --- | --- |
| 建筑用地 | 1631m$^2$ | 建设单位 | 运泰建业置业（深圳）有限公司 |

办公区模型

办公区机电模型

电梯厅模型

电梯厅机电模型

走廊模型

走廊机电模型

项目名称　鸿合大厦　　　　　　　　　项目地址　深圳市坪山区
建筑面积　6949m²　　　　　　　　　建设单位　深圳市鸿合创新信息技术有限责任公司

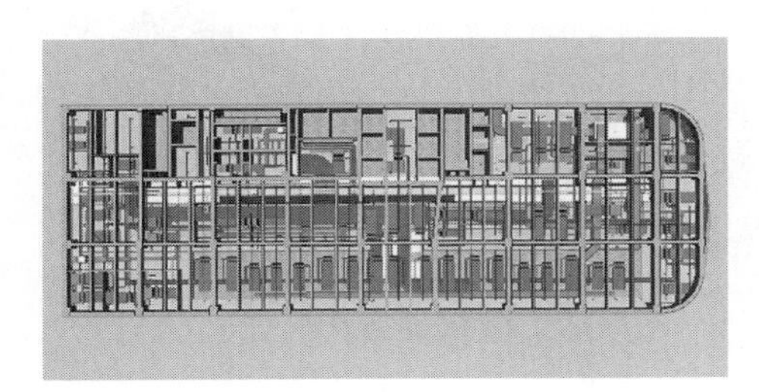

综合模型

制造办公区模型

品质办公区模型

供应链办公区模型

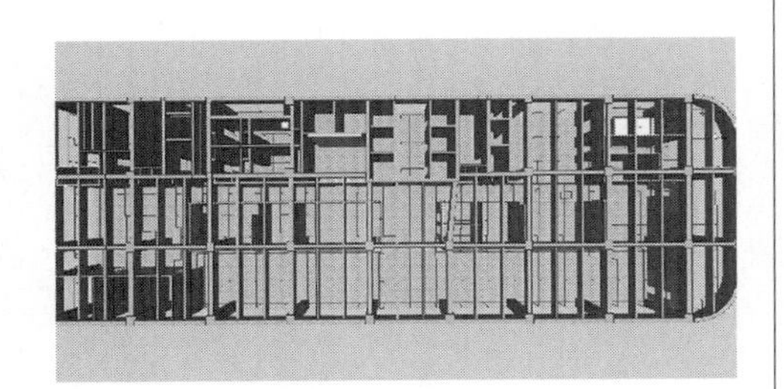

消防水模型

空调水模型

项目名称　信达金茂广场　　项目地址　广州市天河区
建筑面积　190000m²　　建设单位　广州启创置业有限公司

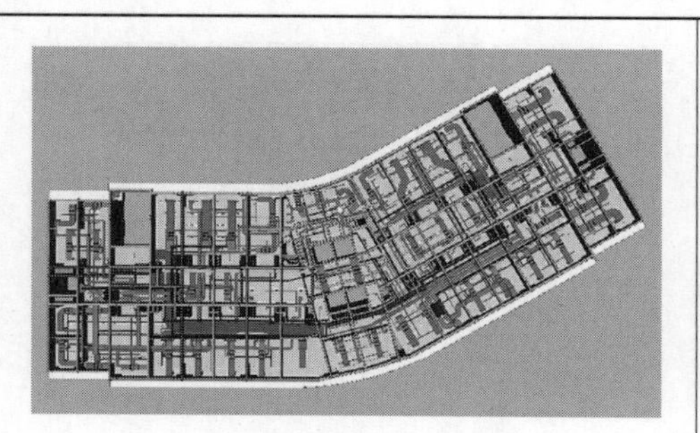
综合模型

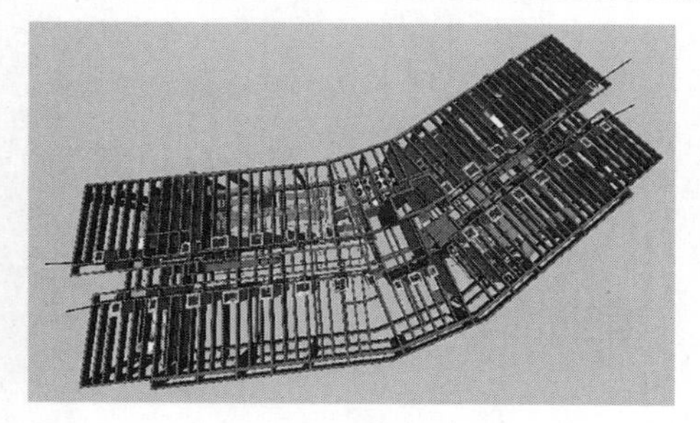
屋面层模型

餐厅区模型

培训区模型

| 项目名称 | 江门农商银行新总部大楼 | 项目地址 | 广东江门 |
| --- | --- | --- | --- |
| 建筑面积 | 119419.69m$^2$ | 建设单位 | 江门农商银行股份有限公司 |

大楼效果图

大楼效果图

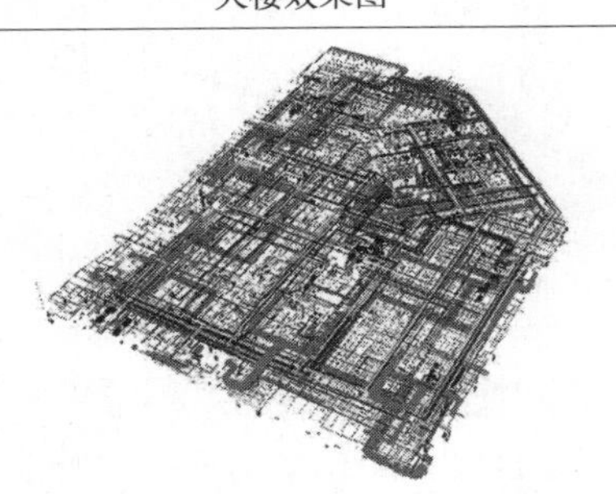
地下室机电模型

地下室综合模型

地下室行车道模型

地下室行车道模型

| 项目名称 | 正邦大数据产业园科研中心 | 项目地址 | 江西南昌 |
|---|---|---|---|
| 建筑面积 | 16201.4$m^2$ | 建设单位 | 正邦集团 |

综合模型

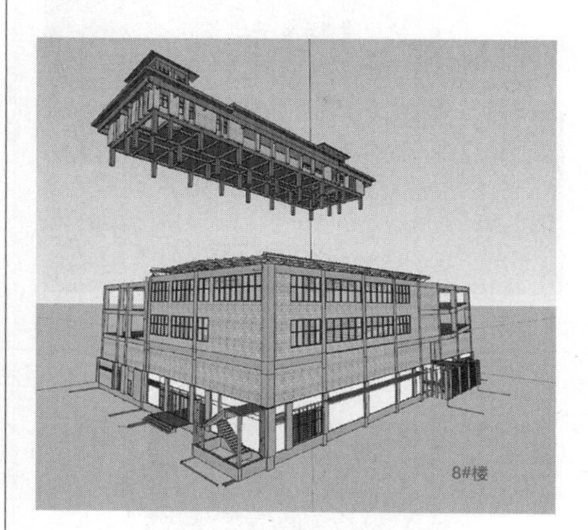


建筑模型

大堂模型

科技长廊模型

会议室模型

走道机电模型

| 项目名称 | 南丰县文化产业大厦 | 项目地址 | 江西抚州 |
| --- | --- | --- | --- |
| 建筑面积 | 39542.8$m^2$ | 建设单位 | 南丰县宏业开发有限责任公司 |

大厦效果图

便民服务区模型

大会议室模型

客房模型

过道模型

标准层过道模型

## 6.3 业态类型——商业

项目名称 江门保利国际广场　　项目地址 广东江门

建筑面积 109904.4$m^2$　　建设单位 江门保利宏信房地产开发有限公司

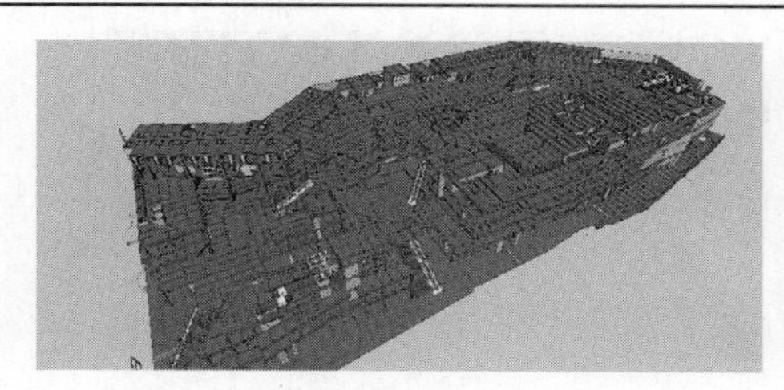

建筑综合模型

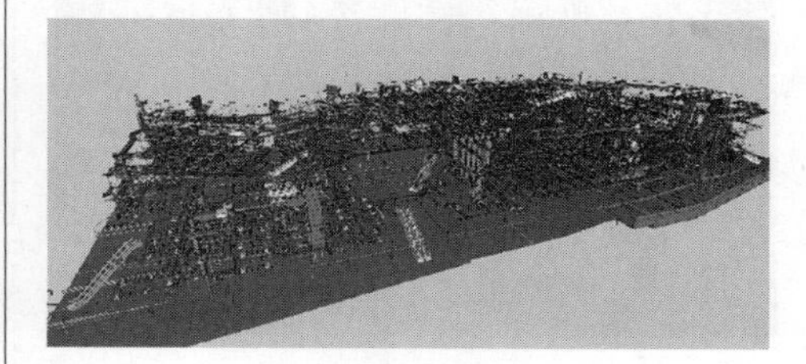

机电综合模型

装饰模型

走道装饰模型

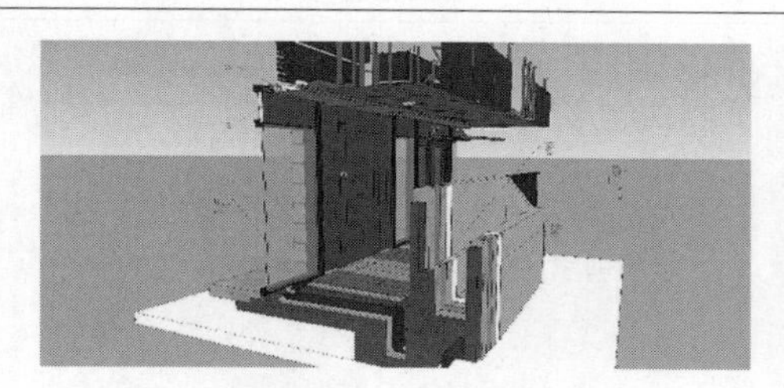

商铺装饰构造模型

机电管道模型

项目名称　韶关保利中宇广场　　　　　　　　项目地址　广东韶关
建筑面积　$93726m^2$　　　　　　　　　　　建设单位　保利韶关房地产有限公司

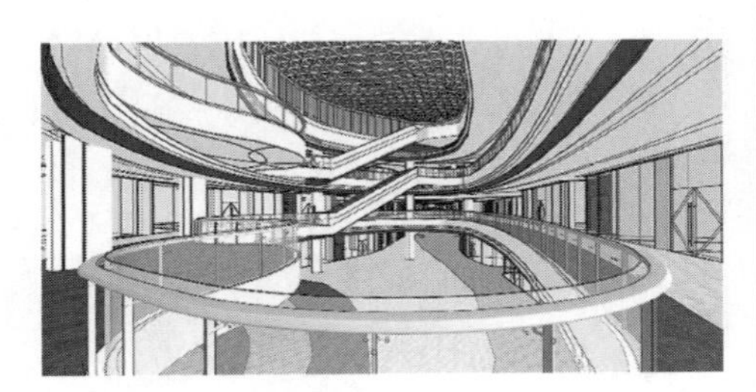

中庭模型

中庭实景

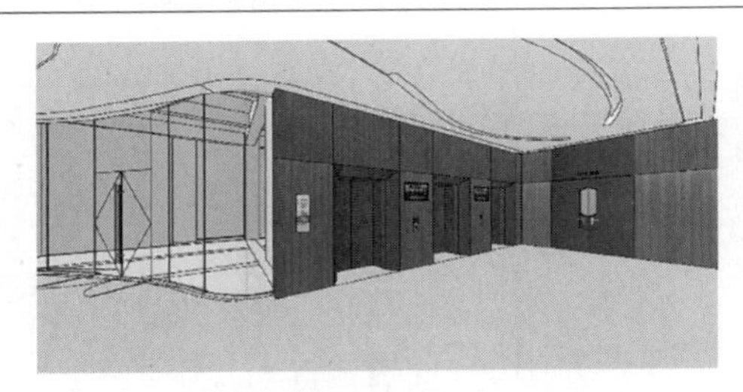

电梯厅模型

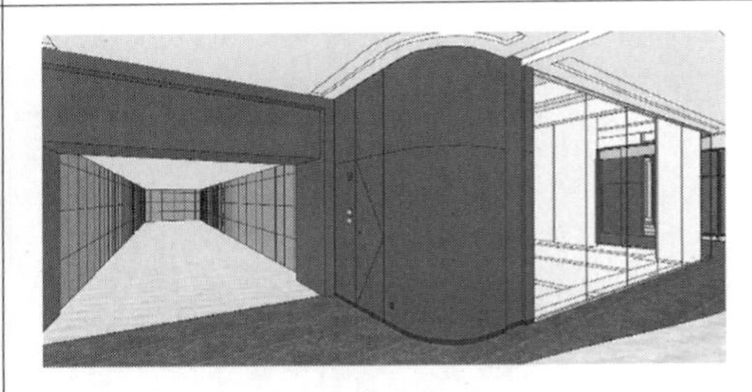

防火卷帘模型

机电管线模型

机电管线模型

## 6.4 业态类型——酒店

项目名称　江门保利皇冠假日酒店　　项目地址　广东江门

建筑面积　109358.4m²　　建设单位　江门保利宏信房地产开发有限公司

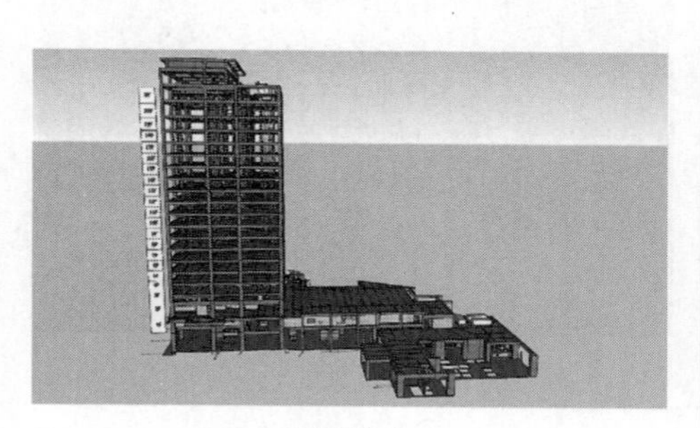

酒店模型

客房样板

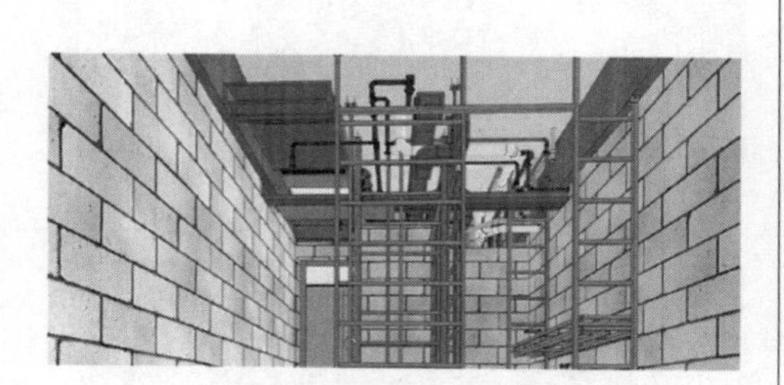

客房机电管线

客房管线施工效果

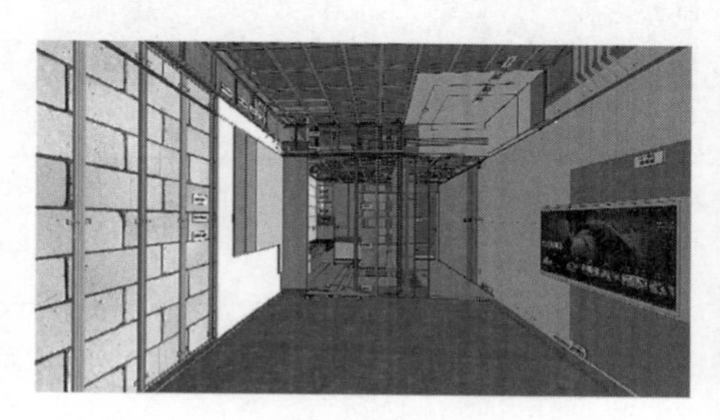

客房装饰模型

客房装饰施工效果

## 6.5 业态类型——会所

项目名称　银领国际会所　　　　项目地址　河北保定

建筑面积　1052.61m²　　　　建设单位 河北乾城房地产开发有限公司

室内效果图

走道效果图

过道模型

过道机电管线模型

室内机电模型

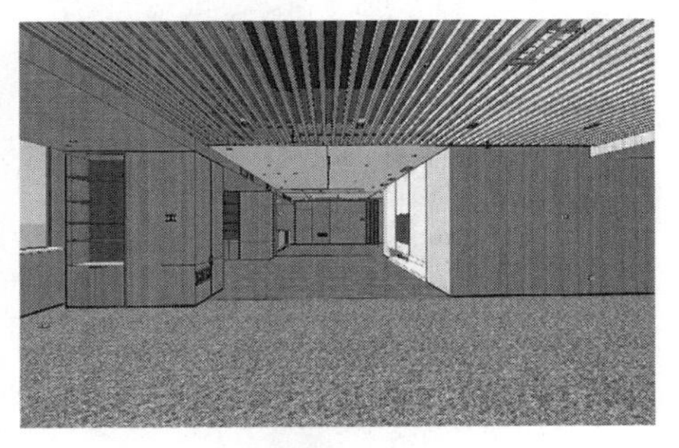

室内装饰模型

## 6.6 业态类型——会议中心

项目名称 北京大学第三医院国际会议交流中心 项目地址 河北张家口

建筑面积 380000m² 建设单位 张家口冀商投资有限公司

效果图

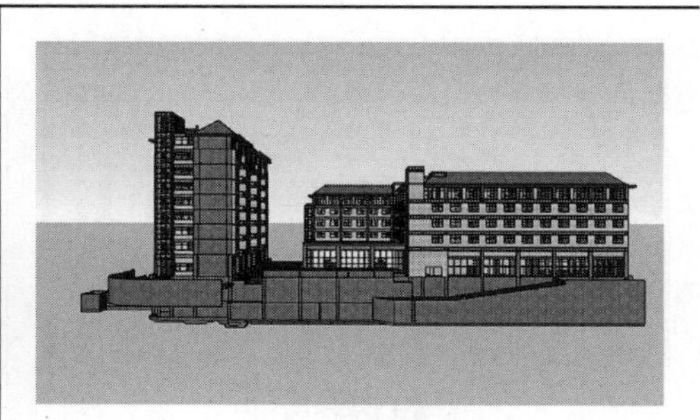

建筑结构模型

机电管道系统模型

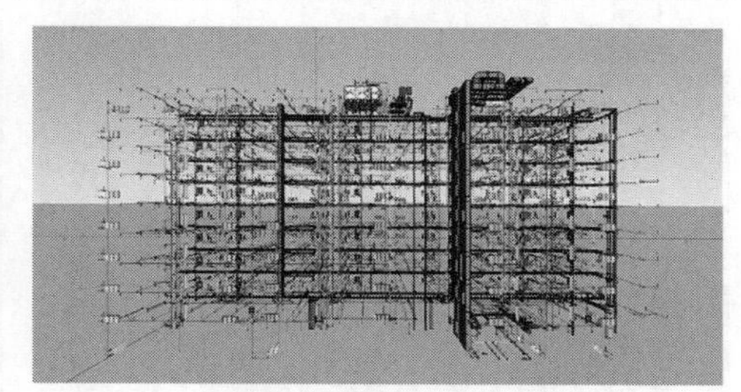

机电管道系统模型

综合管线模型

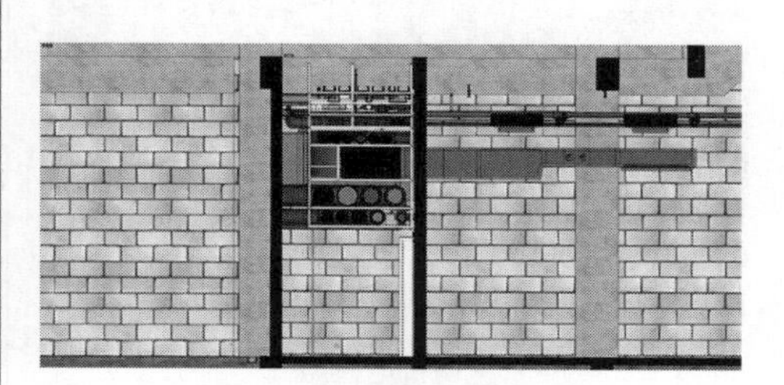

综合管线优化模型

## 6.7 业态类型——医院

项目名称　清远市妇幼保健院妇女儿童保健中心大楼建设工程　　项目地址　广东清远

建筑面积　39000m$^2$　　建设单位　清远市妇幼保健院

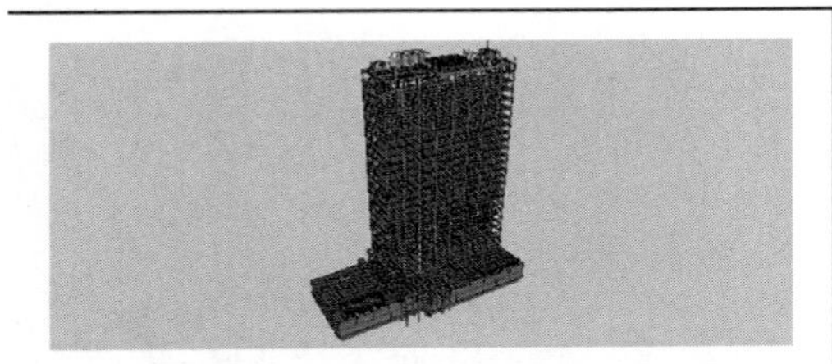

综合模型

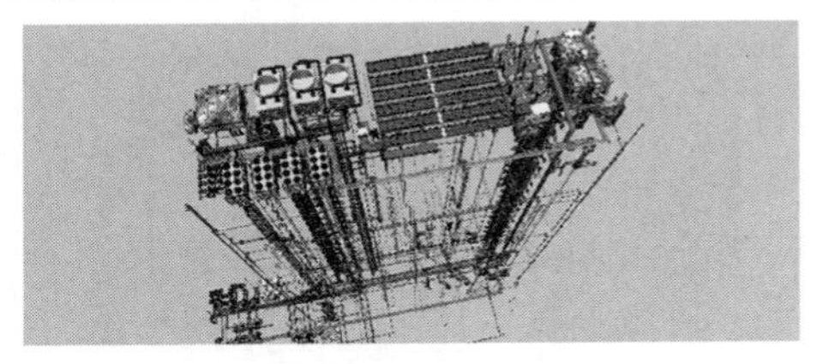

机电管道系统

走道模型

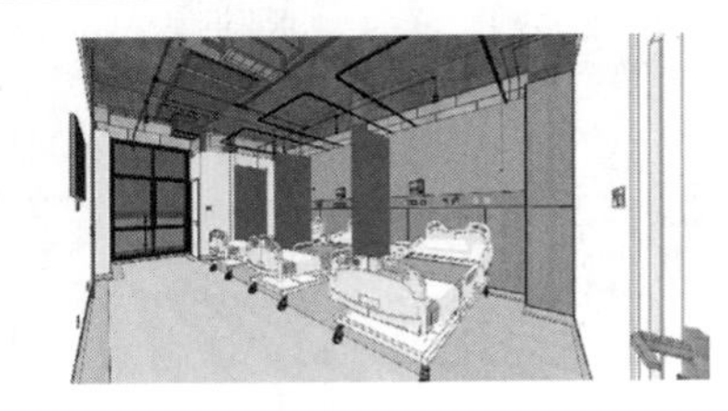

病房模型

电梯厅模型

机电管线模型

项目名称　阳山县人民医院发热门诊及感染科改（扩）建工程　　项目地址　广东清远
建筑面积　8158m²　　建设单位　阳山县人民医院

建筑模型

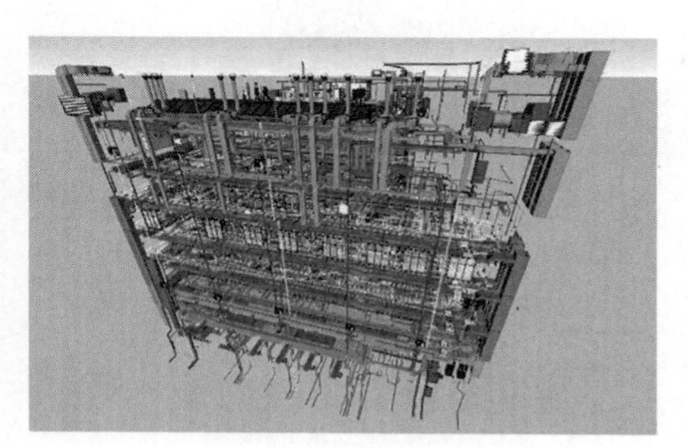
机电管道系统模型

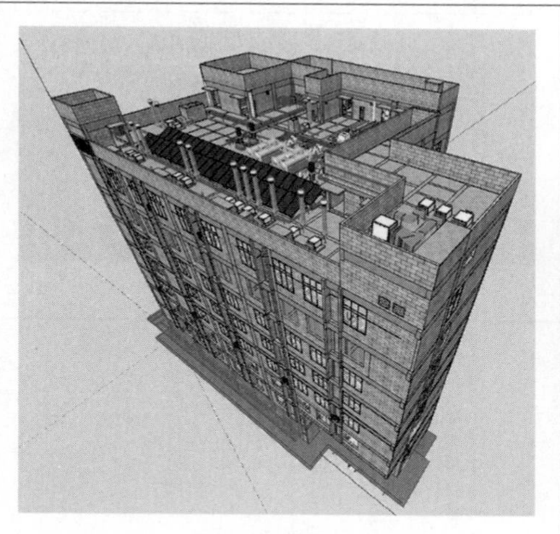
综合模型

机电管道模型

项目名称　珲春中医医院朝医医院　　项目地址　吉林珲春
建筑面积　57635.46m²　　建设单位　珲春图们江健康发展有限公司

效果图

大厅效果图

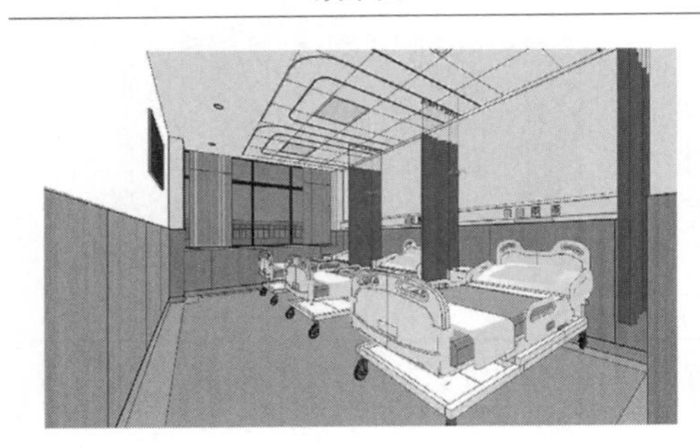
病房模型

走廊模型

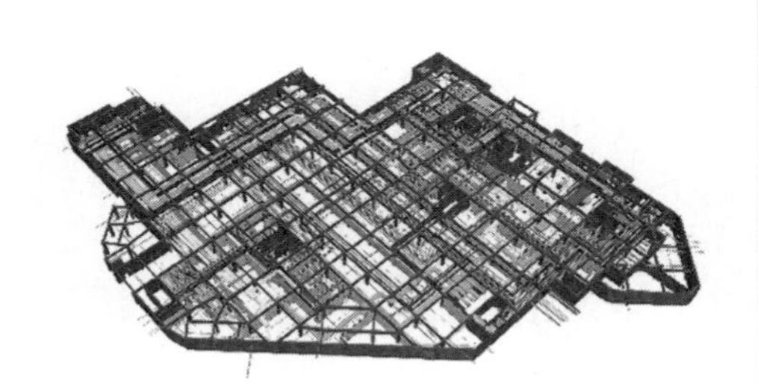
地下室综合管线模型

管线施工实景

项目名称　西安西谷医院门诊医技楼　　　　　项目地址　西安市灞桥区
建筑面积　150740m²　　　　　　　　　　　建设单位　西安西谷医院有限公司

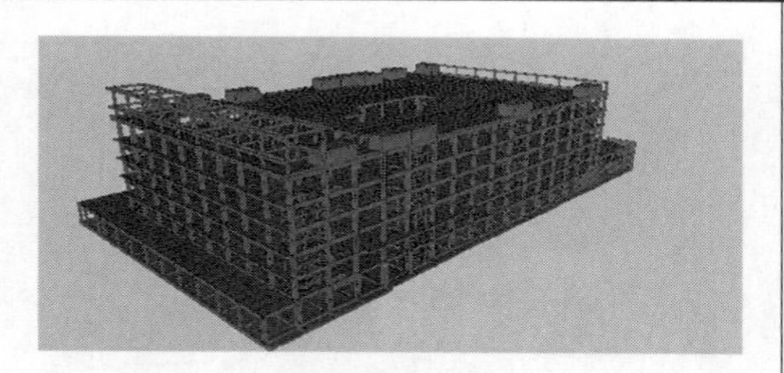
建筑结构模型

建筑结构模型

建筑结构模型

建筑结构模型

项目名称 广东省疾病预防控制中心新冠肺炎核酸检测平台实验室　　项目地址 广州市番禺区

建筑面积 $910m^2$　　建设单位 广东省疾病预防控制中心

外立面模型

办公室模型

病毒分离鉴定实验室模型

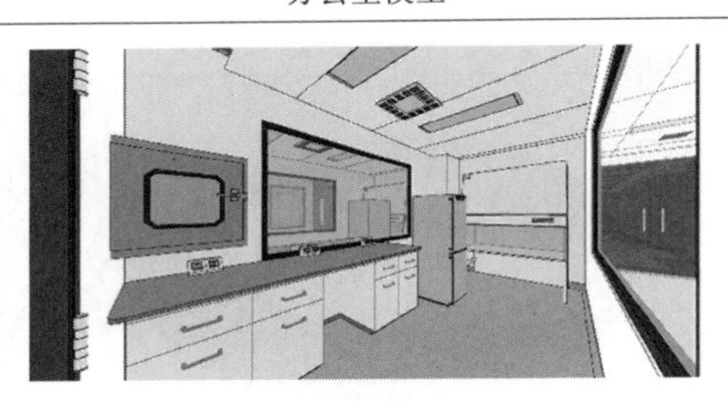

细胞间模型

共同仪器室模型

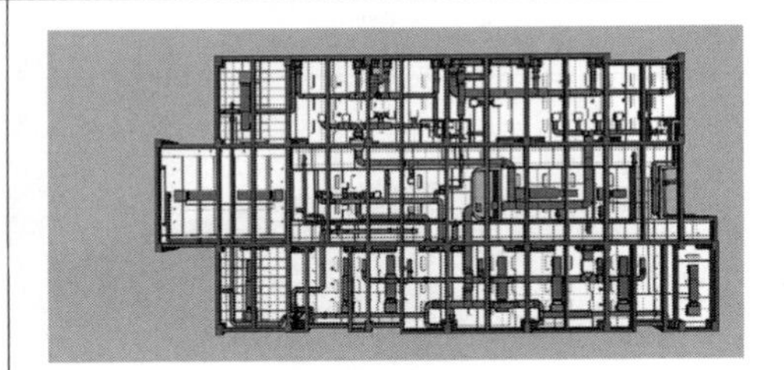

管道综合模型

## 6.8 业态类型——体育场馆

项目名称 茂名市奥林匹克体育中心项目　　项目地址 广东茂名

建筑面积 193393$m^2$　　建设单位 华南保利集团

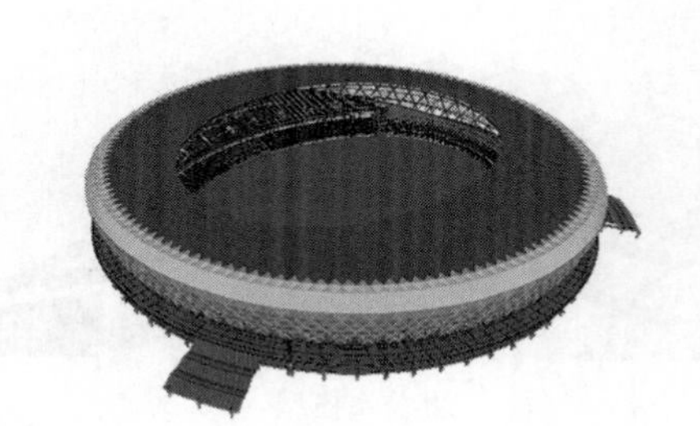

体育场模型

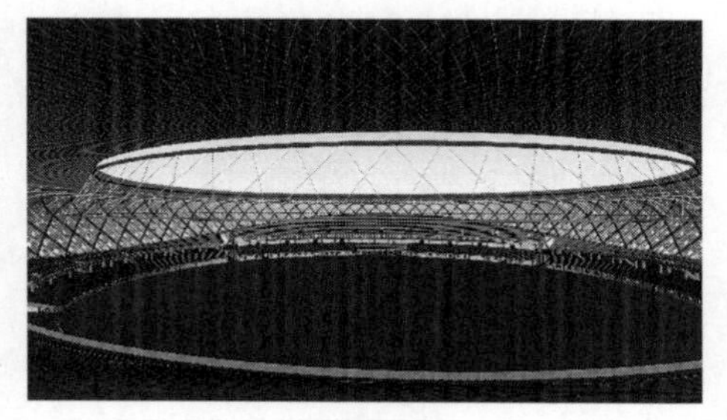

体育场模型

体育场建筑机电综合模型

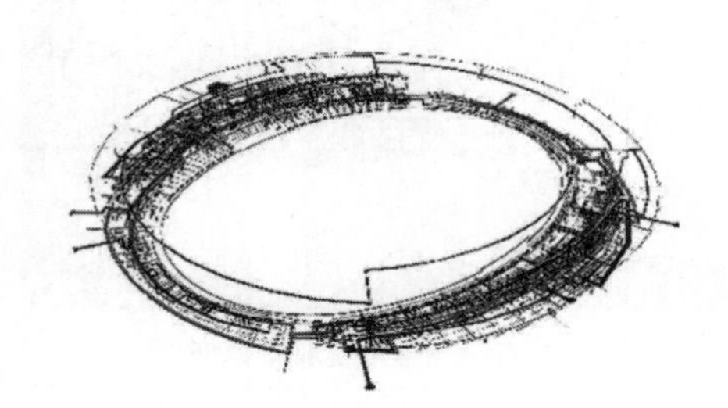

体育场机电系统模型

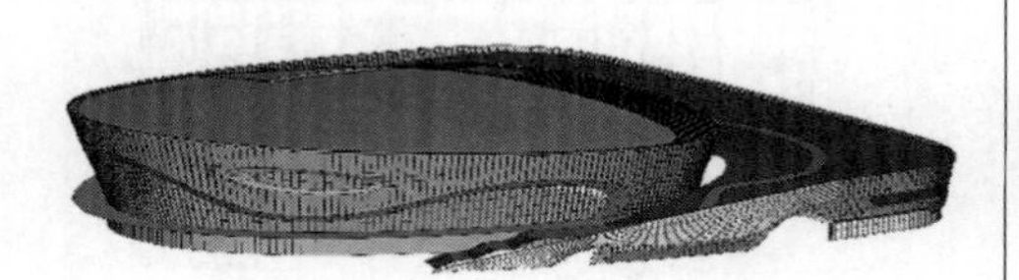

体育馆幕墙模型

体育馆建筑机电综合模型

项目名称　茂名市奥林匹克体育中心项目　　项目地址　广东茂名
建筑面积　193393m²　　建设单位　华南保利集团

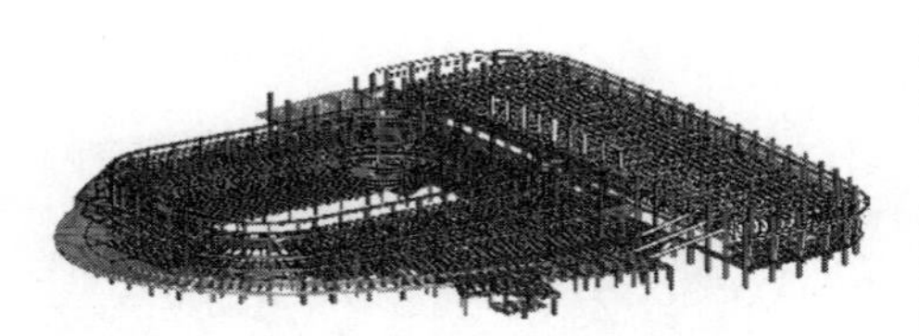
体育馆建筑结构模型

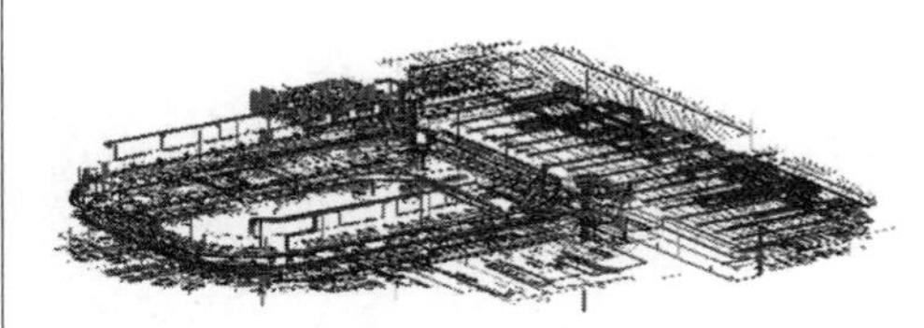
体育馆机电系统模型

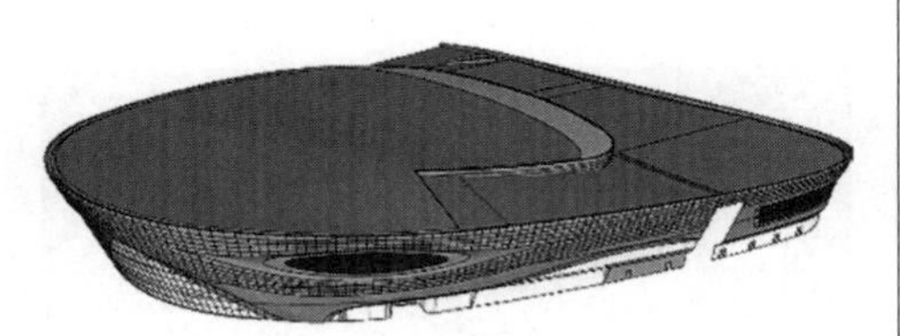
游泳馆幕墙模型

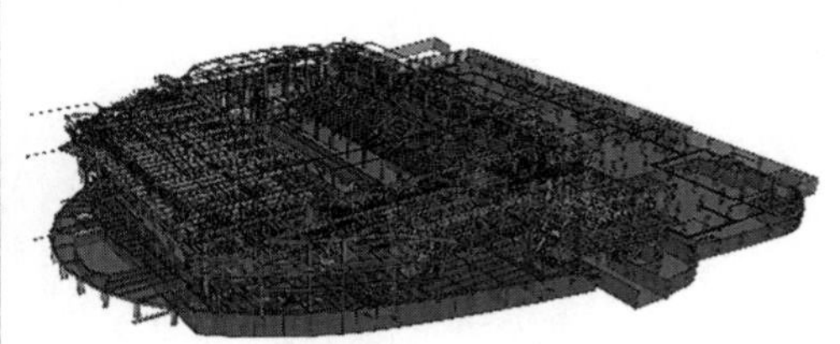
游泳馆建筑机电综合模型

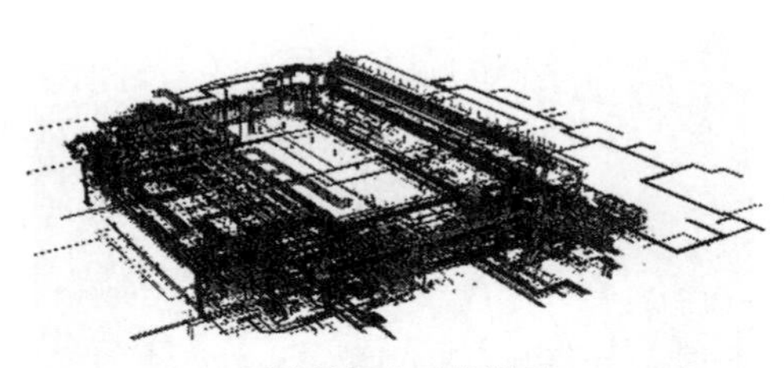
游泳馆机电系统模型

游泳馆机电管线模型

项目名称　清远奥林匹克体育中心　　　　项目地址　广东清远

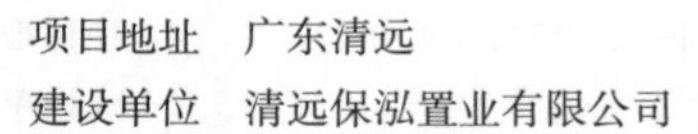

建筑面积　130000m²　　　　　　　　　　建设单位　清远保泓置业有限公司

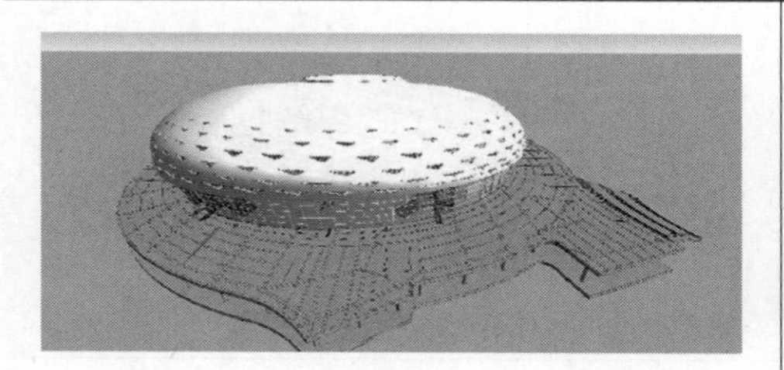

体育馆模型

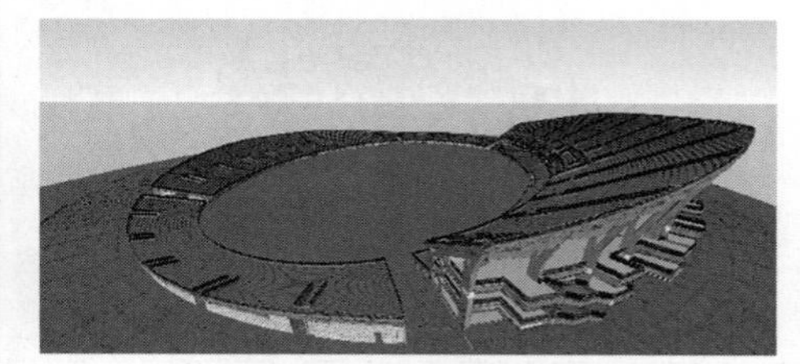

体育场模型

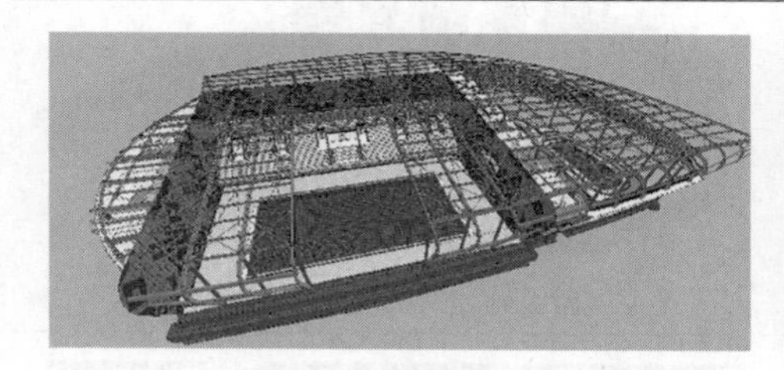

游泳馆模型

游泳馆比赛厅模型

游泳馆比赛厅模型

夜景效果图

## 6.9 业态类型——工业建筑

| 项目名称 | 正邦集团育肥舍 | 项目地址 | 四川自贡 |
|---|---|---|---|
| 建筑面积 | 108000m$^2$ | 建设单位 | 正邦集团 |

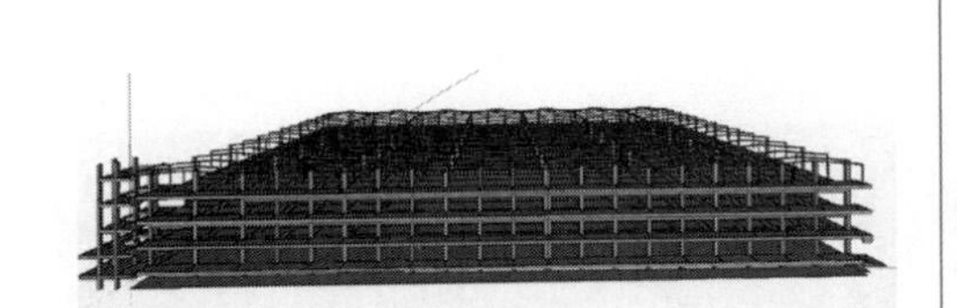

建筑结构模型

建筑专业模型

机电模型

装饰模型

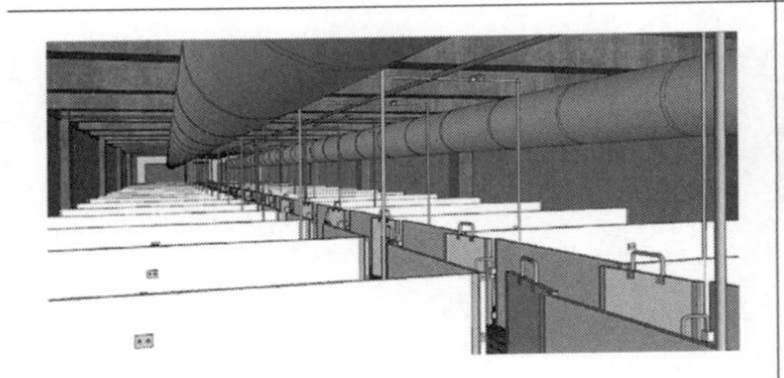

保育舍模型

育肥舍模型

# 附录

## DFC-BIM 相关学习资料获取